16世纪以来的景观与历史

Landscape and History since 1500

[英] 伊恩·D·怀特 著
王思思 译

中国建筑工业出版社

著作权合同登记图字：01-2010-5116

图书在版编目（CIP）数据

16世纪以来的景观与历史 / ［英］怀特著，王思思译．—北京：中国建筑工业出版社，2011
ISBN 978-7-112-13287-4

Ⅰ．①16… Ⅱ．①怀…②王… Ⅲ．①景观-历史-世界-16世纪
Ⅳ．①P901-091

中国版本图书馆CIP数据核字（2011）第109133号

LANDSCAPE AND HISTORY SINCE 1500 by Ian D.Whyte was first published by Reaktion Books, London 2002.

Reprinted in Chinese by China Architecture & Building Press

本书由英国 Reaktion Books Ltd 授权我社翻译出版

责任编辑：段　宁
责任设计：董建平
责任校对：王雪竹　姜小莲

16 世纪以来的景观与历史
Landscape and History since 1500
［英］伊恩·D·怀特　著
王思思　译
*
中国建筑工业出版社出版、发行（北京西郊百万庄）
各地新华书店、建筑书店经销
北京嘉泰利德公司制版
北京同文印刷有限责任公司印刷
*
开本：850×1168 毫米　1/32　印张：8⅞　字数：220 千字
2011 年 9 月第一版　2011 年 9 月第一次印刷
定价：**32.00** 元
ISBN 978-7-112-13287-4
（20710）

目　录

第一章

景观与历史

景观是重要的，因为它们是一种最持久的联系（即物质环境和人类社会之间关系）的产物。[1] 景观是人类在与其周围世界相互作用的过程中所创造的。所以，无论是有意识的还是无意识的，景观都是一种人类社会的产物，但为了正确地理解景观，人们需要在各自的自然和文化历史背景下看待景观。景观是人们态度及行动的结果，因此在欣赏它们时思想意识是十分重要的。对景观历史的分析是建立在其视觉特征的基础上的，但这种特征是在某种思想意识背景下创建和毁灭的，所以为了全面地理解景观，需要对其思想意识背景进行了解。[2] 对于个人而言，景观可能是真实的、鲜活存在的，或是遥远的、半幻想的。景观也可能是熟悉的、舒适的，充满异国情调的或者是没有吸引力的，有价值的或刺激的。景观是时间变化的产物，而且往往是几千年时间变化的产物。有时，这些变化很缓慢、很细微，而在其他时间，这些变化却很快速、很显著。景观围绕在我们周围，并通过物质的或精神的方式与我们朝夕相处、相互影响，景观构成了整个人类历史进程的宏大背景。[3] 本书认为，尽管在过去五百年里，景观的时空变化速度有所不同，但景观的变化是永恒的。由于景观历史悠久，所以景观包含着现在和过去之间的相互作用，而且它在不同尺度上，赋予了个人、地方、区域和国家以身份感和认同感。景观是多层次的，它们构成了一种记忆载体，记载了人类在地球表面上连续不断的各个阶段的活动历史。景观是重写本(palimpsests)，它们让人们想起不同的社会与环境之间的相互作用，并且强调相互作用的改变，无论是古代的还是近代的。

由于人们对景观的本质尚有争议，所以对景观的看法就存在巨大差异[4]，这使得景观成为“一个令人高度紧张的概念”[5]。随着时间的推移，由于人们的经验发生改变，人们的看法和解释都发生了改变，因此人们对景观的态度也已发生显著变化。今天，那些由于审美或者环境原因被人们重视的，以及那些可能被认真管理的景观，大部分并不是人们有意创造出来的，只不过是历史发展过程中产生的副产品。社会结构、文化传统、经济活动、政治格局等都在景观的形成中发挥了关键性的作用。不同类型的景观，其价值不是恒久不变的，而是随着时间的推移而发生变化的，并且在任何一个时期，同样的景观对不同的人来说，其价值可能都是不同的。

景观是在人们与环境的相互作用下产生的，人与自然相互作用的方式不仅取决于时间、空间和历史背景，而且取决于年龄、性别、社会经济地位、种族和其他变量。在同一个社会中，不同的社会群体对景观的看法是有争议的。在约翰 · 克莱尔（John Clare，1793 ~ 1864 年）的诗歌中，反对圈地的情感揭示了地主精英和普通农民对于景观看法的矛盾与对立。在个人层面上，这些情感也突显了诗人克莱尔内心的冲突：他鄙视那些没有受过教育的劳动者，反过来这些人又看不起受过教育的他；他描绘了由拥有土地的社会精英圈地所制造的不公正，但他也被迫采用这个社会精英阶层的文学形式和惯例来表达他的抵抗情绪。[6]不同社会、文化和种族背景的群体都可以对景观提出质疑，例如北美印第安人、澳大利亚土著人与欧洲移民看法的不同。现实中一个对景观有争议的最好实例是英国巨石阵及其周边地区。在那里，考古学家、普通游客、德鲁伊教人士（Druids）、新时代的游客、英国遗产（English Heritage）和国家信托机构（the National Trust），都有着各自的关于该地区景观应如何保存、管理和利用的想法。[7]

但是，景观不仅仅是一种自然和人造景物的特定组合，任何一个景观，不仅包括我们眼前见到的物体，而且包括那些我们心中的想法。[8]感知领域的专家认为，人们不能简单地通过详细列举其各个组成部分来定义景观。即使在同一文化背景下，一个人感知的景观与另一个人感知的景观也是不一样的。每个人都有他或她自己的个性和文化上的观点，都会凭借自己的个性和文化观点来过滤并加工信息，景观给人一种什么样的印象就像是在做选择题，人们的这种看法既可能接近实际也可能包含重大误解。[9]D·W·迈尼希（D.W.Meinig）提出，十个人可能用十种不同的方式来描述同一个景观，这十种方式分别代表：自然（人类活动微不足道）、栖息地（人类对自然的调整适应）、人工制品（人类活动对自然的影响）、系统（社会和环境之间相互作用过程的科学观）、问题（人们通过社会行动能解决的问题）、财富（财产）、意识形态（文化价值观或社会哲学）、历史（历史年代）、地点（地域的可识别性）和审美（地方的美学质量）。[10]

因此，对景观的解释取决于个人的价值观和态度：一个资本家可以从经济的视角来诠释一个景观，一个艺术家可以从审美的角度来诠释一个景观，一个科学家可以从生态的方面来诠释一个景观。不同人群对景观的印象也各不相同，这些人群包括独立的观察者、“局外人”（outsiders），以及在景观内居住、工作的、每天与景观打交道的“局内人”（insiders）。对于局外人来说，景观是新鲜的，而对局内人来说，景观只是日常生活、工作和社会交往的必要组成部分。了解人们对于地方的看法是很重要的，因为人们如何看待周边环境就决定了他们如何与之发生作用。因此，对于景观感知的考虑并不是纯粹的学术研究，它在实践中也十分重要。[11] 决策者将根据他们对环境的感知来决定如何管理特定的景观，而不是根据这个景观的实际情况。[12] 文化因素在景观感知方面占有相当大的权重。

每个人对景观都有个人的态度，但也有更广泛的共识。人们对景观维度的空间差异所持有的一些有影响力的看法，是古老而根深蒂固的。例如，现代英格兰地区的南北划分可以追溯到 13 世纪早期，约翰国王和贵族之间的分裂。[13] 这种在景观以及社会方面的分裂，导致了 19 世纪英国在工业化方面的崛起，此时的南北，正如盖斯凯尔女士（Mrs. Gaskell）在她 1855 年的小说《北方与南方》（*North and South*）中所描述的：北方与南方有着截然不同的心理状态和对比鲜明的景观与社会形态。[14]

虽然对景观的一些看法可以是持久的，但对于景观类型的流行偏好，及景观的判断标准是随着时间的变化而改变的。在现代社会，人们很难体验到没有被图像所影响的景观。在 19 世纪和 20 世纪初，由黑白照片引起的期望有可能被现实所超越，但今天，彩色照片、电影、电视纪录片和许多旅游手册，提供了更高品质的图像，这些图像给人们的视觉感受可能比它们描绘的地方更加“真实”。景观偏好也反映了国与国之间的不同。据称，美国对荒野（wilderness）有强烈的偏好，远远高于受文化影响的风景。与此相反，英国偏好于整洁、平淡的乡村景观，这种偏好与历史有着明确的联系。但是，必须谨慎地对待这样的一般性概括。大卫·洛温塔尔（David Lowenthal）和休王子（Hugh Prince）就认为，由于强烈的社会阶层的差别，这样概括整个英国对于景观的态度是靠不住的。[15]

许多世纪以来发展起来的人们对景观的看法和偏向，使得现代景观的偏好已经成型。在过去，人们就有各种不同的景观偏好，在今天，各不相同的国家和不同社会群体之间的人们也有各种不同的景观偏好，并可能继续改变未来的景观偏好。然而，人们的景观感知是有连续性的。1778年，托马斯·韦斯特（Thomas West）首次出版了《湖区指南》（*Guide to the Lake District*），书中所提到的大部分驻足点或观景点，今天仍然被认为是有吸引力的。另一方面，彼得·霍华德（Peter Howard）通过对1768年以来英国皇家科学院展出的图片主题进行分析，研究了景观偏好的改变。他的研究揭示了在景观偏好方面一些比较显著而快速的变化。[16] 例如，高原沼泽地（如奔宁山脉和达特姆尔高原）的吸引力，在19世纪末才开始显露头角，正是那时候，它对于未来国家公园的地点选择发挥了强大的影响力。[17]

当代社会关注的全球环境变化，诸如气候变化、热带雨林砍伐、荒漠化和海平面上升等，都与景观密切相关。对于景观来说，在不同的空间尺度和速度上进行变化可能是一种正常状态，而不是稳定的状态。[18] 随着时间的推移，科技进步的加快，社会的日益复杂和人口的增加，景观的变化速度大大加快。景观变化的速度和程度，在某些情况下是可以测量的，例如，17世纪的荷兰填海工程和18世纪末、19世纪初英国议会的圈地，但相对于这些大的变革来说，历史长河中那些小规模的、频繁的变化却更加难以测量。[19]

近几十年来，欧洲的规划师和学者对历史景观的分类和评价表现出越来越大的兴趣，他们将景观的审美、生态、遗产和游憩价值作为制定保护和管理政策的一部分。这不仅表现在划定具有特殊价值的地区以防止不恰当的开发上，如设立世界遗址和国家公园，而且表现在更加广泛的、对于乡村地区的辩论中，例如风力农场的选址，以及居住、商业、工业用地的布局问题。此外，关于景观对农业的影响问题，也有关注的趋势。在欧盟范围内，价格支持和赠款鼓励制度破坏了景观特色，例如，低地地区的树篱、湿地和古树林遭受了破坏，而在英国高地，石楠高原等栖息地已经消失，并且这种侵蚀还在蔓延。在英国，丘陵农产品市场的崩溃，以及 2001 年口蹄疫爆发所产生的影响，扩大了辩论的范围——这些地区农业的保留是出于景观管理和维持农村社区活力的需要，而不是出于经济原因。现在欧盟的农业政策更关注农村景观的保护和可持续管理，在不久的将来，欧盟农业政策的变化，很可能对英国和欧洲景观的连续性和变化产生重要影响。

景观的研究方法

从古至今，一系列理论加深了我们对景观的性质和空间变化方面的认识。我们对景观的敏感性，在很大程度上得益于欧洲文艺复兴以来近几百年来的发展成果。因此，这本书以欧洲为中心，探究在过去 5 个世纪中，欧洲景观和历史之间的复杂关系。本书侧重于英国，但也更广泛地汲取了欧洲、美洲、殖民地和帝国的景观。本书的主要地域，从英伦三岛开始，然后向外扩展。书中的内容也反映了作者自身的背景、经验和研究兴趣。必须强调的是，欧洲看待景观的观点和西方景观美学，不是唯一的，但在历史上，这些观点一直是非常重要和有影响力的。[20] 这本书采用跨学科的方法，汲取了社会学、经济学、文化史、环境史、艺术史、历史地理学、考古学和规划学的素材，但本书植根于景观历史学、历史地理学和文化地理学。本书的重点是乡村景观。不断增长的城镇、城市和城镇体系对于乡村的影响力不能被忽略。但城镇景观是最复杂的文化景观，值得自成体系，所以本书并未过多涉及。本书采用了广泛使用的按时间顺序组织的方法。每章回顾一系列主题，包括景观的客观方面和主观方面。这些主题包括英国、欧洲和更大范围内的景观变化，各国之间的历史趋势和景观发展趋势，特别是文化、人口、经济、环境和政治变化对景观的影响，以及观念的改变对景观描述的影响，也包括艺术、制图学和文学对景观的描写。

在中世纪，“景观”这个词指的是一个领主及其拥有的地区，或者居住着特定人群的地区。“景观”这一术语的现代应用可追溯到16世纪，当时意大利和荷兰的画家开始用它来作为风景的代表。“景观”这个术语包含了令人困惑的、多种多样的定义。[21]它经常不准确和含糊，具有多层次的含义。景观一直被视为一个有用的概念，因为它既有相对固定的内涵又不乏自由灵活，它包罗万象而内涵难以捉摸。[22]景观经常被看做是自然和人类现象的综合体，它可以被通过客观和经验的方式加以研究、分类、分析和图示。虽然风景被认为是每一个人都可以作出审美反应的事物，但景观却是让受过训练的眼睛去研究的对象。我们还需要透过表面的意义和解释，通过景观图解法（iconography，这一名词来自艺术史）的研究，探究更深层次的含义。[23]

通过研究景观史，研究景观是如何随着时间改变的，研究景观与人之间关系的演变，使得景观成为沟通艺术与科学之间鸿沟的桥梁。其结果是，这种研究已经分散于若干学科，涉及考古学、历史学、人类学、社会学、地理学和艺术学等，同时各学科也采用了一系列的研究方法。近年来，关于景观变化和人类影响环境的本质的研究，也一直是新兴的环境历史学的中心议题。景观的研究方法，涵盖了景观的历史与发展（通过对考古学、景观历史学和历史地理学的研究），景观感知的变化，以及通过文化地理学和历史地理学，研究过去的景观与政治意识形态、经济变革和社会结构之间的联系。在地理学范围内，通过后现代主义的研究方法，通过媒体，如制图、艺术和文学等方法对景观的研究，已经导致人们对过去的景观进行了重新评估。[24]

关于景观和历史之间的关系，通常都会认为后者影响前者。景观历史学和考古学一直关心的是，在不同的尺度上，社会改变景观的方法，其范围从个人决策到国家和帝国的政策。在这种方法中，人们将景观作为客观的、实证研究的对象。景观也被认为是一个表面的现象，是潜在的经济、社会、文化和政治影响的一种表达方式，是由社会自身的深层结构所控制的，是由诸如封建主义或资本主义的生产方式所控制的。然而，景观和历史之间的相互作用，是殊途同归的。景观也可以影响历史，特别是通过人们对它们的感知、描述和反应的方式来影响历史。

在欧洲，19 世纪 90 年代和 20 世纪第 1 个 10 年，乡村景观的研究从聚落地理学（settlement geography）的研究中发展起来。[25] 在历史上，作为一个单独的研究分支，景观变化的研究，同时受到地理学和考古学研究的重要影响。[26] 对西欧乡村景观的早期研究倾向于静态的方法，因而忽略了景观演化的过程。早期作家的著作强调种族的重要性，如奥古斯特 · 梅茨恩（August Meitzen）的著作，着重描述了在中世纪早期的大迁移时代，种族划分对于聚落格局和农业结构产生的重要影响，这种影响直到 19 世纪依旧清晰可辨。最近，由于场地指向式研究（site-oriented studies）的局限性，考古学界日益对田野调查产生了更广泛的兴趣，因为田野调查能在更广泛的范围内提供有关人类活动的信息，而且这已经促使景观考古学新分支的诞生。在这种方法中，考古学上的景观在特定的时间内，以过去的外在形式（past surfaces）存在，这种外在形式受到前期特点和后来改变的影响。人类和环境过程可以使景观的外在形式隐藏、损毁和改变。一个时期的文化和自然过程塑造了景观的外在形式，景观的外在形式又对后来的人类活动产生影响。所以，景观不仅仅是人类活动的被动产物，而且是一种在社会发展过程中动态的、相互作用的元素。这就要求我们在理解任何特定时期的景观时，必须考虑景观形成和演变的前因后果。[27]

客观的研究方法

景观研究的客观方法，致力于考量一段时间内，景观是如何受自然和人类的力量驱使而发生变化的。物理环境对文化景观的影响是显而易见的，例如用于建造房屋和田野边界的传统建筑材料的性质，这类研究被称为“结构和风景的方式”（structure and scenery approach）[28]，在这方面，A·E·特鲁曼（A. E. Trueman）作了很好的例证。[29] 在约克郡山谷的局部地区，威廉·米德（William Mead）在很小的尺度上强调了田野边界和地质结构之间的密切关系。[30] 在英国，已经建立了一支非常强调实验的景观历史与考古学派，有时，人们似乎忘记了正在被研究的景观是人类活动的产物。[31] 人们常常通过人口数量、田野的空间布局和聚落格局的组织形态的影响，将景观的创造过程进行间接的、抽象的可视化，而不是将景观作为真正的人类活动的产物。[32] 在像英国以及大部分西欧国家这样“古老”的国家里，很少有单一时期形成的景观，几乎所有的景观都是多时期的、多功能的。即使像 18 世纪的庭园和议会圈地这样在很短时间内人为规划和建造的景观，也受到了先前文化景观因素的影响，同时也承受了后期的改变。[33]

在英国，这样研究景观的方法一直与历史学家 W·G·霍斯金斯（W. G. Hoskins）有特别的关联。霍斯金斯关于景观的论述，都是根据从田野调查、地图和文献资料的数据中得出的。这样的论述都可以得到验证，但与此同时，他的工作没有保持完全客观，并具有明显的偏好和偏见。霍斯金斯的英国景观论反映了他自己的利益和偏见——他支持早期现代景观，反对工业革命所产生的影响。后现代主义对景观的解释，强调景观是具有多重含义的文本。霍斯金斯最著名的著作《英国景观的塑造》（*The Making of the English Landscape*，1955 年）[34]，从某种意义上来说，就是霍斯金斯的英国景观论的体现，是一个人特殊的观点；他的观点更像是在层层叠叠的文本上加上另外一层，而不是像重写本那样具有单一的、“真实的”含义。[35] 霍斯金斯的英国景观论是令人回味、极富看点的，但也是保守的，并具有强烈的反现代主义的倾向。[36] 他评论说，“自从 19 世纪的最后几年以来……特别是 1914 年以来，英国景观发生的每一个简单变化，要么是在丑化景观，要么是在摧毁它的意义，或者是既丑化它，又在摧毁它的意义”，“林肯郡和萨福克……其形状就像被原子轰炸机日复一日轰炸后一样惨不忍睹，在康斯特布尔和盖恩斯伯勒的天空上留下了一条轨迹”[37]，这样的论述几乎无法保证客观性。不过，霍斯金斯的方法对于景观研究来说仍然是有影响力的，特别是在美国。[38]

在英国历史地理领域，采用传统的客观方法研究景观，对历史地理学家们产生了严重的影响，像地理学家 H · C · 达尔比（H. C. Darby）教授，就陷入寻找在特定时期景观的静态横截面和景观随着时间发生的改变，最引人注目的是达尔比对于《英格兰土地志》（*Domesday Book*）时期英国景观的研究。[39] 这些研究方法致力于从历史资料中提取相应的地图信息，同时对这些资料进行严谨的学术批判。20 世纪 60 年代和 70 年代初，在地理学界发生的计量革命也影响了考古学的景观研究方法，在研究中加入了空间模型来解释过去的景观格局，并在研究中引入了数据分析统计技术。[40]

在美国，由地理学家进行的景观研究深受伯克利学派，特别是卡尔·绍尔（Carl Sauer）的影响，他引进了德国地理学的观点。绍尔的文化地理学研究致力于景观的视觉形式，如农场和田地的空间格局。在朴素唯物主义者看来，文化景观的形式是人类试图满足其基本需要的活动的结果。文化被简单地认为是某个特定的人群所共享的一整套惯例，并被沿袭和传承给下一代。评论者认为这种解释是文化决定论的，因为这种解释显然忽略了创造景观视觉特色中的人的意识形态，同时，景观文化不仅是一个在特定环境和技术框架内生存竞争的结果。在这一学派的近期著作中，在继续强调创建景观时生存竞争的重要性的同时，还强调了文化的重要性，如通过不同人群互相学习和传承的各种信念、价值观、行为模式以及技术。[41]

人们通常在一个规模相对较小的范围，在局部或区域的范围，研究景观的历史，这种研究通常集中在纯农业领域、农田系统或聚落，而不是更广泛的乡村景观。大部分的这类工作在时间和地点上都是非常具体的，这种研究缺乏对更广泛的时间和空间的趋势、话题以及问题的关注。[42] 很少有学者试图对特定区域在整个时间周期内的景观变化进行研究，比如将时间范围扩展到史前和历史阶段。[43] 由于所使用的数据性质方面的原因，大量的历史环境研究也局限在特定地域。但是，历史地理学具有能看到“大画面”的能力，具有在大陆和全球尺度上观察其变化趋势的能力，就像迈克尔·威廉姆斯（Michael Williams）对北美森林所开展的研究那样。[44]

主观的研究方法

近年来，人们开始以不那么具体、可见的方式，和更加主观的方式看待景观。[45] 与客观研究方法不同，另一类研究景观的方法强调景观的象征性，而不是强调景观作为人工品在物理和结构方面的特性。[46]根据这个观点，景观是人类主观经验所间接反映的外部世界。景观不仅仅是我们看到的世界，而且本身就是外部世界的构造物。由此，景观是一种社会和文化的产物；景观具有自身的技术和结构形式，是人们的看待方式在土地上的投影；景观是一种限制性的凝视，减少了体验人与自然关系的其他方式。景观不仅仅是简单地“矗立”在地表上，而且是在复杂变量的联系中由社会所建造的，这些变量包括种族、阶层和性别。景观是由文化决定的，不仅因为景观是人类决策的产物，而且因为人们是根据自己的文化和历史条件来理解、感知景观的。[47]所以这类主观的研究方法关注如何感知、解释和表示景观。以旁观者的身份来阅读景观是具有偶然性的，它包含了观察者个人的观点和文化背景。[48]一些小说家，如托马斯·哈代（Thomas Hardy）和沃尔特·斯科特（Walter Scott），他们描述某一地方的早期人文主义作品就属于这一类。[49]有人认为，景观的观察不能缺少媒介。从文化的角度来说，所有景观的表现和欣赏都具有特定的文化背景和审美习俗。这种对于景观的看法已经成为近代文化地理学的显著特征。

霍斯金斯建议，我们应该将景观作为一个文本，但近期在诠释景观时，人们将景观看做是具有多层含义的、可以用各种不同方式研究、同时具有多种合理解释的文本。[50]如果景观是根据根深蒂固的文化架构来解释的文本，那么景观可能会在阅读者还没有认识到这一点的时候，向阅读者灌输一整套概念，告诉他们社会是如何组织起来的。像西蒙·沙玛（Simon Schama）建议的那样，景观在被想象成由木头、水、石头建造起来的建筑物之前，可以被认为是一种文化。[51]景观历史学家在研究森林时，可能从物种构成和过去的管理体系的角度去研究，并且关注历史上人类活动的证据，而文化地理学家重点关注的可能是人类对森林的反应与关系所体现的不同社会意义。森林可以被视为天堂般的、与灵魂有关的或是神话的景观，也可以被视为能够吸收大气中二氧化碳、生态友好的景观，森林也可以是具有强烈性别特征的，如森林引起女性的恐惧，而适合男性开展活动。[52]因此，在人类社会中，景观可能一代又一代地传递着信息和惯例，而且这不仅仅发生在文字产生之前的时代。

在整个20世纪，景观研究的主观方法经历了许多转变。其中一种转变与现代主义有关。这种方式试图通过景观绘画的历史来了解景观的历史。另一种转变与后现代主义密切相关。这种方法不再以绘画为中心，而转向符号学和解释学的方法。符号学研究关注的是符号产生和被赋予内涵的方式，与此同时，解释学关注的是解释和内涵的研究，并且把景观当作心理的或意识形态的象征。

由文化引发的对景观的反应是如何发展的？是通过文化背景还是通过对更基本的人类需求的反应来发展的？对此，杰伊·阿普尔顿（Jay Appleton）曾主张，我们对景观的反应，无意中反映了早期狩猎保留社会评价领土的方法。[53]能够观察周边环境，同时能够隐藏自己，这对于形成人的安全感十分重要。一个既能让人瞭望，又能提供庇护的景观，是某些埋藏在人们内心深处的古老生存需求。阿普尔顿认为，一旦基本生存需求的重要性已经消失，就会自然地转化为对景观的审美。关于现代人的理想景观的研究显示，现代人对于具有零星树木、树丛和开阔草地景色的稀树草原（savannah/parkland）景观具有明显的偏好。这类景观由艺术家克罗德·洛林（Claude Lorrain）描绘，并由“万能的布朗”（Capability Brown）建造。这类景观设计之所以成功，可以解释为不论是出于偶然还是其他原因，这类艺术家和造园家的作品符合了现代人潜意识里的理想景观类型。另一方面，这种情形可以说是无意识的文化因素在起作用，所以才让现代观赏者自动将这类景观作为心目中的理想景观。G·H·奥里恩斯（G. H. Orians）认为，由于人类起源于稀树草原环境，所以，树木和草地的混合景观激发了人们强烈的好感，这有助于解释花园景观（garden landscapes）为什么如此流行。[54]丹尼斯·科斯格罗夫(Denis Cosgrove)不赞成这种观点，他相信，这种曾经存在的人类情感已经发生了转变，因为人与起源环境的关联一旦与社会、文化和个人情感发生作用，就会被改变、交叠和颠覆。[55]

现代文化景观研究已经聚焦在人类主体的作用（human agency）方面，同时也关注其背后的社会和经济进程，有时甚至会导致忽视物理环境，导致物理环境的作用往往被简化和误解。实际上，由人类活动引起的许多景观变化是通过自然物理过程完成的，与原来的自然变化相比，其变化速度和规模要大得多。[56]同样地，在研究景观变化时，人类作用模型也有可能被过度简化了。

W·J·T·米切尔（W. J. T. Mitchell）主张，景观是帝国主义或民族主义的文化权力机器。[57]景观被视为具有阶级意识形态的观点和话语，可以表达多种政治立场。米切尔甚至推测，园林艺术的繁盛和帝国存在着一种关联，就像在古罗马、中国、17世纪的荷兰和法国，以及18世纪和19世纪的英国那样，虽然这种关联的确切本质尚不清楚。

相对来说，尝试解读景观的象征意义和其中所承载信息的努力是近些年才发生的事。[58]景观可以被视为权力的维护：人类对于自然的控制，或某一社会群体、某一种政治意识形态对其他社会群体或意识形态的控制。例如风景式园林（第三章），维多利亚时期的松鸡荒原（Victorian grouse moor）（第四章）和现代资本主义的农业景观（第五章）。然而，我们的景观感知既是有选择性的又是被扭曲的。目前，人们对于象征和景观的理念都已经受到后现代主义作家的深刻影响，特别是受到罗兰·巴尔泰斯（Roland Barthes）和米切尔·福柯（Michel Foucault）的影响。不过，有一个问题就是景观的象征意义可能是“局外人”编造的，这种编造的象征意义可能比他们所研究的景观本身还要多。[59]

在20世纪80年代，文化地理学者们对景观进行了重新定义，认为景观是主观的、艺术的，同时将重点放在人与环境关系的创造性和经验性方面。地理学家们也对使用包括艺术和文学在内的景观表现作为解答地理问题的资源越来越有兴趣。[60]最具挑战性的是科斯格罗夫对景观的解释，他认为景观不是对象，而是人的意识形态中一种根深蒂固的“观察方式”。[61]景观代表一种方式，在这种方式中，某一阶层的人通过他们与自然的假想关系，通过强调和表达自己的社会角色及其他人与外部自然的关系，来象征自己以及他们周围的世界。这是一个艺术家、一个社会精英看待世界的方式。所以，景观的观念是一些欧洲人表达的方式，在这种方式中，他们向自己和其他人表达外部世界，以及他们与外部世界的关系，并通过这种方式来评论社会关系。在西方，以景观作为观察方式，具有特殊的历史渊源：在西方社会形态从封建土地所有制向资本主义土地所有制的转换过程中，土地作为特殊的商品，其价值在转换过程中获得了增值。科斯格罗夫对景观的解释与空间（space）的概念相联系，空间的概念首先在文艺复兴时期的意大利得以发展，并与城市商人阶层购买乡村别墅的这种土地占有方式相关联（第二章）。

文艺复兴时期人与环境新型关系的发展，与线性透视、复杂地图投影的建立、景观绘画和理性人文景观的构建密切相关。因此，景观与一种观察世界的新方法密切相关，它是一种理性的、有序的、有意的、和谐的创造，是可以直达人的心灵和眼睛的结构与途径。

景观概念的发展得益于新的表达方式，如线性透视的发明及测量、制图技术的提高。从文艺复兴时期到现代，景观概念的发展具有明确的历史轨迹。这段历史可以理解为更广泛的经济和社会历史的一部分。科斯格罗夫的景观概念起源于早期现代资本主义和封建土地所有制的衰败。景观成为了可以获得资本价值的土地，同时，景观自身也变成了一种资本的形式。

在科斯格罗夫的景观观点里，景观与艺术之间有一种紧密的联系。富裕的土地所有者让景观设计师改造其庄园，并进行绘画。科斯格罗夫根据欧洲人文主义者的传统，从颇为严格的艺术观念的角度，研究了景观的概念。对于科斯格罗夫来说，景观不是我们见到的世界，而是在具体历史背景下的特定建构。科斯格罗夫把景观视为构成或象征我们周围世界的一种表现方式，而不是一种观察对象、文化映像或图像表达的方式。景观既可以在地面上表现，也可以在画布或纸上表现。一个景观的含义吸收了构建它的社会的文化规范。这样的规范已被深深地嵌入在社会的权力结构之中。科斯格罗夫和其他文化地理学家借鉴了艺术史中图解法的概念，试图理解建成景观（built landscape）、视觉景观（visual landscape）和文字景观（verbal landscape）的象征意义。他们寻找隐含于表象之内的理念，因为他们把景观视为有密码的文本，而这些文本可以被那些掌握密钥的人译解；同时，他们不仅寻找更明显的表面含义，而且寻找更深层次的意义。[62]

然而，作为一种景观的观点，科斯格罗夫的方法受到了挑战。首先，他的欧洲中心论就曾受到批评，因为这种观点不能应用到其他文化之中。科斯格罗夫关于“景观的概念”或许始于文艺复兴时期，但无论是景观本身还是关于景观的概念早在文艺复兴之前就已经存在了。[63] 从历史就能够知道人们对景观的欣赏和表达早在文艺复兴之前就产生了，例如，在中世纪和古典文学中，都有人们对景观欣赏的描述，而在中国，传统景观绘画的丰富性、复杂性和古老性，强烈地影响了18世纪的欧洲景观美学；这些事实都强调西方景观的传统并不是唯一的。科斯格罗夫本质上的马克思主义的方法也曾受到批判，因为他认为阶级是形成景观表达的主要影响因素，同时认为只能通过阶级结构的视角才能研究和理解景观，关注于统治阶级对于景观的界定。

吉莲·罗斯（Gillian Rose）认为，观察景观的方法是基于男性视角的，而科斯格罗夫没有考虑到不同性别与景观之间的关系。[64] 景观研究要扩展到什么程度？要研究景观的性别吗？在18世纪的英国，从整体上理解景观的能力被视为男子是否具有品位的资格与条件，而从来没有认为这是受过教育的女子应取得的成就。[65] 启蒙思想家们认为，只有受过教育的欧洲男子才能公正、客观地进行理性和抽象思考。女性被认为缺乏理解景观的智能与思维。基于这个原因，在19世纪，景观不被认为是女性画家的合适主题。女性也被排斥在科学和科学组织的框架之外，例如英国皇家地理学会。女性的旅行者常常会感到，在男性化、帝国主义的探索与征服的传统下，交融不同的观点和看法会遇到困难。[66]

景观与政治的联系十分漫长。在大部分历史时期，景观一直与空间的占有密切相关。景观与制图之间具有密切联系，城市资产阶级购置和改造商业地产时需要测绘和制图，军事和要塞设计也需要测绘与制图。在绘画和园林设计时，景观在视觉上和思想上实现了测绘和地图制作在实际中取得的效果：实现了对空间场所的控制和主宰，同时实现了个人或国家财产的转换。关于景观的近期著作则关注景观在确立国家身份方面的作用，以及景观在殖民主义背景和后殖民主义背景下的作用。在欧洲国家，特别是像英国和法国这样建立海外殖民地的国家里，从他们发现的欧洲景观美学特征的方面来解释景观。以如画流派（the Picturesque）等欧洲传统作为媒介，来表现异国的殖民景观（第三章）。

景观美学可以通过多种形式欣赏，包括诗歌、小说、游记文学、风景园林、建筑和艺术等。其中有一种方法致力于通过景观绘画的历史来研究景观的历史。景观在绘画、地图和其他媒体中的表达，不仅反映了文学或绘画等技巧方面的变化，而且反映了在描述人类群体和人与自然关系方面，品味和态度的改变。无论哪个时期的景观艺术，都有意无意地包含有视觉方面的先入为主的看法，这些看法影响了我们如何对景观及景观图片作出反应。[67] 在西方世界，自从文艺复兴时期以来，艺术就被尽可能真实地描绘世界的欲望所主导，但在某些特殊的观点上却被打上了民族和文化的烙印。景观的艺术表现没有呈现"自然"或公平的世界，即使是 17 世纪早期荷兰的景观绘画和城镇景观绘画中，画家们也只是在表面上准确、忠实地记录了平凡的日常生活。

对于像肯尼斯 · 克拉克（Kenneth Clark）这样的早期作家来说，"景观"只不过意味着某个乡村地区的景色而已。"艺术"是艺术家在将景观转化为画布上的图像时才产生的。[68] 景观是等待艺术家处理的素材。然而在如今，绘画被认为无论是在表面还是在深层都包含有复杂的思想。对景观艺术的解释已经远离了克拉克所强调的考虑绘画的社会和经济背景的哲学思想。一个关键的分水岭是约翰 · 伯格（John Berger）对于盖恩斯伯勒（Gainsborough）1749 年的名画《安德鲁斯夫妇》（*Mr. and Mrs. Andrews*）的评论。约翰 · 伯格认为，画中人物看起来自豪而自我满足，这不是因为他们符合奥古斯都时期（Augustan）和卢梭时期（Rousseauesque）的传统，而是因为他们拥有背后的土地。[69] 根据这种解释，我们对景观的感知使景观发生了改变。景观是已经被艺术处理过的土地。在决定究竟是什么构成具有吸引力的景色时，我们进行了判断和选择。观看者根据“好景色”构成的传统观念，从土地中选择出一些事物并加以编辑和改造，这才形成了景观。人们对景观的反应可能是从游憩角度考虑的，也可能是从美学角度考虑的，或者是精神上的，或者是在同一时刻三者兼而有之。

作为人类与物理环境的图形信息的来源，地图与景观是密切相关的，二者经常共同发展，例如，在16世纪的意大利和16世纪末、17世纪初的荷兰。通过制高点和鸟瞰视图获得真实的垂直透视，地图与景观艺术相互影响和渗透。像其他任何文献一样，地图是一种社会化的知识形式，反映了地图产生的社会背景和价值观，就如同画家描绘的景观一样。地图和景观的代码具有特殊的历史性，他们本身并无真假之分。在其内容的选择方面，景观和地图都是社会的产物，因为它们展示了制图人和委托人的思想。

地图提供了获得权力、进行管理并使之合法化的途径。地图制作通常和社会精英联系在一起，与国家发展的内部管理联系在一起，如国防和领土扩张。地图对权力的行使起到了支持作用，其范围小到私人房地产，大到全球性的帝国。像大炮和军舰一样，地图也是帝国主义者手中的武器，有时帝国主义者会通过预先提出领土要求，构建领土扩张和帝国大厦的蓝图。同样地，一旦土地被帝国获得，地图就会帮助创造这些被掌控的土地与帝国是一体的神话。在一定的空间尺度上，地图的历史与国家的历史是紧密联系在一起的，因为政府成为地图制作的主要赞助人。在其他尺度上，地籍图和房地产图是与农业资本主义的兴起紧密联系在一起的，地籍图和房地产图通过提供所有权、租赁关系以及租金方面的信息，控制和组织农业资本主义的生产关系。[70] 于是，地图就是关于人类与物理世界，以及它们二者互动形成的景观的一种有目的的解释和说明。[71] 地图的独特性不在于它们与现实之间的差距，而在于事实上它们是有系统性的。地图是可描述的，不仅可以描述它们试图描述的世界，而且可以描述制作它们的系统。地图也代表了技术，而技术也经常被用于证明具有征服和统治权的理由。随着时间的推移，制图方法上的对比能够在宏观上显示出中世纪与 19 世纪对世界的不同看法，正如同赫里福德大教堂（Hereford Cathedral）内中世纪的世界地图（Mappa Mundi）和 19 世纪基于墨卡托投影（Mercator projection）的世界地图的对比一样。19 世纪的地图中以红色突显了大英帝国，既反映了大英帝国在神造世界的地位，也反映了大英帝国统治世界的地位。[72]

这种在英国和欧洲发展起来的方法曾是景观历史学的原则标准之一，一切都比我们想象的更为古老。W·G· 霍斯金斯认为，英国的主要景观是在过去 1500 年之中创建的。[73] 从那时起，这个时间表已经被向前扩展到了自上次冰河时期以来的近 1 万年；甚至中石器时代文化对于环境和景观的影响，在今天看来也不容忽视。[74] 即使在英国这样的“古老国家”，据估计，大约 60% 被篱笆和围墙圈起来的景观的起始年代要从 1450 年算起，30% 要从 1750 年后算起。[75] 乡村景观及其田野格局、道路、建筑物和大部分地形改造，大都是过去 500 年建造的，因此这一段时期是本书关注的重点。

第二章

早期的现代景观

景观与封建主义

16 世纪早期的欧洲景观，是在封建主义的影响下，以史前时期、历史早期和罗马时期的遗产为基础发展起来的。很多景观变化发生在封建制度影响下的中世纪和中世纪之后，而不是发生在罗马帝国末期的大迁移（the Great Migrations）时期。封建制度是一种社会组织形式，这种社会形态建立在以土地为主要生产手段的基础之上。农民共同占有和耕作土地，并向封建地主提供劳动和产品以回报地主向他们提供的保护。封建地主通过庄园供养他们自己，通过这种方式，封建制度在景观中被明确地表达出来。在封建社会里，土地的价值主要体现在使用上，而不是它的交换价值。从食物丰富地区向食物匮乏地区批量运送食物材料的困难，使人们与当地环境紧密地联系在一起，并高度依赖当地环境。建立在封建制度基础上的中世纪庄园（manor）一直被视为稳定的、可持续的系统。在这种庄园中，景观中的不同组成部分构成了资源。这些资源被社区组织所共有和劳作，并被公平、公正地管理。这种模式有助于减少庄园内资源短缺和产生饥荒的风险。[1] 在这种管理模式下，敞田（open fields）是以条块为单位，由个人分散操作的，这样就避免了耕作者面对复杂的土壤和灌溉条件，从而使整个庄园农作物绝收的风险降到最小。除了耕地和草场外，剩余的闲置地块提供了一系列的资源，包括燃料、木材和建筑材料，以及公共牧场。令人惊讶的是，像沼泽这样的不利环境，也进行了集约开发，经常作为公用资源，为庄园提供鱼类、家禽、木材、饲草、芦苇和泥炭等。[2]

传统的封建主义生产模式以庄园作为组织单位，具有村庄尺度的农田系统和全体共同监管的资源，如敞田和公共闲置地（common waste）。敞田系统（open field systems）并不是封建景观所独有的特色，从爱尔兰到东欧，再到斯堪的纳维亚半岛，都出现过不同形式的敞田。封建主义的另一个同样重要的特征是城堡和教会：城堡是这个系统的军事基础；教会代表的是一个组织，这个组织是拥有权利的强大的封建领主，同时也是一个控制社会的强大力量。然而，就像没有单一、完整的封建制度一样，也没有单一的“封建主义景观”：封建主义及封建主义景观，随着时间、国家和区域的改变而变化。发生在 12 世纪和 13 世纪的整个欧洲的人口大聚集，表明封建制度有可能岌岌可危。人口的增长导致新定居点的建立，并促使人们考虑边缘土地的开垦、林地的砍伐以及湿地排水等问题。在 11 ~ 13 世纪之间，欧洲在人口增长的同时，还出现了林地砍伐现象，首先发生在内部的边缘地区，然后就扩展到边界之外。林地砍伐是当时世界范围内最显著的景观变化之一。[3]

16 世纪的欧洲景观

在 16 世纪，欧洲的景观基本上仍然是封建主义的，同时景观变化的速度也是缓慢的。现代欧洲的早期，从地中海到北极边缘，文化景观种类繁多，形成了鲜明的地域特色，文化景观的格局反映了地质、气候、植被、土壤和地貌的特征，也反映了政治、经济和社会特征的影响。

在19世纪和20世纪初，法国地理学家，特别是维达尔·德·拉·布拉切（Vidal de la Blache），识别了法国境内的景观单元的复杂拼贴（complex mosaic of landscape units），这种景观单元也可以称之为区域（pays）。在每一个区域内，其自然环境、农田体系、聚落格局、乡土建筑传统和文化特质都是密切相关的，从而形成景观单元，这些景观单元在当地居民和学者眼中是可辨识的。例如，在法国的香槟地区（Champagne），就有超过30个这样的区域，有些只能在局部被识别出来，有些则已经不存在了，但所有的区域都曾在视觉上是可识别的。[4]区域的与众不同的可识别性通常要回溯到很多世纪以前，时至今日，尽管这种可识别性比以往模糊了很多，但其特征常常仍然很明显。虽然这样的地区在法国曾得到更详细的研究，但在工业化以前的欧洲，这样的地区曾遍布欧洲各国。在英国，由于工业化和城市化进程，这样的区域的特征已经变得模糊不清，但在很多方面与区域类似的“农耕地区”（farming regions），曾被经济历史学家识别出来。由于农业生产技术的提高，这样的景观模式随着时间的推移一直在发生演变，有时变化的特征还相当明显，但在16世纪和17世纪，这类景观很可能是最具特色的。[5]

在远离地中海的农耕地区，山区、北部针叶林带以外的地区，在景观改善方面，围合地区与更加开敞的地区之间形成了强烈对比。这两种地区在法国分别称为灌木丛（bocage）和香槟（champagne），在英国分别称为森林牧场（wood pasture）和菲尔登（fielden）或冠军（champion）。[6]这两种类型之间的边界，并不一定反映两者在地形、气候和土壤肥力方面的差异。[7]在法国，核心居住区与广阔的敞田及排水良好的黄土之间，在空间分布上具有某些一致性，但这种联系不是很紧密。人们在中央高原（Massif Central）东部的利马涅（Limagne），发现了典型的地中海景观（尽管没有橄榄树），这个地区在地中海以北 300km 处。[8]

在英国，奥利弗·拉克姆（Oliver Rackham）对“古代”乡村和“规划后”的乡村的区别进行了研究。“古代”乡村的特征是围合的田地，在很多地区，这种特征是从史前时代就开始不断演化形成的；“规划后”的乡村是在盎格鲁－撒克逊和诺曼时代（Anglo-Saxon and Norman times）晚期进行重新规划的结果，至今人们对这一历史背景仍然不很了解，但这是当时西欧地区广泛存在的景观格局的一部分。在这些被规划的乡村地区，史前和罗马时代的景观已经消失，取而代之的是敞田系统和核心居住区。在英国，在 18 世纪晚期和 19 世纪初期的议会圈地时代，这类乡村地区，甚至以更加系统化的方式进行了重新规划。[9] 至于没有规划过的景观，其起源则是错综复杂的，并一直存在争议。汤姆·威廉姆森（Tom Williamson）曾提出，对具有晚期居住点的森林牧场地区进行自动识别是有误导的，并认为某些林地在《英格兰土地志》（*Domesday Book*）时期的人口密度就与敞田地区的人口密度一样大。[10] 冠军地区也不必根据领主的单一性来划分。威廉姆森对冠军地区和森林牧场地区的起源轨迹进行了对比，以区分早期定居于英格兰东南部地区和后来定居在英格兰中部地区的盎格鲁－撒克逊人在创建定居方式上的不同，并通过亲属关系的差异比较了定居方式的不同对后来景观的影响。

在古老的围合地区或灌木丛地区，如西康沃尔和布列塔尼（west Cornwall and Brittany），田地边界常常建有大规模的土石围墙，围墙顶部覆盖着树篱，在某些情况下，这些围墙始建于史前时期。然而，敞田和围合区域之间的界限并不是固定的。在法国西部，从 16 世纪开始，随着对闲置地的开垦，灌木丛地区开始了扩展，同时也不断被敞田所取代。[11] 在法国的旺代省（Vendée），大多数灌木丛形成于 17 世纪。不同的还有地中海地区景观。在地中海地区，在从高山、丘陵到沿海平原的多种环境里，生长着比阿尔卑斯地区种类更多的农作物。这些农作物包括乔木和灌木，如橄榄、葡萄、无花果、柑橘、杏仁和栗子等，还包括水稻等大田作物，形成了由近似方形的田地、梯田和灌溉系统组成的拼贴式景观格局。

至于乡村居民点的格局，布赖恩·罗伯茨（Brian Roberts）识别出了一个核心区。这个核心区从塞纳河（the Seine）到易北河（the Elbe），再向北延伸到丹麦，也包括英格兰中部的一个条状地带。在这个核心区是不规则分布的乡村和小村庄。在许多地区，这种格局从中世纪早期分散的农庄和小村庄演变而来。[12] 这个核心区的周边区域，包括斯堪的纳维亚半岛、欧洲的大西洋沿岸和阿尔卑斯山脉滨海地区，其特征是分散的单一农庄和村落。在大部分东欧地区、法国东部和英格兰北部的某些地区，村庄普遍是沿着街道或围绕绿地进行规则式布局的。这些模式是信仰基督教的日耳曼人在中世纪抵御斯拉夫人、马札尔（匈牙利）人、波罗的海人进行扩张时规划的，而在英格兰北部，则是在对内进行殖民统治时期规划的。在地中海的很多地区，村庄坐落在山顶上，这种布置主要是为了抵御海盗的袭击；尽管如此，地中海地区的某些聚居点仍然以分散居住为主要形式。在亚平宁半岛南部，曾发现人口在 3000 或 3000 以上的村庄。在地中海的沼泽低地，疟疾的威胁使得居住在这些地区的人口下降，这使得丘陵和山地地区尽管地形不利，但更有吸引力。[13] 在地方尺度上，聚落的格局可以折射出环境的对比，大村庄建在最肥沃的土壤上，小村庄建在周边相对贫瘠的土地上，分散农场建在殖民地的边缘，但这种简单的决策方式在更大的空间尺度上就会失效，例如在英格兰东南部的一些土地肥沃地区，其聚落的格局就是分散的。

最初，景观单元很少像在小比例尺地图上那样统一而简单。在布列塔尼西部，灌木丛地区是一种逐步发展起来的拼贴景观。灌木丛地区是庞大混杂的，包括非常广阔的沿着大西洋海岸线几乎不间断的敞田，同时还包括远及内陆的较小的条形田地。[14] 在这些敞田的内部，也存在着鲜明的景观对比，田地系统展示出了很多复杂的变化。[15] 地区之间的主要差别是：如在英格兰中部地区，敞田是居于主导地位的景观，同时还有数量相对有限的放牧区；而在爱尔兰、苏格兰和挪威南部，敞田成为小型的岛屿，景观背景是自然的牧场和闲置地。在这些地区，人们经常使用内场—外场田地系统（the infield-outfield systems），大部分肥料来自于牧场收割的海草和草皮等，这些肥料被用于内场的小面积连续耕作的土地；而周围的外场，只使用少量的肥料，进行强度较小的耕作。[16] 在山区和高原地带，有大量的自然牧场，因此游牧系统非常普遍。在这些地方，可以充分利用盛夏时的高高的牧草，建设临时居住点，如挪威的高地牧场（saeter）、苏格兰牧羊人用的小棚屋（shieling）及爱尔兰的布利（booley）。随着从 16 世纪到 20 世纪更加商业化的畜牧农场系统的渗透，这种游牧系统逐渐衰落。[17]

在较小的尺度上，环境与社会经济、社会结构之间的复杂关系产生了多种多样的传统建筑风格，这些建筑风格构成了景观的组成部分。由于运输建筑材料的难度和费用，除了那些重要的、具有影响力的工程，大部分民众的房屋使用的是当地的建筑材料，这些房屋的建筑风格和布局反映了当地的环境和经济需求的本质特征。由于可能使用了类似的建筑材料及风格布局，所以普通居民的乡土建筑与有钱人的高档建筑之间的对比有时没那么明显，这

外赫布里底群岛（Outer Hebrides）刘易斯中部地区（central Lewis）19 世纪小棚屋的残垣；这是历史悠久的游牧传统的最后阶段。

种情形可在英格兰南部和以木材作为传统建筑结构的北欧平原见到；有时这种对比也可能很明显，如在 1560 年前后绘制的卡里克弗（Carrickfergus）地图中，爱尔兰本地居民的圆形的、没有窗户的覆草皮小屋，与繁荣城镇中心的商人和工匠的石头房屋，形成了鲜明的对比。[18]

同样使用木材建造房屋的地区也存在不同，像木材丰富的地区（如东欧和沙俄地区），和木材较少且缺乏优质建筑石料的地区（如有着木结构建筑传统的北欧平原）就存在不同。在没有木材的黏土低地，用黏土垒墙的建筑很常见；在拥有石材、缺少木材的地区，如英格兰高原，建造墙面时既有使用灰泥的，也有使用不含灰泥的石块的。农耕区和放牧区的农庄布局也有差别。在农耕区，一般建有附属院落，以满足储存粮食、工具、犁具、板车等的需要。在一些农耕地区，如巴黎盆地（Paris Basin），农场建筑围绕庭院布局是大型农场的特征。[19] 长房子（long houses）曾一度被视为是北欧和西欧贫困农牧区的主要特征，长房子是指人和牲畜共同居住在同一座房子内[20]，但英格兰低地村庄遗址的考古结果显示，在中世纪晚期，那里的居民已经具有更良好的居住条件。[21] 这展示了日益繁荣的经济是如何改变房屋的建造传统和居住模式的。都铎王朝时代的英格兰中部和南部的大改造（Great Rebuilding）工程，对广大区域内的部分社会阶层的住宅进行了改造和更换，在后来的一个世纪左右的时间里，英格兰北部地区也进行了类似的改造。[22] 早期的建筑传统是附属院落和较小的构筑物，后来这种传统被废弃，并转向居住建筑的改善，如爱尔兰部分地区和苏格兰高地的以石头为支撑材料的夏季牧羊棚，以及法国高地和巴尔干地区类似的小棚屋。这种转变反映了一种可以追溯到青铜器时代甚至新石器时代的建筑传统。

从封建主义向资本主义的过渡

从封建主义向资本主义过渡包括很多相互联系的复杂因素，但所有因素都与欧洲人利用环境方式的转变密切相关，这种转变也在景观中反映出来。自给自足的农庄融入该地区的经济空间之中，然后再融入该国的经济空间之中。在这个过程中，封建农庄逐步商业化、专门化。到了 13 世纪，贸易的复兴和城镇的增长使得靠近大型中心城市的农业贸易日趋增长，如佛兰德（Flanders）地区附近。到了 14 世纪，由灾荒和饥饿造成的人口大规模死亡，特别是在 1315 ~ 1317 年爆发的黑死病和后来 1348 ~ 1349 年爆发的鼠疫，使欧洲的人口锐减了 1/3 以上，大致相当于 1200 年时的人口数量。

这种情形大大改变了欧洲人口与资源之间的平衡关系，有助于削弱封建主义。在英格兰，人口从1300年的大约600万人，下降到1450年的大约150万人。[23]

如此大规模的人口减少不可避免地影响到了景观的发展。因为资料有限，所以精确的变化过程不是很清楚。居住地废弃和林地再生的情况也发生了。[24]例如，在法国的很多地区，在百年战争（1337 ~ 1453年）和三十年战争（1614 ~ 1648年）的不稳定时期，尽管临时放弃的地方普遍远多于永久遗弃的地方，但毕竟发生了放弃事件。在西班牙南部的内华达山脉，收复失地运动导致主要人口减少之后，转变信仰的摩尔人于1568年发生反叛。3/4的村庄被遗弃，只有有限的信仰基督教的居住者迁入保留的村庄，以填补大量被驱除出境后的人口缺口。[25]由于劳动力短缺，以及低地地区能提供更优质的土地，很多在地理上更边缘的社区都衰退了。聚落的改变经常出现在私人的庄园范围内，特别是由于土地所有者们重新组织并将已经减少的劳动力聚集在一起的举动。在英格兰的米德兰和巴黎盆地等地区，出现了从劳动密集型农业生产向使用较少劳动力的农作物生产或畜禽养殖的转变。在阿尔萨斯（Alsace），随着人口向较大的村庄集中，许多较小的定居点被遗弃了。[26]在景观方面，这种人口迁移表现为：广泛的弃耕、从边缘地区的乡村定居点撤退以及对牧场的青睐，这种迁移行为就发生在切维厄特丘陵地带（Cheviots，英格兰与苏格兰之间的丘陵地带）和英格兰的达特穆尔地区（Dartmoor）。在中欧和东欧地区，大量已开发的土地重新恢复成森林。黑死病爆发之后，为了吸引和留住租户，土地所有者们不得不出租领地并减少封建限制。土地出租本身促进了货币经济的发展，吃租阶层、富裕农民群体出现了，无地的劳动者越来越多，这些都进一步促进了社会变革。

在不同的地区和国家之间，从封建主义向资本主义过渡的起始和完成时间是不同的，但最容易（尽管不是最全面的）的检测方法是出卖劳动服务的下降水平。在从地区到私人土地的不同空间尺度上，从封建国家向资本主义国家的过渡具有鲜明的地理分布格局。封建主义消失最缓慢的是核心区，而不是周围的地区；是大规模的产粮区，而不是畜牧区；是老居民区，而不是新开辟的居民区；总之，封建主义消失最缓慢的是那些封建主义控制最强的地区。当封建主义的生产方式向更优越的资本主义生产方式转移的时候，封建主义的残余经常幸存于与山丘相连的庄园里，如18世纪后期苏格兰出现的情况。另一方面，在东欧的易北河东部，在一大片中世纪就已经从斯拉夫人手中夺取的殖民领地上，出现了社会进程的逆转。在这片曾经比西欧更自由的区域内，由于土地所有者们修建自己的庄园并扩大对佃户的特权，被冠以“第二封建主义”。在一部分地区施行庄园体制，在其他地区施行类似大农场的体制，使曾经自由的农民再受奴役。这逆转使得领地耕种（demesne cultivation）重新实行，并且向西欧地区提供了大量的余粮。在1300年前后，这一过程一直在进行，直到16世纪末才近乎结束，在此期间，随着劳务的减轻和实行货币支付，西欧的领地耕种方式几乎已经完全消失。在国家扩张领地的过程中，如在波兰，农民经常一无所有，并被安置在重新规划了街道的村庄里。[27]

小冰期的环境变化与景观

本书重点研究在人类活动影响下的景观变化，但在我们所涉及的这500年的时间里，文化景观也受到了环境变化的影响，尽管这样考虑对所研究的相互关系的性质有过于简单化、定性化的嫌疑。

在现实中，受环境制约的景观变化与人口、经济、社会、政治等变量互动，并以复杂的方式影响着景观，这种情形使得从个别案例的研究中概括出景观变化的全貌变得很困难。在 14 世纪初前后，在人口增加的压力下，在阶段性气候变暖的刺激下，居住地已经扩展到很多边远地区，如英国高原、斯堪的纳维亚半岛和阿尔卑斯地区。[28] 在 14 世纪期间，人口的急剧削减，可能再加上多雨、较寒冷的气候条件，导致很多边远的居住地被遗弃。在达特穆尔地区，猎犬石山（Hound Tor）上海拔较高的聚落是众多被遗弃的地区之一。在斯堪的纳维亚，在挪威甚至在丹麦的部分地区，大约 40% 的农场被遗弃，在瑞典的一些地区，也有大约 25% 至 40% 的农场被遗弃。黑死病爆发之后，挪威的约斯特河谷被遗弃了，直到 16 世纪，随着人口的增长，那里才开始进行重新移民。不久之后，较寒冷的天气和逐渐增长的冰川，使得河谷中的居住条件变得越来越困难，不利因素有雪崩、山崩、洪水和较寒冷的夏天以及可怜的收成。[29] 尽管对遗弃农场和居住地的研究通常在较大的区域尺度上，并且对遗弃背后的原因经常推测多于证明，但在那个时期，斯堪的纳维亚半岛和欧洲其他地区的许多被遗弃的农场，都位于气候的边缘地区，并且（或者）只有小面积的农田耕作。[30] 夏季大西洋海冰向南蔓延范围的扩大，有助于隔离格陵兰岛上的挪威人聚居地，再加上较寒冷潮湿的气候条件，构成了 16 世纪挪威人聚居地完全消失的背景。在冰岛，较寒冷的天气和夏季海冰的向南蔓延，导致在 15 世纪或 16 世纪，放弃了谷物的种植。[31]

到 16 世纪中叶，随着人口的增加，定居和耕种的范围再一次扩展，人们经常进入那些在中世纪曾被清理、定居，但后来又被遗弃的地方。然而，在一些地方，新定居点的扩展停顿了，在 17 世纪小冰期环境持续恶化期间，甚至出现了重新遗弃。停顿和再遗弃的年代并不确定，停顿和倒退的区域也是不断变化的，但似乎包括了 16 世纪后期，特别是 17 世纪后期，这段时间气候条件有向较寒冷、潮湿的方向变化的趋势。在中世纪后期，北海周围风暴的增加曾经给沿海地区带来了较高的洪水发生频率。[32] 在英格兰东部的一些沿海地区，在德国和丹麦的北海沿海地区，伴随着对沿海地区侵蚀的加剧，这种趋势一直在持续。扬沙阻断了河口，并埋葬了苏格兰东北部和丹麦部分地区的定居点。[33] 从英国、挪威穿过孚日到东欧山脉的较寒冷气候，使得适合树木生长和耕作的海拔高度下降。从 17 世纪末到 18 世纪初，在最冷的天气里，阿尔卑斯山、斯堪的纳维亚和冰岛的冰川大幅向前推进。在勃朗峰周边地区，冰川侵占农田，甚至是定居点，同时较寒冷的夏天意味着农作物无法成熟。[34] 在挪威约斯特达尔布（Jostedalsbreen）冰帽边缘的周围，农场受到雪崩、山崩和洪水的影响：这是冰川推进造成的间接结果。[35] 挪威哈当厄（Hardanger）高原上形成了新冰川，终年积雪也重新出现在英国最高的山峰上，这意味着这些地区的年平均气温比 20 世纪中叶至少低 2℃。[36] 在 17 世纪末，较寒冷潮湿的夏季和漫长严寒的冬季，给苏格兰南部高原地区饲养家畜的农牧民带来灾难，同时这种气候可能也促使他们放弃那些较小的以及更边远地带的农场。[37] 与此同时，夏季海冰的范围也向冰岛南部扩展。海冰南移造成的气候变冷的相关结果，使得冰岛的农业和渔业饱受磨难。即使在西北欧的低地地区，农作物生长季节的长度在 17 世纪也比中世纪短 5 个星期。然而，气候边缘地区也不都是高海拔的。在英格兰的某些黏土地区，降雨增加和蒸发减少造成的更加潮湿的气候条件，可能是村庄遗弃的背后因素，如林肯郡的高尔斯（Golth）。[38]

变化的农业景观

从 16 世纪中叶前后，欧洲人口再次开始增长，截至 17 世纪中期，欧洲许多地区的人口已超过其 14 世纪初期人口高峰时期的数量。1200 年，法国、德国和英国三国的人口总量，徘徊在 2200 万人左右；到 1340 年，徘徊在 4000 万人左右；但到 1470 年，下降到 2700 万人；一直到 1620 年，才上升到 4200 万人。[39] 欧洲人口的增长和日益繁荣的商业，与城市市场的刺激有关，并开始影响到欧洲的景观，而农业进步及其有关的景观变化，只是少数地区的主要特征：如意大利北部，法国南部低地和英格兰东部等地区。在这些地区，农业产量的增长是通过更复杂的轮作耕种技术、引进更先进的农作物品种、改进栽培技术以及新土地的复垦等措施来完成的。在低地国家，休耕制的废除、将饲料作物纳入轮作范围（如将萝卜和苜蓿草纳入轮作耕种序列）、种植经济作物（如亚麻、大麻、茜草和靛蓝等工业原料）也是特色。肥料的广泛使用也鼓励畜牧业进行集约化经营。[40]

特别是在后中世纪时期，欧洲社会与环境之间的变化关系是通过圈地（enclosure），通过开垦沼泽、填海造田，通过砍伐森林和石楠灌丛等行为反映在景观中的。在 16 世纪和 17 世纪，在一些地方，很多圈占土地和开垦新土地的行为，都是农民个人或小团体，以较小规模在公共的低地牧场、森林牧场以及荒废的石山和高地上零星进行的。在英格兰南部的奔宁山脉和坎布里亚郡（Cumbria）的部分地方，渴求土地的农民对小面积的闲置土地进行改良，产生了一种与英格兰国内纺织品制造业相联系的小农场农业体系（system of smallholding agriculture）。这种情形创建了一种居住密集、拥挤的景观模式，这种景观模式时至今日仍然是很独特的。在牧场丰富的地方，庄园领主往往允许这类圈地行为，这些擅自占用土地的农民最终正式进入庄园法庭卷宗（the manorial court rolls）。[41] 在苏格兰，人口的增长是与现有城镇的分割以及相应的种植面积的扩大相适应的，同时与佃户经营的边远小农场相适应，这些小农场的名字通常包括山冈（hill）、荒原（muir）、苔藓（moss）和沼泽（bog）等地理要素。这些名字显示了这些地块被开垦时的原始环境。[42]

相对来说，这些小规模的圈地活动并不引人注意，但发生在16世纪末和17世纪的一些较大规模的圈地活动引起了广泛的关注，因为英格兰政府感觉到了来自人口和粮食供应减少的相关威胁。此外，圈地活动也是托马斯·莫尔爵士（Sir Thomas More）等作家论战的主题。因此，圈地被较好地记录下来。圈地受到了经济因素的激励，特别是受到了羊毛升值、谷物贬值的价格变动影响。在英格兰中部和东部的部分地区，综合型农场的小农户被驱逐出去，同时这些小农场都被合并到大型的商业化绵羊养殖场之中。很多被卷入的地区都遭受人口下降的厄运，但是考察这段时间内一些地方遭遗弃的村庄的密度，有助于解释都铎政府的施政要点。[43] 事实上，问题的范围被夸大了，最近的研究表明，与1600～1699年之间被圈占的土地约占总圈地面积的25%相比，从1450～1599年之间，英国被圈占的土地仅约占总面积的3%。17世纪是更大规模的圈地时期，但不特别引人注意，圈地既来自敞田又来自荒地，通常根据一小群土地所有者之间的私人协议来进行。在协议中，实际被圈占的土地面积可能比18世纪或19世纪的面积更大。[44]

填海活动在北海周边地区特别活跃，这一地区是新兴的“世界系统”（world system）的核心。[45] 特别是在荷兰，人口的增长和城市的发展，需要商业化农业生产提供更多的粮食，使得填海活动兴起；同时，土地改良方面的城市投资也促进了这一过程。在荷兰，由于从来都没有森严的封建统治，所以使荷兰在 1100 ~ 1500 年这段时间的填海造地活动得以稳步进行，但在 1500 ~ 1650 年这段时间的填海造地活动经历了一个大幅增长的过程。由于 16 世纪的洪水泛滥，再加上技术革新，如出现了带斗的挖泥船和更大的风车，这些因素鼓励了填海造地的积极性。在 1615 ~ 1640 年这段时间，每年造地大约 1800hm^2（大约 4500 英亩）。其中 80% 是通过建设沿海大堤实现的。在 1540 ~ 1715 年这段时间，仅在泽兰一个省，填海造地面积就达约 70000hm^2（约合 175000 英亩），到 1640 年前后，在阿姆斯特丹北面讲荷兰语的北区（Noorderkwartier），耕地面积增加了 40%，都是填海造地的成果。填海造地的前期，沿海的工程进展较快，因为海洋黏土非常肥沃，土壤退化不是主要问题。沿海大堤给内陆湖泊和沼泽湿地的排水造成了更大的困难，需要对风车行业进行投资，以风车为动力，用水抽排到运河里。

在 17 世纪，填海造地工程使从内陆向外抽水的规模急剧增加。在 16 世纪，完成了一些浅水湖的排水，但从 17 世纪早期开始，开发了扬程高达 3m（9 英尺）的改进型风车，促使这类填海造地有了很大的扩展。第一个重大项目是贝姆斯特湖泊（Beemster lake）流域的排水工程，总面积约 6912hm^2（27 平方英里），水深约 4m（12 英尺）。阿姆斯特丹的商人负责提供资金，荷兰工程师詹·李瓦特（Jan Leeghwate）提供专业技术。五年内，在使用 40 多个风车的情况下，开垦了约 7000hm^2（17500 英亩）的土地，并建立了 207 个新的农场。该工程技术包括一个被堤坝围起来的湖泊，以及将湖水排入排水运河的设施与技术，这条运河通过水闸与江河或海洋相连。填海造地工程持续进行，直到 17 世纪晚期，这两种填海造地工程的资金数额突然下降。[46] 1600 ~ 1625 年这段荷兰排水活动的高峰时期，正值荷兰经济和景观艺术的“黄金时代”。

填海也是英格兰沼泽（Fens）地区的特征。在沼泽地区，由于修道院被遣散，导致了中世纪排水系统的荒废。在 17 世纪早期，大部分沼泽地区仍然保留着中世纪没有排水系统的景观，正如古文物学家威廉 · 卡姆登（William Camden，1551 ~ 1623 年）观察到的那样，沼泽地区的居民像周围的环境一样独特。威廉 · 卡姆登观察到：

> 沼泽地区和沼泽附近乡村地区的居民，如同这个地区一样，是一群野蛮的、未开化的人，羡慕其他所有高地地区的人；他们通常在高跷上行走，一直保持放牧、打渔、狩猎的习俗。在整个冬季，有时在一年中的绝大部分时间里，这些地区都处于水平面之下。[47]

村庄位于略高于大沼泽的干燥场地之上，那里的开敞农田具有较好的排水条件。

1570 年的严重洪水灾害，导致荷兰人汉弗莱 · 布拉德利（Humphrey Bradley）在 1589 年被授权填海，排除英格兰大沼泽地的积水，但一直收效甚微，直到詹姆斯一世时期才重视大沼泽的排水。由于 1607 年、1613 年和 1614 年的大洪水，詹姆斯一世引进了科尼利厄斯 · 费尔默伊登（Cornelius Vermuyden），他早前曾在约克郡和汉堡周围进行过排水。1630 ~ 1631 年，第四代贝德福德伯爵和一个由 13 名土地所有者或“冒险家”组成的团体承诺，排干大沼泽南部的泥炭。他们雇用科尼利厄斯 · 费尔默伊登规划了一系列新的水道，包括老的和新的贝德福德河床。到 1637 年，大部分工作已经完成，进一步的工作是在 17 世纪 50 年代完成的。费尔默伊登使用了曾在荷兰和意大利尝试过并得到验证的技术。然而，他似乎没有充分意识到泥炭收缩带来的危险。到1700年前后，新的排水沟已经超过了泥炭的水平面，这种情况增加了发生洪水的危险。18世纪风车和19世纪蒸汽机的使用，对于保持大沼泽的水位下降是很有必要的。

在17世纪，填海工程被欧洲的其他地区广泛采用，从萨玛赛平原（Somerset Levels）到维斯瓦（Vistula）河畔，经常有荷兰工程师和定居者援助的身影。在信仰罗马天主教的国家里，宗教不能容忍填海行为，不过也仅此而已。对于英格兰某些潮湿的黏土地区来说，由于那里有更大的降雨和更少的蒸发，可能成为这些地方的村庄遭遗弃的一个因素，如同法国南部发生的情形；同时，由于沼泽地区的居民担忧他们对该地区传统权力的丧失，所以导致某些填海计划被延误，并从一开始就全面阻止进行填海工程。在其他情况下，由于在战争或政局变动期间未能保持好排水系统，来之不易的土地最终又丧失了。这种政局变动有时导致荷兰移民者被驱逐，如在法国，《南特法令》（*The Edict of Nantes*）于1598年被废止后，荷兰移民者被驱逐。其中令人印象最深刻的计划是佛兰德的莫尔洼地（the Moeres depression）的填海工程。莫尔地区仍大量保留着中世纪的泥炭工程，如诺福克湖区（Norfolk Broads），在其上建设了140个新农场，但在三十年战争（Thirty Years War）期间，这个填海工程被废弃了——为了保卫敦刻尔克市，这片填海的土地被人为淹没了。早在1515年，丹麦的阿迈厄岛（Amager）就由荷兰定居者开始排水了，后来阿迈厄岛被建设成哥本哈根的一部分。其他的荷兰人定居在瑞典，并从1618年开始对哥德堡沼泽（Göteborg marshes）进行排水。在勃兰登堡州、东普鲁士以及波兰的荷兰人，也对许多内陆地区进行排水，从泥炭沼泽地和河边沼泽地向外排水。在维斯瓦河流域，在格但斯克（Danzig，旧称但泽）

商人的鼓励下，成群的荷兰定居者，从华沙周围地区的沼泽地向外尽可能地排水。其他的定居者在波罗的海沿岸，以及莫斯科和乌克兰等地进行排水。荷兰移民者的排水工作也屡屡出现在法国西部和北部的沿海地区，出现在波河流域（Po valley）、隆河三角洲（Rhône delta）、罗马附近的庞廷（Pontine）沼泽地和德国北部，出现在东欧的许多河谷。汉弗莱·布拉德利曾在英吉利海峡、法国大西洋和地中海沿岸地区进行排水工作，他在某些地区曾取得巨大成功，但在其他地方，由于当地人的反对而失败了。[48]

尽管1500年前后德国的部分地区曾引进过一些针叶树，但在斯堪的纳维亚半岛和东欧以外的地区，大部分森林仍然是落叶乔木。14世纪和15世纪的人口下降，导致部分定居点遭遗弃和木材需求下降，其后果是在某些地方出现了森林恢复和扩展的现象。但是，从16世纪开始，对森林的砍伐又重新开始了。到17世纪，英格兰的森林覆盖面积只有6%～7%，爱尔兰仅有2%。[49]然而，在当时的中欧和东欧，仍然保存有广袤的森林。到18世纪，普鲁士的森林覆盖面积仍达40%，远东地区的木材储量甚至更大。

此时，地中海地区的森林正越来越向山区退缩，但即使在山区，森林也受到来自燃料、造船、建筑等领域木材需求的压力。每个家庭仅在冬季取暖方面就需要10m^3的木材，每年这些木材需要4hm^2（10英亩）的成熟森林提供。一个有100户家庭以木材为燃料的村子，可能需要高达近400hm^2（1000英亩）的森林来维持村子的生存。[50]在15世纪中叶的威尼斯，人们对砍伐和蚕食森林对环境产生的不良影响是有明确认识的，在威尼斯的威尼托（Veneto）大区，快速清理林地使得大量淤泥逐步通过河流进入威尼斯市附近的潟湖。从16世纪中叶起，由于当地木材短缺，迫使威尼斯政府从对岸的亚得里亚地区调集木材。[51]因为需要使用木炭冶炼钢铁，所以到处都需要木材。木炭是比木材热效率更高的能源，但生产 1kg（2.2 磅）的木炭需要 5 ~ 10kg（11 ~ 22 磅）的木材。[52] 虽然钢铁行业越来越集中，如巴斯克乡村（Basque Country）和米兰地区，这些地区拥有高品位的铁矿石，而通过河流和沿海运进市场的木材和木炭，几乎都被广泛地用来冶炼低品位的铁矿石。从 20 世纪 70 年代开始，人们开始意识到，由于木炭冶炼行业的发展，英格兰的林地正在枯竭，这迫使木炭冶炼行业从南部产区不断地向北向西转移，以寻求新的燃料供应基地——这种观念其实是一个误解。矮林管理技术（techniques of coppice management）能让落叶林地作为可再生能源基地保持下来。与天然林相比，矮林能提供 3 ~ 4 倍的木质燃料。在英格兰湖区南部的弗内斯（Furness），由于钢铁冶炼和其他方面对木炭的需求，致使土地从牧场转为矮林，所以林地的面积实际上是扩大了。[53] 然而，目前尚不清楚欧洲大陆落叶林中有多少使用了矮林管理技术，也不清楚矮林管理技术有助于维持燃料供应的程度。在地中海周围，似乎只有亚平宁半岛南部曾普遍地推行过矮林管理技术。[54]

对于林地破坏来说，钢铁行业是最直接的替罪羊。鉴于木炭过于脆弱，不能远途运输，所以要将炼铁厂建在具有可持续的燃料供应的地区，特别是 17 世纪初开始发展容量更大、价格更贵的鼓风高炉，这种情形就更为重要。为了减少食草动物对农业生产的影响而清理林地也是毁林的主要因素，在芬兰，为了轮作耕种，进入 20 世纪之后，烧毁森林的活动仍一直在持续。在东欧和斯堪的纳维亚半岛，大规模的商业性砍伐森林活动主要被限制在毗邻河畔和海岸的地区。木材被从勃艮第地区向下运输到塞纳河，也从德国的黑森林向下运输到莱茵河。

在几乎没有连续林地的灌木丛地区，树篱是木材的主要来源。

在一些地区，林地管理似乎曾一度薄弱，例如16世纪的苏格兰低地地区，林地可能曾遭受过大规模的毁坏。苏格兰人似乎在中世纪不曾有过矮林栽种的传统。[55] 当塞缪尔·约翰逊在1773年访问苏格兰时，他曾谈到在盎格鲁至苏格兰边界与东北部的低地之间缺乏树木。在一直紧紧握着他的手杖的同时，他阐述了像手杖这样一根木材在苏格兰的价值！毫无疑问，他在夸大其词，因为他所描写的这个时期里，很多土地所有者已经开始在自己的乡间别墅周围建立一块块林地，这使得他描写的缺乏树木的景观比以前减少了。[56]

乡村人口和城市人口都需要燃料的状况，对那些缺乏树林或木材十分昂贵的地区的景观还产生了其他方面的影响，因为当地人不得不寻找替代燃料。欧洲的大西洋沿海和其他的内陆低地地区，从泥炭中获得能源。有时，大规模地将泥炭作为燃料会导致景观的转型。诺福克湖区（Norfolk Broads）的真正起源是在最近才被发现的。诺福克湖的形成是建立在泥炭加工业之上的。在13世纪，泥炭加工业曾支撑起一个人口密集的地区。在14世纪海平面升高并不时地引发洪水，导致放弃泥炭加工之前，在超过3个世纪的时间里，据估计，曾大约有2550万m^3（9000万立方英尺）的泥炭被挖走。[57] 到17世纪，当地人已经忘记诺福克湖区是人造的。大部分荷兰人和佛兰德人的城市也以泥炭为燃料，他们对泥炭进行抽取加工，如泵出泥炭、排干水分，并经常回收利用。[58] 在人们对毁林状况的某些细节进行研究的同时，对泥炭的小规模挖掘或大规模抽取对景观、排水体系、植被格局产生的影响，都大大地低估了。在高地地区，如南部的奔宁山脉，被挖走的泥炭数量可能远远大于从诺福克湖区挖走的数量。到17世纪，在苏格兰东北地区，尽管在没有水灾的情况下，生产泥炭的沼泽底土有时是可以被排水和开垦的，但为了尽可能长期地保护剩余的资源，存活下来的生成泥炭的苔藓类植物被精心管理起来，正如法夫（Fife）的基尔康克尔湖(Kilconquhar Loch)地区所做的那样。[59]在不容易获得木材的地方，泥炭可用来炼铅或炼铁。在没有泥炭或木材的苏格兰岛屿上，某些社会阶层的人们被迫以动物粪便为燃料，尽管动物粪便作为肥料更有价值。[60]

在这段时期，工业通常是分散的，规模也小，所以在当时，工业对景观的影响通常是局部的。铁是在小型的锻造场址上冶炼的，在今天，那些锻造场可能仅算得上是一小块堆炉灰渣的地方。铅矿和铜矿是在露出地表的矿脉上进行浅层开采的。在那些石材容易获得的地方，每家每户都小规模地开采。在大多数地方，煤矿仅仅包括剥离地表岩石、开挖浅槽或建设小型探井。纺织行业影响了居住密度，但以英格兰为主。即使纺织加工过程中需要水力，如呢绒的漂洗，但规模和影响依然有限。

都铎王朝权力的增长结束了英格兰的国内战争，并结束了对城堡和要塞的需求。英格兰都铎王朝的繁荣发展，特别是从商业化农业中获得的超额利润，刺激了国内房屋建设的爆炸式增长，政府从修道院新获得土地所赚取的利润也进一步加速了这种情形。1577年，威廉·哈里森（William Harrison）是这样描写英格兰的：

> 几乎每一个人都是建设者，他买下一小块土地，无论多么小，在他拆除老房子并建造他后来设计的新房子之前，他是不会停止的。[61]

人们再也不用出于防御的需要而挑选场地了，也不用考虑房屋作为领地中心的功能了。由于不需要供养大量的仆从及其家眷，土地所有者的家庭规模下降了。新建或改建的土地所有者的房屋，摆脱了中世纪的防御需求，具有舒适、隐秘、明亮的特点，并且具有更好的卫生设施，特别是德比郡（Derbyshire）的哈德威克会堂（Hardwick Hall），其显著特点是“玻璃比墙的面积更大”。伊丽莎白时代朝臣们的大房子曾被称为“神奇房屋”，因为这些房屋一点儿也不像其他任何时期的乡村别墅，给人以陌生感和独特感。这些房屋在细节方面所表现的探索性和奢华感，既包含了古典主义的细节，却又没有完全采用或者说理解古典风格的规则。传统的艺术图案常常被作为装饰要素，但并不完全符合意大利文艺复兴时期的古典主义逻辑。在英格兰和苏格兰，君主通过新建宫殿直接引领了这一潮流；那些朝臣们争相建造新住宅，以期在巡游时接待君主及其随从，给君主留下深刻印象，这也间接推动了这一潮流。有时，特别是在红衣主教沃尔西（Cardinal Wolsey）执掌汉普顿法庭（Hampton Court）时，他们过分夸大了住宅的富丽堂皇，造成了

“玻璃比墙的面积更大的哈德威克会堂”：经典的都铎时期的“神奇房屋”，建于1590 ~ 1597 年。

灾难性的后果。[62]

然而，在英国的许多地方，重建的推动力更多地来自于乡绅（gentry）和自耕农（yeomen），与那些大的土地所有者一样，乡绅和自耕农在建设房屋时，使用同样品位的新建材（如砖瓦）和新的建筑风格。在都铎王朝的伟大重建活动中，英格兰自耕农和乡绅们的中世纪风格的木质结构的厅房，被更现代的房屋结构所替代。[63] 在苏格兰和爱尔兰，由于具有更原始的社会结构，所以堡垒和防御结构的房屋的使用消失得更慢。尽管在 17 世纪初苏格兰的内部争斗减弱了，1603 年王权统一后英格兰与苏格兰之间的边境冲突也迅速平息了，但苏格兰高地仍在持续动荡，在整个 17 世纪上半叶，边缘地带的城堡式房屋仍在继续建造。然而，17 世纪早期的城堡式房屋，集中体现了克雷吉瓦（Craigievar）的建筑风格和苏格兰东北部城堡群的设计思想，成功地整合了法国酒庄的

改变中的建筑风格。利曼城堡（Leamaneh Castle），爱尔兰克莱尔有限公司。左边更宽敞、更通风的 17 世纪建筑，远比右边中世纪狭窄的城堡式住宅更加舒适。

设计要素和中世纪斯巴达式城堡的平面布局。在苏格兰低地地区，一直到 1660 年和平之后，才使得第一批不设防的新古典主义风格的豪宅得以建设，如金洛斯住宅（Kinross House）和荷普坦住宅（Hopetoun House），而那些已经设防的房屋，如特拉奎尔住宅（Traquair House），则通过增加非防御性的附属建筑改变用途或扩展功能。[64]

对景观的理解

对欧洲人如何感知景观进行直接评价是不容易的。这个主题的一个切入点是思考欧洲的荒野（wilderness）在多大程度上存在，以及由于中世纪人口的膨胀、居住地的增加、耕种面积的扩张使欧洲的荒野出现了多大幅度的减少。根据英格兰对于景观的传统观点，在中世纪林地砍伐之后仍然保存有大量林地，在 11 世纪之后，很多地方的农田实际上仍然保留得很好。[65] 很多的现代研究强调史前景观变化的规模、史前后期居住的密度，以及后罗马时代英国人和撒克逊人之间景观元素的连续性。在这一基础上，到 16 世纪，英格兰不大可能会有大面积的农田保留下来，虽然某些居住在英格兰南部的人的看法无疑与北部地区的人的看法截然不同，因为北部地区有大片的高原和高沼泽地。小规模的遗留下来的林地，如新森林地区，被看做是由社会边缘人群占领的地带，是由潜在的麻烦制造者，但至少不会违法的人，如偷猎者，所占领的地带。侠盗罗宾汉和他的伙伴们是生活在传说中的，但从现代早期开始他们在英格兰就没有真正的同行了。18 世纪的强盗，如迪克 · 特平（Dick Turpin），可能更喜欢潜伏在伦敦附近的石楠灌木丛中，而不是出没于偏远的高沼泽地。

英国北部和西部的情况是不同的。在苏格兰，J·R· 肖特（J.R.Short）曾主张，在 1746 年詹姆斯打败卡洛登时，荒野就消失了。[66] 这似乎是一个奇怪的标准。当然，这个年份对英格兰低地地区的人来说仍然是太晚了，尽管他们将大量的泥炭沼泽和湖泊的排水开垦工程留给了 18 世纪末和 19 世纪初的土地所有者们来完成。中世纪的寺院曾在南部高地地区广泛建立牧羊场，将这些丘陵地区带上了半商业化农业的轨道。也许更有意义的是最后一头狼被杀死的日期。曾有一份关于 1743 年在托马廷（Tomatin）的芬德霍恩（Findhorn）山谷附近杀死一头狼的报道，但这个报道的真实性令人怀疑。[67] 在英格兰南部，悬赏杀狼的最后日期在 1620 ~ 1630 年之间。在爱尔兰的科克郡，最后一批狼被杀死的时间似乎是在 1709 ~ 1710 年之间。[68] 为了防止叛军利用林地作为庇护场所，爱尔兰的林地都被烧毁了。

然而，在欧洲大陆仍然存在着广袤的荒野。在法国，强盗和歹徒团伙的泛滥一直持续到 19 世纪。[69] 在英国，约 1300 年前后狼就已经绝迹，在威尔士也许甚至更早，但在法国，18 世纪初期，狼群甚至还在海峡沿岸和巴黎等地继续对旅客构成威胁。[70] 例如在阿登和洛林地区，森林仍在庇护着像狼一样的人群：强盗、土匪、军队逃兵，以及战争时期的难民等。[71] 相比斯堪的纳维亚半岛和东欧地区，英国的林木覆盖率已经降低了，在斯堪的纳维亚半岛和东欧地区的山区外围和一些沿海沼泽地区，可能保存着真正的欧洲最大的荒野。对于荒野的恐惧继续存在着——低地地区的居民对去高地地区旅游，如奔宁山脉和阿尔卑斯山地区，是恐惧的，对沼泽和森林的荒野仍然是恐惧的。他们害怕有野兽和野人的森林，这种恐惧从欧洲中部向外扩散，并传递给我们，就像《奇幻森林历险记》（*Hansel and Gretel*）、《小红帽》和《白雪公主》等童话故事所描绘的那样。

在欧洲，对森林历史的研究仍然处于景观研究的边缘，研究的重点是这些地区耕种面积的扩大和技术的提高，而不是林地本身。

地图制作者与景观

16 世纪的欧洲见证了一场在地图制作、理解和消费方面的革命，地图革命既是景观感知变化的原因，又是景观感知变化的结果。地图革命与航海和天文学的理论发展密切相关，与军事科学和军事工程的进步密切相关，与涉及乡村别墅调查统计以及新开垦土地的面积计算等的农业变革密切相关。在 1500 年左右，欧洲的许多地方都对地图缺少了解，而到 1600 年，地图已经成为一个有文化的精英每天打交道的对象。艺术的发展也对地图革命产生了影响，特别是在意大利和欧洲盆地国家。到 1600 年，每一个识字的人都是飞速扩张的地图出版业的潜在客户。测量技术发展的关键发生在 15 世纪晚期和 16 世纪初期的欧洲大陆：从 16 世纪开始，人们应用磁性指南针进行土地测量，同时，在经纬仪被开发出来不久之后，人们就开始利用三角原理进行土地测量。

意大利的文艺复兴，在达到艺术成就的同时，也在制图方面取得了很高的成就，二者相互联系，具有相同的指导思想。地图制造者，如克里斯托夫罗 · 苏尔特（Cristoforo Sorte，1506 ~ 1594 年），发表了景观艺术的论文，而与此同时，列奥纳多 · 达 · 芬奇（Leonardo da Vinci，1452 ~ 1519 年）等艺术家开展了测绘，并绘制了地图。城市鸟瞰图曾流行于 16 世纪初，这种鸟瞰图介于艺术和绘图之间。苏尔特，既是测量师和制图员，也是艺术家。他写了一本关于景观绘画的专著，在书中详细论述了关于线条的理论和观点。

这场制图革命中的一个关键因素是地图比例尺的发展，虽然它的起源目前还不清楚。在 15 世纪后期，纽伦堡的艾哈德 · 耶拉布（Erhard Etzlaub）就制作了该城市附近地区的比例地图，但第一个比例地图的样本来自英格兰，时间是 1540 ~ 1549 年。早期的传统鸟瞰图和图形化地图得以延续，甚至得到了蓬勃发展，但是越来越多的图形化特征被叠加在精确测绘的比例尺地图之上。由于使用范围和用途的不同，地图是按不同的比例进行制作的，但从景观的角度来看，最重要的三类地图分别是：区域地图、庄园规划图（the estate plan）和军用地图。在欧洲的不同地区，地图的性质和产生年代是多样化的。其中，意大利、德国南部、欧洲盆地国家以及英格兰的地图比欧洲其他地方更先进，然而，在意大利境内，威尼斯的地图比其他地区进步得更早，也更快。[72] 更准确的大比例尺地图的发展往往是与农业的日益商业化紧密联系在一起的。[73] 在 16 世纪晚期的威尼托大区，许多地图的制作是与水资源管理体系结合在一起的。在西班牙和法国，由于农业发展缓慢，直到 17 世纪末，甚至 18 世纪，都没有广泛地利用地图进行地产开发。在欧洲的北部和东部地区，在有目的地利用地图方面，进展得更加缓慢。在英格兰，有一个制作土地面积测量书面记录的悠久传统，如记录敞田系统内条田的布局。这样的测绘图一直伴随着比例尺地图而逐步发展，直至后来被比例尺地图所取代。随着修道院的解散，土地所有权的变动，可能带动了庄园地图的制作发展。从一开始，庄园地图就被精心装饰和彩绘，强调土地所有者对土地占有的自豪，并且具有更多的功利性职能。土地所有权的变化使得对于财产所有权的诉讼增加，这种变化是地图变得更加有用的另一个背景。[74] 在 16 世纪末、17 世纪初的荷兰，政府对详细准确地图的需求，既与军事行动密切相关，也与水利管理有关。[75]

测量技术的改进促使人们使用平板仪、经纬仪和三角测量仪制作更精确的地图。1533年，杰玛·弗里西斯（Gemma Frisius）在比利时鲁汶(Louvain)出版的一本书中对此进行了描述。1559年，英格兰学者威廉·库宁汉姆（William Cuningham）在《宇宙望远镜》（*The Cosmographical Glasse*）一书中第一次对此进行了注释。16世纪50年代，菲利普·阿皮亚努斯（Philipp Apianus）用三角测量制作了巴伐利亚地图。制图革命的一个重要因素是地图在军事上的用途。15世纪晚期，一种新型的要塞的几何外形在意大利诞生，并在整个欧洲迅速蔓延，这种新设计可用来防御使用得越来越多的大炮。为了精确地测量地形，数学知识和工程技术被用于设计这样的新型要塞。16世纪初，在艺术家、军事工程师和制图员之间没有严格分工。像列奥纳多·达·芬奇和阿尔巴特·丢勒（Albrecht Dürer，1471～1528年）等人都活跃在所有这些领域。在16世纪40年代，意大利的军事工程师们可能已经将比例尺地图的技术引入英格兰地区，尽管荷兰和丢勒出版的论文也有可能是信息的来源。人们只要通过浏览都铎王朝时期英格兰地区防御工事的地图，就可以对同一时代的景观有所了解。

地图是一种有价值的政治知识的形态，这种知识代表了权力，这得到了伊丽莎白一世首席国务大臣及财政大臣威廉·塞西尔，伯利勋爵（William Cecil，Lord Burghley，Secretary of State and Lord High Treasurer to Elizabeth I）的高度认可。他是那个时代最理解地图的政治家。他收集了大量的地图，其中许多地图上都有自己的手工注解。[76]伯利勋爵和伊丽莎白一世是克里斯托弗·萨克斯顿（Christopher Saxton，生于1542年）的直接和间接赞助者。萨克斯顿在1574年和1579年之间，承担了制作英格兰和威尔士的第一份完整的县级系列地图（34张）的测绘任务。萨克斯顿不是他那时期对英国各个地区进行测绘的唯一制图员，但他是第一个进行全国测绘的制图人。在 1579 年首次出版的萨克斯顿地图集上，地图和王权之间的联系被强烈地显示出来，在每页地图和标题页上，都印有伊丽莎白女皇的王室徽章。[77] 人们对萨克斯顿究竟是使用三角测绘法，还是站在高点进行绘图，还有疑义。他似乎是孤身一人前往各地，并在当地招聘助手进行测绘。一旦每个季度完成几个郡的测绘工作，萨克斯顿就必须迅速进行地图制作。他可能曾根据指南针的原理使用过较原始的三角测量仪，但没有使用精确的测量基线。威廉 · 雷文希尔（William Ravenhill）曾建议萨克斯顿使用连续的报警信号塔作为观测点，并利用维护信号塔的人在当地观测方面的知识。[78] 对于那个时代来说，他的测绘地图是令人印象深刻的、详细而精确的。萨克斯顿创立了英国郡级地图在

权力的景观：16 世纪 70 年代萨克斯顿地图中兰开夏郡部分，在视觉上强调了绅士和贵族的园林和豪宅。

细节质量方面的制作传统。在近 200 年的时间里，他制作的地图几乎没有被改进。奇怪的是，尽管在萨克斯顿的地图中没有显示道路，也没有全部显示多达数百条的郡级以下的分界线，但萨克斯顿的地图却提供了详细的英国景观的图画。特别需要强调的是，在萨克斯顿的地图中，给出了主要土地所有者的园林和豪宅的图片，对于他的工作来说，这些土地所有者是潜在的客户。萨克斯顿的地图被用于从郡级到国家层面的各级政府，但也许更重要的是，各级政府将地图推介给更广泛的公众，包括很多有可能对私人地产进行测绘的土地所有者。由于在不同尺度上形成了对于景观的认识，所以萨克斯顿的地图对这个迅速扩大的市场是非常有影响力的。

弗朗索瓦一世（1515 ~ 1547 年）是在地图的政治价值意识方面能与亨利八世进行抗衡的第一位法国君主。在 1560 ~ 1579 年的这段时间里，基本上与萨克斯顿在同一时期，法国制图人尼古拉 · 德 · 尼古雷（Nicolas de Nicolay）完成了法国各省的大量测绘工作，但内战的爆发使他无法对法国全国进行完整的测绘。尽管内部动乱造成了 16 世纪末法国制图业发展的滞后，但到 17 世纪中叶，路易十四统治时期（1643 ~ 1715 年），法国已经即将进入制图发展的主要时期。[79]

16 世纪的地图，不仅仅表现景观，也详细表达了象征价值：地图展现了随着国家的发展，对领土控制力的不断增加和景观的变化。在萨克斯顿的地图集中，各个地图之间的连接方式不断地重复着王室的权威，并强调测绘和国家之间的关系。在萨克斯顿的地图集中，伊丽莎白一世正站在标题页中英格兰的地图上，这充分显示了迅速地制作地图已成为政府统治的工具。地图还强调了国家和朝代的起源神话。尽管不应该这么简单地下结论。除此之外，萨克斯顿及其他同时代者未能妥善地解决立体地图的显示问题，例如圆锥形山丘的显示，这很容易被归咎于缺乏技术。但显示不出圆锥形山丘也凸显了那个时代的人的观念，他们认为高原地区几乎没有价值和好处，既然如此，何必详细显示呢？庄园地图也不是简单的普通测绘。就像后期的乡间别墅及周围园林的绘画一样，庄园地图凸显了土地所有者的骄傲和封建领主的权力。

在爱尔兰，地图制作与英国都铎王朝延伸统治范围的军事行动密切相关，并代表都铎王朝最伟大的制图成就。在 1550 年，英国政府对帕莱（Pale）以外的爱尔兰地理知之甚少。到 1610 年，整个爱尔兰地图都被制作出来了，而且各个地区的细节相当详细。制图员罗伯特 · 林西（Robert Lythe）在 1568 ~ 1571 年之间测绘并制作了芒斯特（Munster，爱尔兰省名）和伦斯特（Leinster，爱尔兰省名）的地图，制图员理查德 · 巴特利特（Richard Bartlett）在 1597 ~ 1603 年之间测绘并制作了阿尔斯特（Ulster，爱尔兰省名）的地图，约翰 · 布朗（John Browne）叔侄在 16 世纪 80 年代测绘并制作了康诺特（Connacht，爱尔兰省名）的地图，他们的工作卓有成效。他们制作的地图展现了爱尔兰古代景观和现代景观之间一些奇怪的对比，例如地图上显示了一群爱尔兰叛军手持现代手枪捍卫一个克兰诺格（Crannog，古凯尔特人的湖上住所，一种史前的原始居住形式）的图案。在苏格兰，除了通过由 1540 年入侵的英国军队聘用的工程师绘制的地图以外，整体上制图技术进步缓慢。但 16 世纪后期，制图员提摩太 · 庞特（Timothy Pont）在萨克斯顿地图的启发下，并且可能得到了詹姆斯六世的支持，勇敢尝试了对更原始的乡村地区进行测绘。这些地图最终在 17 世纪中期由荷兰的布劳出版社出版。[80]

16 世纪晚期的制图员，如约翰 · 诺顿（John Norden）和威廉 · 史密斯（William Smith）等人，成立了测绘与制作郡级地图的小组。他们制作的地图，改善了萨克斯顿地图在道路显示方面的缺陷，并在地图上标注了郡级以下行政单元的分界线。不过，17 世纪英国郡级地图的绘制水平与萨克斯顿相比出现了下降，从 17 世纪初的约翰 · 斯必德（John Speed）到 17 世纪末的约翰 · 摩登(John Morden)，他们制作的地图主要依赖复制萨克斯顿的地图和其他资料，而不是进行重新绘制。地图的装饰变得更加美观，但并不显得更加准确。在一定程度上，这种状况代表了总部集中在伦敦的地图出版业的一种进步。与根据现有资源编制新地图相比，重新测绘是既费时又昂贵的。但这种状况可能也反映了一个判断，就是 17 世纪，在郡级地图所涵盖的范围内，英国景观变化的速度相对缓慢。在英格兰，景观感知方式的连续性，以及缺乏对重大景观变化的表现，可以在卡登（Camden）的大不列颠地图集里观察到。该地图集于 1586 年首次出版，直到 1806 年一直不断地再版发行。[81]

景观艺术和景观概念的出现

作为一个术语，“景观”起源于 15 世纪晚期文艺复兴时期的人文主义。在其发展历程的大部分时间里，景观一直与通过测绘与制图对空间的实际占有，与火器、防御工事的发展，以及与地图投影的建立密切相关。在艺术和园林设计领域，通过使用相同的技术、应用欧几里得几何原理、使用线性透视理论与方法，景观在视觉上和思想上获得了与测绘、地图制作一样的作用，即对空间进行掌控与支配的能力。作为一种掌控空间的方式，景观的观念与线性透视的发展有着密切的联系；二者都与日益增加的对自然环境的控制，以及日益发展的资本主义密切相关。线性透视的概念是 15 世纪在托斯卡纳（Tuscany）地区发展起来的，同时线性透视概念也使西方的空间观念发生了变革。[82] 1435 ~ 1436 年，意大利建筑师利昂 · 巴蒂斯塔 · 阿尔伯蒂（Leon Battista Alberti）在其著作《论绘画》（*Della Pittura*）中，第一次对线性透视进行了论述。在更深奥的层次上，在把艺术和科学对待景观的方法统一起来方面，欧几里得几何学扮演了很重要的角色。新的艺术流派与统治者的掌权和控制有关。景观艺术是一种崭新的构建世界的方式，它可以提供一种幻象；通过对景观艺术的资助，这种幻象常常与农场和庄园的实际权力和掌控相一致。[83]

景观绘画首先出现在意大利北部和佛兰德这两个欧洲经济最发达、人口最稠密、城市化水平最高的地区。在 15 世纪初，扬 · 凡 · 艾克（Jan van Eyck）等艺术家开始在绘画中详细而准确地描绘景观背景，主要为宗教和历史题材。同样，在 15 世纪的意大利，人们日益重视艺术家的构图和画法，而不是昂贵材料的使用，这给了艺术家更自由地展示他们技巧的舞台。景观背景开始被用于展示艺术家在绘画方面的技巧和丰富的想象，而绘画的主要对象仍然是宗教题材。在 15 世纪末和 16 世纪初，景观开始在绘画中担任更独立的角色。因为景观只是主要题材的背景，特别是在宗教题材绘画中，所以它只是次要的外在因素。在完成的、正式的绘画作品中，没有人物的景观是罕见的，因此也很难说景观已经成为一个独立的画派而存在。由丢勒和卢卡斯 · 克拉纳赫（Lucas Cranach，1472 ~ 1553 年）遗留下来的水彩画草图和素描，体现了景观艺术的发展潜力，这些风景题材后来被用作宗教题材绘画的背景。随着城市化的进展，人们对乡村环境的自由、宁静的向往在逐渐增长，像《荒野中的圣杰罗姆》（*St. Jerome in the Wilderness*）一样，绘画中的人物成为对景观精心描绘的一种借口，宗教对象的地位被降低了。在北欧的文艺复兴过程中，景观在绘画中逐渐获得了更大的主导地位。在欧洲艺术史上，第一个独立完成的景观绘画是由阿尔布雷特·阿尔特多夫尔（Albrecht Altdorfer，1480 ~ 1538 年）和约阿希姆·帕缇尼尔（Joachim Patinir，1485 ~ 1524 年）创作的。在广阔而连绵的景观中，宗教主题只居于从属地位。但在这种绘画中，景观通常包含来源于宗教人物生活的寓言式和叙述式的要素，具有被掩藏起来的象征意义。尽管如此，这些作品仍给人一种艺术家们正在欢庆自然世界之美的感觉。帕缇尼尔被丢勒和其他同时代的画家尊称为景观绘画的大师，尽管还不清楚他积极主动的程度如何，也不清楚他是否响应了可能是来自于意大利市场的对此类作品的新要求。[84]

15 世纪前后，意大利北部的伦巴第（Lombardy）是欧洲最先进的农业地区，水文科学和测量技术也很发达。在之后的 16 世纪，威尼斯参与了意大利东北部大陆（Terraferma）的大规模排水、灌溉、复垦工程。并非偶然巧合的是，在同一时间，这一地区对于景观艺术表现的兴趣逐渐增加。在 16 世纪，由于奥斯曼帝国的扩张威胁到了当时威尼斯人的海外粮食供应，所以东北大陆作为食物来源地，其重要性大大增加。威尼斯贵族开始购买城外的乡村土地，并在其上修建别墅。东北大陆的重要性反映在土地改良的规模和精心组织上；1556 年，意大利帝国专门组建了一个部门，负责监督和规范北方大陆的排水和灌溉工程。普罗文蒂特里·爱·贝尼·殷达特（Provveditori ai Beni Indult）提出的每个新计划，都不得不伴随着详细的测绘。因此，测绘和制图技术的进步，与规划的、几何式的景观创造是同步发展的，主要针对水稻、玉米、谷物等农作物的商业化生产。在 1560 ~ 1600 年之间，通过排水，这一地区开垦了超过 15 万 hm^2（262500 英亩）的农田，同时通过灌溉系统的建造改良了相同面积的农田。与此同时，威尼斯对景观艺术的发展作出了重要贡献，特别是安德烈 · 帕拉第奥（Andrea Palladio，1508 ~ 1580 年）在别墅设计中，将景观与建筑有机地融合在一起。[85]

在 16 世纪的意大利，景观绘画的流行与当时别墅生活的繁荣联系在一起；别墅生活的繁荣又与乡村生活环境的理想化联系在一起，当时城市的快速发展强化了对乡村的向往。乡村别墅被视为远离城市生活压力的避难所，远离鼠疫等危险的避难所。威尼斯大陆上的乡村别墅是城里贵族夏季的避暑圣地，他们资助了学者、作家和诗人等。意大利艺术家奠定了世外桃源文学的基调，如威尼斯画派的乔万尼 · 贝里尼（Giovanni Bellini，1427 ~ 1516 年）、提香（Titian，1485 ~ 1576 年）、保罗 · 委罗内塞（Paolo Veronese，1528 ~ 1588 年）等艺术大师。别墅坐落在乡村环境之中，为了更好地欣赏周边的风景，别墅的主要接待室通常设在二楼。帕拉第奥在他的别墅设计中将景观和建筑艺术完美地结合在一起。维琴察附近的罗达（Rotonda）别墅，是帕拉第奥设计的别墅中功能最少的，但也是得到过最广泛的尊敬和模仿的别墅。罗达别墅建造于 1550 ~ 1559 年间，它与农场没有联系，主要是为罗马教皇法庭退休的公职人员提供休闲娱乐场所而建造的。别墅花园能够俯瞰周围的乡村。这座别墅具有田园牧歌的景致和诗情画意。别墅及其花园常常是统一设计的组成部分，它们为景观欣赏等文化活动提供了场景。在文艺复兴时期的意大利，文学、景观艺术、园林和建筑之间的关系密切，别墅设计成为了考虑自然的核心要素。

在 17 世纪，随着威尼斯的衰落，在意大利的城市中，只有罗马仍保持着文化中心的优势地位。在罗马及其周围的农村，新的和有影响力的景观图像正在不断被欧洲的画家们创作出来，特别是定居在法国的画家，如克罗德 · 洛兰（Claude

《有夏甲与天使的景观》（克罗德 · 洛兰），也被称之为“乐 · 洛兰”（Le Lorrain），创作于 1646 ~ 1647 年，现收藏于伦敦的国家美术馆。

Lorrain，1600 ~ 1682 年）和尼古拉斯 · 普桑（Nicolas Poussin，1594 ~ 1665 年）。克罗德于 1627 年在罗马定居，他所创作的景观依赖于对自然的详细研究，但他的处理方法与同时代的荷兰画家截然不同。克罗德式的景观以黑暗的背景衬托明亮的前景，黑暗的背景通常是树木，有时是古典废墟。通过对中心景色的纵横交错的光影的描绘，令人们体验到画面的纵深感。克罗德的景观是概括的、理想的田园景色：羊群和牛群散布在没有围栏或篱笆的牧场上，反映了人与自然和谐相处的黄金时代，表现了画家纯真的古典理想。

佛兰德的景观艺术比意大利的艺术更依赖于艺术家的经验，反过来说，意大利艺术更加理论化。佛兰德的艺术建立在对乡村生活进行仔细观察的基础上，是现实主义和经验主义的代表作。佛兰德人的艺术着重表现景观的季节变化，以及与之相联系的劳作所带来的景观格局的变化。因为在意大利北部，农村曾遭到城市资本的大举渗透。在海岸沙丘腹地和斯凯尔特（Scheldt）河口沿岸，随着城市资金支持的开垦和排水工程的完工，一种新型的商业化农业正在崛起。在 16 世纪后期，佛兰德受到战争的摧残，很多画家北移到尼德兰联省，而在 1579 年尼德兰联省宣布从西班牙统治中独立出来之后，画家们纷纷在阿姆斯特丹及其附近的其他城镇定居。在那里，加尔文教徒（Calvinist）的宗教文化，和以商人、船东为主的中产阶级，为世俗的艺术提供了市场。17 世纪的荷兰艺术，强调的是“真实的景观”，是阿姆斯特丹和哈勒姆（Haarlem）附近崛起的中产阶级的经验的世界。[86] 这不是单纯的巧合，荷兰海上扩张的黄金时代也是荷兰艺术蓬勃发展的黄金时代。那时的赞助者需要反映乡村现实的朴素绘画，需要具有广阔天空背景的平坦景观。这个时代的绘画，往往如实地再现景观，如可以识别的地形，或者只是对景观进行微小的改变。

艺术史的传统观点认为，自然主义的景观绘画首先出现在荷兰，其时间是在 17 世纪初。一般来说，人们普遍认为，乡村景观的普及是与城市的快速发展密切相关的。但有人认为，在 1620 年前后，哈勒姆地区发生了某些戏剧性的变化，那时的艺术家们的眼界仿佛一下子集体缩小了，以至于他们只能看到周围的景观并忠实地再现周围的景观。但是，这些艺术家很少不加批判或机械地描绘他们生活中的景观：他们移动了纪念碑的位置，并使之戏剧化，并创造了想象中的“组合式景观”。景观主题的选择、编排、处理和移植等，都与这个国家在社会、经济的急剧变革下，政治、经济、宗教信仰的状况密切相关。

像 16 世纪的威尼斯一样，在荷兰，景观艺术、测量和制图之间也存在联系。到了 17 世纪，阿姆斯特丹已经超过威尼斯，成为欧洲地图制作的中心。由于荷兰景观绘画要突出表现的是荷兰东印度公司的古老渡船在河流上航行的场景，而不是新运河上的驳船，所以商业活动和农业的题材往往被排除在荷兰景观绘画之外。也就是说，荷兰景观绘画师们的主要顾客是荷兰东印度公司的船东以及相关的中产阶级。这些绘画成为城市居民重回乡村的“通行证”，这些画面引发了人们的怀旧之情，或许也表达了对当时商业企业导致景观快速变化的一种内疚感。这些绘画是对乡村的一种视觉上的占领，现实中，始终存在着日益繁荣的城市资产阶级对乡村进行侵蚀的威胁，这种威胁的根源通常与城市资产阶级对农村土地的掠夺密切相关，城市资本正积极投资于农村景观并使之发生变化。在一个移民比例较高的国家里，土地的改造在创建公共的识别性方面扮演了重要角色。农村的移民受到阿姆斯特丹和荷兰北部繁荣的吸引，受到开放的市场经济的吸引，受到投资正在积累资本的吸引，并且受到新教的吸引。A·J· 亚当斯（A. J. Adams）认为，绘画既可以用行动影响人们的相互认同，反过来又可以扩大社会的分歧。[87] 荷兰的景观绘画被广泛接受和吸收，同时形成了当时最流行的绘画风格。荷兰最大城市周围的大部分土地是属于在其上进行创作的画家们，而不是真正拥有这些土地所有权的封建领主们。由于没有代表国家身份的君主，所以荷兰人转而用绘画给自己的土地创建了一个公共的身份和可识别性。

欧洲与一个更广阔的世界：北美洲的殖民

在我们描述的这个时代的开始，从欧洲经好望角到印度的通道已经打开，马德拉（Madeira）、加那利群岛（the Canary Islands）和亚速尔群岛（the Azores）已经有人定居，新世界已经被发现。然而，版图不断扩大的欧洲国家之间仍然存在一些内部的边疆。在17世纪初，爱尔兰为英格兰和苏格兰的定居者提供了一块土地，并以北美作为补充。在16世纪，英格兰的殖民地对爱尔兰的影响大多是小型的，或局部的，但从16世纪80年代起，从英格兰西南部蒙斯特（Munster）开始的定居规模越来越大，并将水果种植的传统从德文郡带到环境大致相同的萨默塞特（Somerset）。[88] 在17世纪初，来自西南苏格兰的定居者大规模地接收了爱尔兰北部阿尔斯特（Ulster）地区的大农场，对于这个新的移民地区来说，移民者也带来了自己的耕作系统和聚落格局。[89]

然而，在此期间，景观变化方面最引人注目的是美洲的发现和对美洲的殖民。通过提供巨大的土地储备和可供选择的机会，美洲的发现和对美洲的殖民，极大地改变了欧洲范围内人口与资源之间的平衡关系。美洲的发现和对美洲的殖民，也标志着唐纳德·沃斯特（Donald Worster）所谓的“全球浩劫”的开始，即资本主义扩张进入主要阶段，这给环境和景观带来了前所未有的巨变和影响。[90] 随着新信息的获得，新殖民地的研究更加真实地展示了当地的景观图像是如何被改变的。人们根据经验，将早期的新英格兰改写成像伊甸园一样的乐园，并通过移民信件和返回的移民将这样的描述反馈给欧洲。

但是，一些传统理解是如此的根深蒂固和持之以恒，以至于在很长一段时间里，这些信息被排除在外或被扭曲，直到所有的图像都不得不被全面修订。在整个殖民化的进程中，在想象的景观与现实的地理景观之间一直存在差距。在那些差距太大的地方，新来的定居者准备不足，并且很难适应当地的环境条件，其结果是新定居者不得不改变其做法，不得不撤退或死亡。

在新发现的环境里，人们真正看到的，和他们希望看到的，或认为应该看到的，是不一样的，那些看到的事物影响着他们对景观的作用方式。[91] 前往美洲的英国人见到的是他们正在逃避的东西，以及真正找到的东西。然而，某些特征是无法通过想象来掩盖的：北美的早期定居者对于空旷的美洲大陆内部，对于狂野的景观和极端恶劣的气候，深感震惊。[92] 他们渴望来自大西洋的单调，但忍受不了来自脚下土地的枯燥。因此，在美洲大草原上旅行的早期旅客，在他们的日记中常常将美洲大草原与大海进行类比。

人们眼中1492年的美洲那种原始荒野的形象，很大程度上来自于19世纪浪漫主义和原始主义作家们的创作，如W·H·哈德森（W. H. Hudson）、詹姆斯·费尼莫尔·库柏（James Fenimore Cooper）、亨利·梭罗（Henry Thoreau），以及浪漫主义和原始主义的诗人，如朗费罗（Longfellow），还有浪漫主义的艺术家，如乔治·卡特林（George Catlin）。由于近年来人们对前哥伦布时代（pre-Columban）的美洲人口规模的估计已大大提高，所以人们对前哥伦布时代人类对美洲景观产生影响的观点，也已经作出修订。现在人们甚至认为，像亚马逊森林这样看似不利的环境也曾承载了大量的人口，并相信在欧洲人到来之前，热带雨林的环境已经受到人类活动的严重影响。这并不是一个单纯的学术问题，而对现代的发展战略产生了重要启示。[93] 人们现在认为，在1492年，美洲的人口可能介于 4300 万～6500 万人之间，也许在 5400 万人左右，大部分北美地区的人口分布较为稀疏，但在中美洲和安第斯地区人口相对密集。北美东部一些最适宜生存和发展的地区，其能够支持的人口密度甚至可以与当代的西欧相媲美。事实上，在 1492 年前后，印第安人已经改变了森林的面积和构成成分，建立和扩大了草场，并通过土石方工程改造了微地形。在很多地方发现了广阔的农田系统，有些地方的耕种面积甚至超过了现代。那时就存在着数以千计的土石方工程，也存在村庄，甚至城镇。一个在密西西比河畔卡奥基亚（Cahokia）的居住地就约有 3 万人，在大约 1775 年前后，其人口仅次于位于里奥格兰德（Rio Grande）北部最大的城市——纽约。原住民对于景观的改造，可能超过了欧洲移民前 250 年对于美洲景观的改造。[94] 尤其是玛雅帝国的灭亡，突显了发生在美洲前哥伦布时代的景观变化，即过度扩张和资源耗竭，以及随后的人口的锐减和热带森林的恢复。就像通常认为的那样，原住民并不一定与当地的环境相互和谐。环境灾难和相关景观的变化并不是欧洲殖民者的专利。

对新英格兰的早期描述给人的印象是，那片土地就像“一位美丽的处女正在婚床上热切渴望见到她的爱人”一样。[95] 然而，当欧洲人第一次发现美洲大陆的时候，北美几乎没有一块处女地。广阔的原始丛林已被人类部落所改造。事实上，人们很难了解美洲东部森林的原始特征，因为尽管那里的森林虽然仍广泛存在，但其特征已发生明显变化。美洲东部森林的现代特征很可能与原来的物种构成是截然不同的。[96] 1850 年前后，人们开始意识到早期定居者在新英格兰地区对森林进行了改造，由此可以估计出当时的规模，大约 70% 的美洲东部森林已经被清理为耕地，剩余 30% 的土地是森林。现如今，随着森林内部地区人口大规模地减少，耕地与森林之间的比例已经扭转。[97]第一批欧洲定居者在许多地区发现了拥有大量定居点的稳定型的农业社区，从休伦湖（the Huron）周边的易洛魁人（Iroquois）的带栅栏的村庄，一直到南部印第安人的村庄（pueblos）。在大多数地区，印第安人已经将农业扩展到环境所能容忍的极限。美洲原居民在景观方面的遗产，大部分都被欧洲人抛弃了，欧洲人很容易摆脱对乡土农作物的依赖，如玉米和南瓜，但事实上，印第安人的轮作种植方式，对于保持当地土壤的质量具有很好的指导作用。由于原住居民没有抵御外来疾病的免疫力，所以疾病的传播导致本地人口迅速减少。这种人口减少助长了欧洲定居者对于当地"野蛮人"的嘲笑。

所以，在当地人口由于感染欧洲传入的疾病而大幅减少之后，大约在 1750 ~ 1850 年间，才使得关于美洲的"原始神话"诞生。在加勒比地区，从 1492 ~ 1550 年，土著人口减少了 99%；从 1520 ~ 1620 年，秘鲁的土著人口减少了 92%；从 1492 ~ 1800 年，整个北美地区土著人口减少了约 75%，所以才能让欧洲定居者穿越几乎没有土著人的内部地区。在 16 世纪和 17 世纪，土著人口的急剧减少造成了许多美洲生态系统的重大变化，当时欧洲人口在美洲的数量仍然较小，并且居住高度集中，所以环境恢复是有可能的。当美洲南部和中部的部分地区从草原向热带雨林恢复的时候，北美东部的森林开始发生变化。在美洲中西部草原的印第安人由于感染疾病而大幅减少之后，在 19 世纪欧洲农业技术到达美洲之前的这段时间内，美洲草原东部边缘的广大地区出现了森林的再生。[98]在北美洲东部，欧洲定居者沿袭了土著人在居住地和耕种地选址方面的传统。然而，欧洲殖民者在美洲制造的最重要的景观变化就是森林砍伐。在欧洲殖民者到达美洲之前，美国森林面积大约占总面积的 45%，其中约 4/5 位于东部的大平原。对于欧洲定居者来说，荒野和森林几乎是同义词；森林是前进道路上需要加以“征服”的“敌人”，只有将其砍伐才是正确的。[99]

在定居北美的各个欧洲国家中，西班牙人在完成攫取当地人财宝的探险之后，更倾向于以相对平等的条款对待当地人，并吸纳当地人到西班牙人的定居点居住。其中部分原因是西班牙殖民者在他们占领的北美地区人手不足，所以西班牙殖民者不仅需要本地居民作为劳动力，而且需要他们作为反对法国和英国扩张的防御武器。这种状况反映在景观上，就是传教团、要塞、堡垒和印第安人村庄的联合。[100] 在得克萨斯州，西班牙人获得了大部分土地，土地都被划分成1平方里格（league，长度单位，相当于4.8km）的大地块（约1792hm^{2}或4428英亩）。但在里奥格兰德河上游，西班牙人的殖民统治是基于农耕村庄或印第安人村庄的，这种村庄具有格网式平面布局，中央建有教堂和广场，土地被划分成长条状，并且有公共草场。[101] 通过对当地人传教使之改信基督教，并对当地人进行最基本的西班牙公民启蒙教育之后，再将这些当地人都集中在大村庄内，使他们能够提供足够的食物以帮助维持军事要塞。[102] 与英国人不一样，西班牙人并没有轻视当地的建筑风格；相反，西班牙人在当地的建筑中融合了西班牙的建筑风格。西班牙传统对美洲景观影响的范围和历史意义曾被英国系历史学家所低估：后来的美国有20多个州曾与西班牙有过接触，有6个州用西班牙语命名。在北美的地名、建筑风格、保存下来的遗址和堡垒等方面，西班牙的景观传统是重要的影响因素。

像西班牙人一样，法国在北美领地居住的人也相当少，所以法国人不得不与当地人住在一起。法国人的居住社区沿着圣劳伦斯河（St. Lawrence）一直延伸到加拿大与美国之间的五大湖地区。法国定居者把法国北部农业系统的特点移植到了北美，把小麦、燕麦、大麦、牛、羊和猪移植到森林环境之中。他们还对土地进行带状划分，这种方式继承了诺曼底的农田土地划分方式。[103]法国人的居住地还包括封建主义的娱乐形式，庄园主具有一定的封建权力，可以强迫租户提供劳动服务并强制使用他们的粮食加工厂。[104]从河边到森林的长条状地块，提供了不同的土壤条件，并鼓励房屋建在地块的边缘，房屋之前彼此临近，有利于防御。在威斯康星州和沿密西西比河沿岸较低的部分地区，至今依然存在大量的长条地块，这些长条地块与后来的美国城镇范围内的平行网状地块形成明显反差。像西班牙人一样，荷兰在美洲的殖民者青睐赐予大块土地，如在哈德逊河谷两侧的大庄园主，拥有12.9km或25.7km（8英里或16英里）的沿河土地，授予这么大块土地的条件是在4年内至少带来50个成年的殖民者。一些地区出现了复杂的土地分割格局，如密苏里州的部分地区，在那里，西班牙人原来的巨大的长方形地块，被大量分割成法国人的长条式农田体系，然后周围再环绕着美国乡镇的平行网状格局。[105]即使在新英格兰地区，土地转让的规模也很大，但在17世纪，土地授予都是成片的而不是单块的。再往南，在弗吉尼亚州、马里兰州、特拉华州和北卡罗来纳州，查理二世向个体经营者授予了面积巨大的土地。

在大西洋沿岸和加勒比海的岛屿地区，早期的殖民定居对于美洲景观的影响尤为显著。由于每个岛屿都被纳入到某个欧洲帝国的版图，当地的景观都随之发生迅速转变。就像莎士比亚在《暴风雨》（*The Tempest*）里描述的那样，加勒比海群岛上的热带风光，被视为理想的伊甸园。殖民者对当地环境的负面影响，很快就在加那利群岛和马德拉群岛体现出来。在那里，陡峭的斜坡，以及高强度的季节性降雨，使森林砍伐地区的土壤迅速遭到侵蚀。在马德拉群岛上，日益干旱的环境造成了大多数溪流常年干涸，不得不投入大量人力、物力、财力，进行灌溉运河的建设。灌溉水渠（levadas）至今仍然是马德拉群岛的一个显著特点。[106]大西洋岛屿上持续严重的干旱，使那里的环境退化形成了恶性循环，这种状况使得殖民者将当地的食糖生产转移到巴西或加勒比地区。在干旱地区或半干旱地区，如墨西哥高原，由于引进了欧洲的牲畜，特别是山羊和牛，也导致了这些地区景观的快速变化和土地的快速退化。然而，许多较小的加勒比岛屿上的景观变化规模，可能比美洲大陆上的景观变化规模更大，因为大陆上有更多的土地可供殖民。在16世纪和17世纪的美洲新大陆，早期开发的一个特点是，在许多热带和亚热带地区发展种植园制度。早期的农作物主要是甘蔗、烟草和靛蓝。在15世纪初，西班牙人和葡萄牙人首先在加那利群岛和马德拉群岛发展种植园制度，但在16世纪，种植园制度迅速蔓延到东巴西和加勒比地区，并从那里迅速蔓延到北美的东南部地区。种植园实行集中的企业化生产（centralized entrepreneurial production），对劳动力进行有效的分工，首先雇用本地居民，后来发展到与仆人和黑人奴隶签订契约。

在甘蔗种植等劳动密集型行业，促进了由奴隶劳作的大型种植园的发展。由于甘蔗生产使用刀耕火种法（slash-and-burn，指把地上的草木烧成灰作肥料，然后就地挖坑下种的原始耕作方法），导致大量森林被砍伐和土壤的迅速恶化。大约在1700年左右，在巴巴多斯岛（Barbados）上建立了大约900个甘蔗种植园，占该岛屿可耕地面积的80%。紧接着欧洲殖民者就开始在圣基茨（St. Kitts）、尼维斯（Nevis）、安提瓜（Antigua）和蒙特塞拉特（Montserrat）等岛屿大量建立甘蔗种植园。到1660年，巴巴多斯已成为世界上人口最稠密的农业地区之一。殖民者试图引进梯田来对付土壤侵蚀，并常常用奴隶将已被从沟渠冲走的土壤搬运回来。

牙买加拥有的耕地已远远比加勒比群岛上其他英国系的岛屿上所有的耕地加在一起还要多。从 1665 年开始，小型和大型的农场主都开始在山谷和沿海平原上建立棉花、靛蓝和甘蔗种植园。

从 1612 年起，烟草成为一种商业化的农作物，成立于 1607 年的弗吉尼亚烟草公司（Virginia Company），被证明是詹姆斯城（Jamestown）殖民地的救星。从 1617 ~ 1621 年期间，英国的烟草出口从 9072kg 增长至 158760kg（从 2 万磅增长至 35 万磅）。到 17 世纪 80 年代，烟草出口数量已经上升到了 1270 万 kg（2800 万磅）。只要能有几年时间种植烟草，其收成就已经超过了森林砍伐的成本。[107] 欧洲殖民者也试图在加勒比地区种植烟草，但当认识到烟草种植对土壤肥力的消耗远远高于种植甘蔗的时候，他们开始将加勒比群岛上的烟草种植园转移到美洲大陆。

在加勒比地区，在对待景观改变的态度上，存在着国与国之间的差异。在英国的殖民地，那里的广袤森林早已被清除，土地清理与改良土地的理念密切相关。到 17 世纪中叶，人们普遍认为，种植面积的扩大，既美化了景观又带来了利润。这种态度被转移到加勒比地区，在那里，欧洲殖民者试图重建欧洲风格的稀树草原景观，而砍伐热带森林既美化了景观又带来了利润。1665 年，法国人将蒙特塞拉特的统治权让位给英国人之后，砍伐热带森林的步伐明显加快。快速清除热带森林也使人更加相信热带森林是不健康的，是造成疾病的根源之一。1671 年，当时的安提瓜群岛仍然森林密布，背风群岛（Leeward Islands）的总督要求约 4000 名奴隶清除岛上的森林，以提高英国定居者的健康水平。[108] 清除热带森林的后果之一是带来干燥的气候，就像在马德拉群岛上发生的情形一样。到了 17 世纪末，加勒比岛屿上的森林几乎已经消失了。森林砍伐和过度开发，导致景观快速变化。到 16 世纪中叶，发生在加那利群岛和马德拉群岛上的清理森林行为，又在加勒比地区重复上演，而且越演越烈。

17 世纪 30 年代，英国殖民者首先在蒙特塞拉特定居。从 17 世纪 50 年代开始，蒙特塞拉特群岛开始生产食糖，到 17 世纪 80 年代，食糖与其他经济作物，如烟草、靛蓝和棉花等一起，占据了蒙特塞拉特群岛农作物生产的主导地位。喜好广阔景观的欧洲人，特别是英国人，对蔓延到海滩的茂密热带森林很沮丧。为防止树木再生，在用斧头和火清理出空地之后，接着就在空地上进行牲畜放牧。到 1673 年前后，在不到 40 年的时间里，蒙特塞拉特群岛上大约三分之一的面积已被清理为耕地。在岛上的河流源头砍伐森林，增加了河水的流速，造成了毁灭性的洪水，并形成了由洪水冲刷出来的水沟。在蒙特塞拉特群岛上，有一块被彻底改造并尽可能模仿英格兰的景观，这里的房屋建筑技术，特别是曲木结构，可能引进了爱尔兰的房屋建筑技术，而不是英格兰的。[109]

尽管在 18 世纪以前，欧洲的景观、经济和社会的许多方面中仍残存封建主义的元素，但从 17 世纪末开始，作为一种思想观念和哲学方法，越来越理性的态度被应用到欧洲的景观之中。这种理性的态度后来被认为是欧洲启蒙运动的开端。这些思想观念不仅被用来改造欧洲的景观，而且也被用来改造世界其他地方的景观。

第三章

启蒙运动，如画景观和浪漫景观

18 世纪是英国文学和景观的奥古斯都时代，维吉尔（Virgil）和其他古典作家们大力赞美理想化的牧场生活方式，他们的田园文学传统，给人们提供了逃避城市和宫廷压力的方式。这种压力有时是精神上的，有时是身体上的，不仅在英国存在，而且在整个欧洲都普遍存在。在 18 世纪晚期，玛丽 · 安托瓦内特皇后（Queen Marie Antoinette）曾在凡尔赛宫扮演牧羊女，就是这种压力最集中的体现。在维吉尔的田园诗中，对田园劳作进行赞美是另一个传统。然而，对于北部寒冷地区的人来说，理解古典田园文学的主题和罗马式景观存在着实际的困难。霍勒斯 · 沃波尔（Horace Walpole）在诗中是这样描述的："我们的诗人在绿树成荫的树丛中畅所欲言，潺潺溪流和凉爽的微风在身边流转，我们浑身瑟瑟发抖试图喊破嗓子，虔诚地祈愿这些梦想的田园能够实现"[1]。不过，越来越多的英语诗歌，如詹姆斯 · 汤姆森（James Thomson）的《四季歌》（*The Seasons*，1730 年）、托马斯 · 格雷（Thomas Gray）的《墓园挽歌》（*Elegy Written in a Country Churchyard*，1750 年），都在开始唤醒人们对英格兰景观与大自然的兴趣。渐渐地，那些继承古典模式的文学让位给具有更多民族特色的文学。在 17 世纪末到 18 世纪初，英格兰社会的显著特征与封建专制主义的失败，也影响了英格兰景观理念的发展方向。

那些大多数人认为有吸引力的景观都是文明社会创造的。引述丹尼尔·笛福（Daniel Defoe）到英国旅行之后的评论，几乎已成为研究18世纪早期人们对英格兰景观的态度的惯例。笛福沿着利兹和曼彻斯特之间的黑崖（Blackstone Edge）穿越奔宁山脉，在整个8月一直目睹暴风雪，这更像是在冬季穿越阿尔卑斯山巅。笛福是这样描述的：

> 很难表达我们的惊愕，当我们来到附近的山顶时，狂风大作，那么厚的暴雪直接吹在我们的脸上，想睁开眼睛看前面的路是完全不可能的。地面也被厚厚的积雪所覆盖，积雪使我们看不到路……当我们重新发现路的时候，一面是可怕的悬崖，另一面是凹凸不平的地面；甚至在重新发现路的时候，我们感觉到自己马匹的惊恐不安；还有可怜的猎犬，它们都是我们的同路人，我们常常因为走错路而分开，我们用枪声引导它们，马匹和猎犬则摇着尾巴吠叫为我们引路。[2]

当笛福行进到云层之下时，明显地松了一口气，他看到了面前的田野和村庄，一幅文明的乡村景观展现在眼前："我们认为正进入一个信仰基督教的乡村"。丰产、繁荣的农业景观是他偏爱的乡村。在笛福的时代，仍然很少有人欣赏山岳景观（Mountain Landscapes）。笛福称，威斯特摩兰（Westmorland）是"我在英格兰，甚至在威尔士见到的所有乡村中最原始、最贫瘠、最可怕的一个（乡村）"[3]。由于威尔士人原始的命名方式和居住方式，威尔士高山的环境变得更加恶劣。

而苏格兰高地的洛卡柏（Lochaber）地区，则毫不奇怪地被称为“荒芜可怕的山地”[4]。甚至开垦较好的山峰地区（Peak District），也被称为“狂嚎的荒野”[5]。塞缪尔·约翰逊于1773年在高地（Highlands）的旅行甚至更为广为人知，他几乎对崎岖的山地景观没有任何留恋，而当返回文明世界时心情明显放松了下来。然而，笛福和约翰逊都是伦敦人，他们对英国偏远高山地区的印象，几乎必然是不公正的。笛福甚至在伦敦周边32km（20英里）之内，发现了一些贫瘠可怕的荒原。我们不需要相信，出生在英国和欧洲高山地区的居民，当他们看周围的环境时，会有类似的强烈的反感。与笛福不同，当代对这一地区（如苏格兰北部）的地形进行描述的本地人，他们强调的是山地地区草场的富饶、牲畜的数量和猎取的财富。苏格兰人与笛福等人的看法是完全不同的，作为同时代苏格兰盖尔语（Gaelic）诗歌的代表，在邓肯·班·麦金太尔（Duncan Ban Macintyre）的诗歌《献给云雾缭绕的峡谷之歌》（*Song to Misty Corrie*）中，他以卓越的灵敏和喜悦向人们展示了充满生机的高地景观。[6]

笛福的看法，反映了整个欧洲乃至全世界对丘陵和山区景观和居民的不信任和误解，这种不信任和误解是由来已久的。这种观念根深蒂固，认为以农耕为主的丘陵和山区就是贫穷、落后和缺乏吸引力的代名词。[7]同样地，安格斯·温彻斯特（Angus Winchester）也曾指出，历史学家们根据平原地区的标准，一直有把高地看做贫瘠落后地区的倾向，他们关注的重点是丘陵和山区缺乏大面积的具有良好土壤条件的耕地，而不是强调丘陵和山地在提供资源方面的积极意义。[8]18世纪早期的英国精英们对待景观的态度，也在当时的艺术家的作品中折射出来，如坎布里安（Cumbrian）画家马蒂亚斯·里德（Mathias Read，1669～1747年）的作品。马蒂亚斯描绘庄园与住宅，也描绘经过规划的工业城镇怀特黑文

（Whitehaven）迅速扩张的场景。对于马蒂亚斯来说，英国湖区的沼泽只是一个遥远的背景，而不是关注的焦点。当他在巴森斯韦特湖（Bassenthwaite）进行创作的时候，他背对着大山，面对平原描绘眼前的风景。[9]

1757年，埃德蒙·伯克（Edmund Burke）的《对崇高与美丽的理念之源的哲学探讨》（*Philosophical Enquiry into the Origin of Our Ideas of the Sublime and Beautiful*），记述了当时人们对景观的态度。伯克认为人类有两个基本的本能：自我繁殖和自我保护。人类的所有激情和情感都出自于自我繁殖和自我保护这两个最根本的本能。有吸引力的东西，如柔软、光滑、和谐等，由于唤起了人类自我繁殖的本能而变得美丽。那些引起人类恐惧或害怕的东西，由于激起了人类自我保护的本能而变得崇高。在观察者的眼中，崇高的景观是巨大的、广阔的、单调的或充满危险的，如山脉、沙漠和大海等，并能够使人产生敬畏感和恐惧感。伯克的理念曾在18世纪后期对欧美的景观美学研究产生重要影响，也就是说，对如画流派和浪漫主义对于景观的观点都产生了重要的影响。根据伯克的理念：景观中存在着一种强烈的性别因素，美丽的景观是柔软的、圆润的、女性的，而崇高的景观是崎岖不平的、男性的。在艺术领域，美丽与克罗德·洛兰的温和的、平静的景观相联系，崇高与萨尔瓦托尔·罗莎（Salvator Rosa，1615～1673年）的更加黑暗、猛烈的景观相联系。[10]

18世纪后期之前，农业变革改变了英国许多地区的景观，这种景观改变却没有引起景观艺术家们的注意。但当时的散文评论方面，甚至诗歌都受到了这种变化的影响。[11]英国已经不存在新的圈地、新的农庄，也不存在在公地上进行耕作了。而当历史迈向18世纪后期的时候，景观艺术开始从耕地转向更加原始、更加如画的风景。约翰·巴雷尔（John Barrell）认为，艺术家们通过社会关系的写照，间接地讨论了农业变化对景观的影响。[12]尽管土地所有者仍然出资让画师描绘他们的住宅和园林，甚至描绘作为战利品的牲畜，但在许多狩猎场景中，新的圈地景观已经成为绘画的背景。休王子在以景观绘画作为景观图解法的研究样本时强调，在某些情况下，一些进步的土地所有者在雇佣艺术家们创作时，如贝德福德公爵（Dukes of Bedford），更喜欢古典的、如画的田园牧歌般的景色，而不是真实的景观变化。[13]

在18世纪中叶，土地所有者和他的家人以非正式的姿势和着装，在室外庭园中交谈，同时显示自己的身份和品位，这类肖像画曾盛行一时。[14]托马斯·庚斯博罗（Thomas Gainsborough）的绘画《安德鲁斯先生及夫人》（1748年）中不寻常的是，画面中的背景不是传统的庭园，而是一个具有很多功能的、改良后的农业景观：小麦等农作物被布局良好的山楂树篱所包围，远处是经过改良的绵羊养殖场，改良前的绵羊只能吃萝卜或播种的牧草。从画面中可以看出，安德鲁斯夫妇与他们的收入来源——农场是不分开的，但使人好奇的是，他们背后的景观中空无一人，没有看到在农场干活的人。在这段时间，许多土地所有者在设计自己的庭园和住宅时，刻意使他们的宅院与维持他们生活的实际收入来源保持一定的距离。吉莲·罗斯曾指出，安德鲁斯夫妇对于周围景观的反应是截然不同的，反映了在当时土地所有制下丈夫和妻子的社会角色的差异，也强调了他们在景观内活动时自由程度的差异。[15]画面中安德鲁斯先生的姿态是积极主动的：他似乎正泰然自若地准备带着枪阔步进入身后的景观。相比之下，安德鲁斯夫人似乎正坐在那里被动地凝视和沉思。显然，安德鲁斯先生是土地所有者，而安德鲁斯夫人不是。安德鲁斯夫人几乎就像是她背后的家畜一样，是安德鲁斯

托马斯 · 庚斯博罗，《安德鲁斯先生和夫人》（1748 年），现存于伦敦的国家美术馆。

先生财富的战利品。因此，罗斯认为，景观绘画反映了性别关系和阶级关系。

圈地景观及其改良

以启蒙运动的理性方式、借助科学的力量与大自然相抗争，这种精神在英格兰的农业改良活动中十分普遍。这种情况在苏格兰更加明显，因为那里的景观更加原始和荒野。对于 17 世纪的苏格兰地形测量师来说，沼泽泥炭既是一种燃料，也是上帝的一种恩赐。对于 18 世纪的改良者来说，沼泽泥炭是对文明的侮辱和挑战。从 1767 年开始，凯姆斯勋爵（Lord Kames）在苏格兰冲积平原进行了土地开垦，即在布莱尔 · 德拉蒙德（Blair Drummond）第四山谷的上游（the upper forth valley）削平高地，并将削下来的泥土厚厚地覆盖在河口的泥炭上。当时的一位作家曾将凯姆斯的功绩与大卫·戴尔（David Dale）在新拉纳克（New Lanark）创建的工厂和工业社会进行比较。[16]景观改善可能也与爱国主义有关。在拿破仑战争期间，对英国高地地区废弃地的开垦被认为是与大自然的斗争，也被认为是抵御法国人进攻的对策。

18 世纪，许多英国乡村都是“强者统治弱者”的纪念碑。到了 18 世纪与 19 世纪之交，不只是乡村的房屋及所属的庭园，而且整个乡村的所有建筑物都体现了土地所有者的霸权、审美喜好、经济利益和休闲方式。由这个霸权创造的最重要的事物就是大规模的圈地。圈地活动以最鲜明、最引人注目的形式，通过景观的变化展现了权力。18 世纪的启蒙运动，强调的是秩序和对大自然的控制，这给英国的景观打上了深刻的印记。在英格兰和威尔士，圈地活动规模最大、分布最广的表现是议会圈地，大部分的议会圈地活动是在 18 世纪后期进行的，特别是 18 世纪的 70 年代进行的，并在从 1793 年到 1815 年的战争年代得到议会的通过。总共有超过 290 万 hm^2（700 万英亩）的土地受到影响。[17]

议会圈地改变了敞田制的耕作景观，尤其是从英格兰中南部一直到东约克郡的宽阔农村地带，广阔的开阔石楠灌丛地区，以及高地上那些公共的、废弃的大型地块。虽然圈地许可的颁发是在教区层面的，当地的测量师及专员们完成了新景观的规划和塑造工作，但他们的工作是根据一个相对标准的蓝图进行的。议会圈地的景观特点是：在低地地区，采用方形或矩形的规则格局，农田由山楂树篱环绕，宽敞的、笔直的道路可以直达农田，在其中点缀着新农庄。在高地地区，以类似的方式建造了由石墙分隔的格网式格局，建立了管制更加严格的景观。由于需要分配的地块大小不一，并且地块分配要与现有行政界限和地形相适应，所以有时不可避免地降低了这种极端的规则性，但这个过程中创造的景观却立即在全国各地得到了认可。圈地活动引起一些小农场、农舍和棚户区居民的反对，也引起了地方规模的动乱。那些小农场、农舍和棚户区居民站在失去的土地上，抗议他们的共同传统遭到破坏，因为他们从圈地中分配到的一小部分替代土地比自己原来的权益要小。然而，当约翰·克莱尔（John Clare）对敞田制和人们曾工作过的社区的逝去表示遗憾和悲哀的时候，这些地区景观的面貌却在相对平静中发生了转变。[18]

一些进行了大量圈地工作的议会专员是景观变化过程中的最有效的代理人，因为他们对土地改变的数量和改造的程度都是最大的。[19]在议会圈地引起的变化中，视觉和社会方面的变化是最主要的。住在北安普敦郡（Northamptonshire）海尔普斯顿（Helpston）的诗人约翰·克莱尔，对圈地运动造成的景观变化和社会后果感到震惊。1821年，他在《村庄游吟诗人》（*The Village Minstrel*）这首诗中是这样描写的：

> 大自然曾经恩赐村民自由的通道，
> 条条通道曾经在每一个山谷环绕，
> 议会圈地文件和附件突然下发了，
> 每一条通道都被圈地文件截断了；
> 每一个贱民被规划了自己的地标，
> 非法的入侵被发现在每一条通道，
> 是谁在这块土地上画上十字坐标，
> 原来是大法官在发出正义的宣召，
> 我用议会圈地文件宣布法律命令，
> 高地上的每一条通道必须放弃掉；
> 文件和附件尽情地诅咒这块土地，
> 贱民的生存被画上了平淡的句号。[20]

近年来，农业历史学家们不再像原来一样，将议会圈地全部解释为阶级阴谋，但在这一过程的每一阶段，富裕和有影响力的阶层占据了优势，而穷人则处于不利地位。议会圈地运动有着许多意想不到的效果：例如，以前的猎狐是在开敞的乡村进行，现在不得不跨越很多道篱笆；与此同时，社会精英阶层通过种植 0.8 ~ 8.09hm^2（2 ~ 20 英亩）供鸟兽藏身的丛林，获得了展现其权力的新的视觉表达方式。[21] 议会圈地活动也影响了景观的艺术表现形式，它令人们欣赏那些更加原始、未经规划的乡村。[22]

几乎在同一时间，苏格兰在景观改造上的规模，与在英格兰和威尔士进行的议会圈地活动同样大。因为有更多的土地作为大型庄园租约的一部分被租赁，所以苏格兰景观的变化速度比英格兰南部边境更快。苏格兰主要的土地所有者们的权力甚至比英格兰的还要大，并且能在未经任何上级授权的情况下，任意对他们庄园内的土地进行圈占。由于在苏格兰有更大比例的土地受到影响，同时又因为在苏格兰没有早期的零星的圈地传统，所以，从 18 世纪 60 年代起的 50 ~ 60 年里，在苏格兰的低地景观改造过程中，出现了比在英格兰议会圈地的主要地带更彻底的变化。改造之前的景观是被大面积的闲置地和排水困难的泥炭地所包围的敞田。17 世纪后期以来，一些苏格兰的土地所有者已经在他们的城堡和庄园周边进行了数量有限的圈地活动，但苏格兰的第一波主要圈地活动出现在 18 世纪 60 年代，是与英格兰大规模的议会圈地同时出现的。[23] 在 17 世纪末和 18 世纪初，人们逐渐对已租赁的财产进行合并，同时减少租约的数目，这是圈地活动的重要筹备阶段。这个重要的筹备阶段创造了一个更加繁荣和更具有商业头脑的佃农阶层，佃农阶层与土地所有者共同参加了圈地运动的过程，而且佃农阶层提供了圈地所需要的排水和土地改良等方面的主要劳动力。在这一改变过程中，敞田被圈占了，大面积的废弃土地被改良并开始种植，同时大部分更加潮湿的土地被排水并开始耕作。[24]

同一时期，在苏格兰低地，发生了一场建设标准农庄的革命。那种用石块和黏土建造围墙、用茅草覆顶的老式单层农舍，让位给用砖头和适当的石灰砂浆抹墙、用瓦片覆顶并预留有门窗和烟囱的两层农舍。与此同时，越来越多的大型农场开始需要日益扩大的附属外屋（outbuildings），在较适宜耕作的地区，附属外屋被规划成不同的庭院布局。从18世纪后期开始，这些附属外屋具有使用马匹、风力、水力，并最终采用蒸汽为动力的打谷机，并布置有饲养牲畜的中央庭院。这种农庄是理性和效率的缩影。许多以简朴的佐治亚风格（Georgian style）建设的新农庄，能为农民提供比半世纪以前土地所有者所享有的更好的住宿条件。在19世纪早期房屋重建的第二阶段，在一些庄园上甚至建设了令人印象更为深刻的农庄，连外屋的设计也具有古典或哥特式风格。[25]

在苏格兰低地土地改良的过程中，许多小农场主、佃农（cottars）或分租户（sub-tenants）离开了土地。为了安置他们，从18世纪中叶起，土地所有者们开始创建经过规划的村庄。在这种村庄里，失去土地的佃农和流离失所的小承租户可以成为小农经济商人。这为农产品创造了本地市场，也为大型农场提供了多样化的服务，同时也形成了产业发展的中心。在18世纪末和19世纪初，在整个苏格兰建立了大约300个这样的经过规划的村庄。大多数村庄的规划是基于规则的、成排的道路，也有一些更加雄心勃勃的规划，规划了带有中央广场的格网街道。建房经费有时是由土地所有者提供的，但更普遍的是由开发商提供的，严格的建设导则确保了建设的质量和设计的一致性。[26] 由于新住宅周围的庭园扩大了，所以其周边原有的一些聚落被拆除，并重新选址建设，例如在阿伯丁郡（Aberdeenshire）戈登堡（Gordon Castle）附近的福哈伯斯（Fochabers）。[27]

在爱尔兰，土地所有者们没有像苏格兰那样多的自由或资源，但许多庄园村庄（estate villages）仍然进行了规划，形成了兼具实用和展示功能的布局。[28] 在爱尔兰，土地改良包括泥炭地的大规模开垦，根据 1810 ~ 1814 年的第一次调查，这一规模达 120 万 hm^2（290 万英亩），而且这一数字几乎可以肯定是被低估了。然而，大部分开垦和排水工程都完成得较晚，而且与 19 世纪 40 年代中期大饥荒前夕的人口增加有关。[29]

在英国景观无处不在的变化中，最显著的是高效率的底土排水系统（undersoil drainage）的发展。19 世纪之前，要么通过犁划出犁沟和垄进行排水，要么通过简陋的石砌地下水渠进行排水。19 世纪初发展起来的利用机械生产出标准规格瓦管的技术，可以有效地应用于一切底土排水系统，既可以用于最优质耕地的排水，也可以用于沼泽地边缘的排水。[30] 在 19 世纪中叶的英国，人们热衷于田地排水。

随着林业科学的诞生，在 18 世纪人们对林地的态度发生了改变。传统的林地管理体制，如矮林作业和树枝修剪，被越来越多地视为破坏和浪费资源。随着人们对人工林（plantation forestry）的青睐，传统的林地管理体制越来越被遗弃。[31] 土地所有者关注自己林地改良的原因有很多种，有经济的、爱国主义的以及美学方面的原因。在庄园里，木材仅仅是众多资源中的一种，资源可以进行更商业化的开发，并作为一整套改良方案的组成部分。[32] 虽然从 18 世纪中期到 19 世纪之间，法国的森林面积减少了大约一半，并导致越来越多的洪水泛滥、水土流失以及木材短缺，但这并不能阻止人们对欧洲林地的持续砍伐。[33]

乡村住宅与风景式园林（Landscape Park）

除了圈地运动之外，18 世纪的英国也经历了一场令人目瞪口呆的乡村住宅建设与改造的高潮，以及一场乡村土地大规模改造的壮举。[34] 在英格兰，经常将乡村庄园的经营和王国的统治进行类比，也经常将土地所有者和君主之间的权力进行类比。成功管理一个庄园及其社区的经验，如果推广到更大的管理范围，就可以转化成对一个国家的成功管理。在这个时期，景观与政治意识形态之间的联系，在乡村住宅和日益广泛的住宅周边的风景式园林的设计方面，表现得尤为明显。

作为品位和知识的象征，土地所有者常常用庄园的景观来炫耀自己的财富和权力,以及展示统治精英的信仰和思想。1688 年以后，出现了“民族风格”（national style）的景观设计，这与宪法自由和财产安全的增长密切相关。这种状况促进了财富的增长，并尝试“改善”景观。[35] 在整个 18 世纪和 19 世纪的大部分时间里，对景观美学的讨论几乎都是对政治的争论。

对景观的干预被理解为发表宣言——有时它更外在、更容易被阅读；有时更需要解译——关于英国的政治历史、政治前景以及政治与公民之间应该存在的关系。政治宣言和个人观点可以通过雕塑和园林建筑设计的方式体现出来，同时，更普遍的表现方式是，花园能够代表所有者的深厚背景，它可以给支持者留下深刻的印象并能威吓对手。

在 18 世纪，乡村景观，特别是乡村住房和周围风景式园林的设计元素，反映了辉格党（Whigs）和保守党（Tories）之间的政治分歧。辉格党得益于 1688 年的光荣革命运动（Glorious Revolution）和 1714 年的汉诺威继续执政（Hanoverian succession)。在1714～1742年之间，罗伯特·沃波尔（Robert Walpole）领导的辉格党执掌英国的行政权力。辉格党人当中有许多最大的土地所有者，他们与金融业和商业保持重要的利益关系，这些行业的价值与“进步”和宗教宽容密切相关。保守党在18世纪的最初几十年，经常支持斯图亚特（Stuart）王室执政，并与价值观念更保守、更传统的圣公会（High Church Anglicanism）高层关系密切，他们极少参与贸易，同时对下层人士采取更严厉的家长式态度。

这些政治分歧，在住宅、花园（garden）和风景式园林的设计中，通过视觉的方式表达出来。宏伟的辉格党人的庄园，如霍尔克姆（Holkham）位于诺福克（Norfolk）的庄园，被广阔的园林环绕，远离与支持他们的经济基础有关的任何活动。在辉格党人的景观理念中，往往很难区分私有财产维护与领土控制之间的品位的差别。18世纪初期，以帕拉第奥风格为代表的新古典主义建筑的复兴（17世纪上半叶，在伊尼戈·琼斯（Inigo Jones）的影响下，新古典主义建筑风格就已经开始孕育）就已经开始了。到了柏灵顿三世（third Earl of Burlington）的时代，在理查德·博伊尔（Richard Boyle）的赞助下，通过科伦·坎贝尔（Colen Campbell）的推广，新古典主义建筑风格开始在英格兰盛行。从1710年开始，一群辉格党政治家培育了帕拉迪奥式建筑风格，并声称比17世纪，比由保守党、欧洲大陆腐朽君主制所青睐的巴洛克风格，更忠实于古代的古典建筑。[36]对于一个声称是罗马共和国真正继承人的国家统治者来说，这样的风格被认为是适当的。坎贝尔的多卷建筑丛书《英国的维特鲁威》（*Vitruvius Britannicus*，1715年）在整个英国热销，新设计风格广泛传播。在半个世纪的时间里，帕拉迪奥建筑风格几乎主宰了英国高档建筑的方方面面。[37]在帕拉迪奥建筑风格掌控了乡村住宅设计的同时，这种风格还蔓延到具有古典风格的庙宇和其他园林建筑中，虽然在某些庄园里还保留着哥特式建筑和石窟。

坐落在诺福克郡霍顿（Houghton）地区的沃波尔家族庄园反映了这一点。18 世纪初，沃波尔家族的园林围绕着旧住宅布局，具有精巧而复杂的几何外形，随后又建设了一个新古典主义风格的住宅。18 世纪 30 年代，查尔斯 · 布里奇曼（Charles Bridgeman，1738 年）对这个位于霍顿的园林进行了重新设计。查尔斯 · 布里奇曼取消了直线交叉的林荫道，取而代之的是形状不那么生硬的稀树草坪和林地，这样的设计使园林将建筑衬托得更加简朴、庄严。[38]

18 世纪的古典要素装饰的英国园林：斯塔德利皇家花园（Studley Royal），位于约克郡。

只有通过18世纪的洗礼，人们才能真正将注意力转向中世纪和古典主义的建筑，而且只是在18世纪结束之时，哥特式风格才开始在英国的建筑领域有了一席之地。许多早期的哥特式建筑，只是在古典主义风格的建筑物上附加了一些不那么和谐的中世纪风格的细节和装饰，几乎不具有时代感或准确性，例如位于西部高地的因弗雷里城堡（Inveraray Castle）。[39]位于米德萨斯（Middlesex）草莓山（Strawberry Hill）的霍勒斯·沃波尔家族庄园，和位于威尔特郡拉科克修道院（Lacock Abbey）的桑德森·米勒庄园（Sanderson Miller），激发了人们对哥特式建筑风格的兴趣。[40]

在辉格党人占优势期间，保守党的土地所有者们被排除在权力之外。他们往往是受高额土地税收剥削的小乡绅，这些税收用来支持辉格党的官僚政治和军事机器。保守党的小乡绅中，很少有人能供养起大型的几何式园林：他们更愿意选择在花园里建设骑马道和林荫道，这些道路在视觉上一直延伸到周围的农田。更传统的保守党人所青睐的景观格局，不是一个孤立的住宅，而是使住宅成为村庄和临近的教区教堂的一个组成部分。保守党的景观理念远离当时流行的亚当·斯密的经济理论，和寻求自我的个人主义者的人性特征；相反，保守党的景观理念重视传统、连续性、责任和情感。[41]

风景式园林是英国对景观设计的独特贡献，风景式园林以复杂而微妙的方式表达了其业主生活的许多方面。[42] 17世纪的英国园林曾经是非常刻板的：平面布局是几何式的，整个园林被高墙围合，经过修剪的树篱和整形灌木占主导地位，有时为了视觉上的对称还建有小山（人工土堆）。17世纪晚期和18世纪早期的规则式园林，例如布莱尼姆（Blenheim）、查茨沃思（Chatsworth）和朗利特（Longleat）的花园，是仿照安德烈·勒·诺特（André Le Nôtre，1613～1700年）在凡尔赛的作品修建的。这种园林包括繁复的模纹花坛、水景、雕塑和笔直的林荫道。在17世纪，法国和荷兰以不同的方式，受到了意大利园林设计的强烈影响。荷兰人的花园较小，反映了荷兰的土地所有制形式：荷兰人的花园是严格对称的，花园被绿篱和树墙限定，具有完美的绿篱和运河、护城河等水景。在法国，在园林设计领域，勒·诺特等园林设计师创造了更宏大的园林。辐射状的林荫道穿越装饰性的树林，形成狭长的视景。在法国，房屋和花园很少被综合地设计在一起。在18世纪初，随着人们逐渐向自然主义的转变，这些曾广受欢迎的花园逐渐没落了。有人认为，随着社会对自然统治地位的上升，更多的"自然"景观将越来越受到重视，但风景式园林仍然是高度人工化的、受控制的环境。在充满商业竞争的资本主义社会，土地所有者们营造园林不仅是为了自己的愉悦，而且一直在敏锐地注视着邻近的土地所有者在做什么。

另一方面，只重点关注少数几个众所周知的、富有创新性的庄园，很容易使人对这种变化的速率产生错误的判断。在18世纪的大部分时间里，大多数的英国土地所有者对他们继承的几何式花园布局是满意的。事实上，人们在18世纪初就在英国见到了这种几何式设计的顶峰，这种花园具有更简单、更简洁的几何布局，具有更少的绿篱和更多的林地。[43]直到18世纪30年代，这样的风格一直在英国占主导地位。到18世纪40年代，现有风格被更巨大、更宏伟的布局所取代，如在霍顿的罗伯特·沃波尔花园。其他的景观设计师，如查尔斯·布里奇曼和斯蒂芬·斯威策（Stephen Switzer，1682～1745年），则创造了一种更简单、更凝重的风格，这种景观是由块状的树丛框限的，而不是林荫道。园林越来越与住宅相分离。布里奇曼首先在英国使用暗墙（ha-ha）或下沉式围墙，这种设计使景观在视觉上被延伸了，甚至使人感到一直延伸到周围的乡村。

威廉 · 肯特（1684 ~ 1748 年）的设计则趋向于使用更不规则、更自然的图形。到了 18 世纪 90 年代，在英格兰已经有 4000 多座园林：应当感谢兰斯洛特 · 布朗 [Lancelot（Capability）Brown，1715 ~ 1783 年] 的工作，这 4000 多座园林中的大多数是“风景式园林”。这种园林是开放的、不规则的，开阔的草地和零星的树木被蜿蜒的小路和曲线型湖泊围绕起来，这种园林中建筑较少，草坪一直铺设到住宅的墙角下，外屋距离住宅有一定距离。布朗的目的是使住宅看起来像布置在草坪中间一样，各面都被草坪环绕。兰斯洛特 · 布朗直接负责设计的风景式园林可能只有约 200 座，也许只占英格兰风景式园林总数的 5%，但他的设计原则，则得到了其他园林设计师的广泛认可，得到了土地代理人及管理人员的广泛认可，他们负责设计了许多小型的风景式园林。他的 3 个主要设计要素：草坪、树木和水体，创造了一种永恒而宁静的景象。在布朗设计的园林中，他在适当的位置将树丛带断开，使人能够欣赏到更多的远景。许多园林都利用业已存在的林地，但在农耕地区，大部分林地由外来的针叶树以及本地的树种所组成。在中景处布置湖泊是风景式园林的一个重要特征。小树丛或独立的树木被精心地布置起来，更增添了这种效果。

在整个 18 世纪，英格兰风景式园林的面积和规模大大增加。在 18 世纪初期，法国人的园林在规模上很少有超过 12 ~ 16hm^2（30 ~ 40 英亩）的。到了 18 世纪后期，英国一些风景式园林中的湖泊也有这么大，如位于牛津郡的布伦海姆园林（Blenheim）就是其中之一，该园林是布朗设计的。只要资金和财力允许，那么布朗的造园风格就能延伸到每一个英格兰的风景式园林之中。维护这些园林的费用要比 17 世纪末 18 世纪初的几何式园林少得多。[44] 在荷兰和法国，17 世纪后期小型的规则式花园向 18 世纪初期较大型的非规则式花园的变化，部分原因就是由于规则式花园的维护成本相对较高。不过，风景式园林虽然维护费用可能相对便宜，但建造成本却可能是昂贵的。风景式园林中看似更加“自然”的外貌，是用超大规模的运土换来的，安 · 伯明翰（Ann Bermingham）认为其本质与议会圈地是一样的。[45]

“万能的布朗”所设计的园林，为英国人提供了能负担得起的辉煌。通过放养动物，可以使草坪保持低矮，在改良景观的同时又常常可以获得优质农产品，一举两得。疏伐林地也可以为庄园提供额外的收入。在金融危机或国家需要的时候，有成熟的木材可供砍伐。种植橡树被视为爱国的行为，因为橡树的长寿与稳定和拥有土地的家庭之间具有明显的相似性。[46] 园林也是竞赛场地和野味的来源，但主要是用来猎鸟。在 18 世纪下半叶，射击一度从休闲活动变为一项具有高度组织化的运动。

土地所有者宣称对土地具有控制权，所以在扩建其园林时，有时会拆除靠近他们住宅的村庄。那些被驱逐的居民，往往迁移到庄园村庄（estate village）去。据称，奥利弗 · 戈德史密斯（Oliver Goldsmith）的诗作《荒村》（*The Deserted Village*，1770 年）中的“甜蜜的奥本”（the Sweet Auburn），就是纽纳海姆科特尼（Nuneham Courteney），由于要为哈科特勋爵的一个园林让路，于 1761 年被拆除。[47]

园林建设和扩建的过程，给乡村带来了重大影响。由于园林建设，仅在北安普敦郡，就有 8 个村庄被摧毁，25 个村庄发生显著变化。[48] 村庄中的道路被封闭，或被迫改道，并新建了小屋和围墙。一些中世纪的养鹿的园林被改建为风景式园林，其中的部分林地被改建为灌木丛或可剪枝的树木。人们不应该孤立地看待风景式园林，不应该将其与周围的景观分开。具有很多树篱和林地的古代景观比近代围合的景观更适合建造风景式园林。另一方面，通过对敞田的清除，土地所有者对土地的控制日益加强，同时土地整理使地块更加紧凑，这些状况使得风景式园林建设成为可能。建造风景式园林是对财富和地位的肯定，因为它涉及削减大量的农业生产地区。尽管如此，但在许多庄园，由于受到国会法案的支持，圈地后可以收取较高的租金，所以足以抵消建造园林的土地收入损失。

在 18 世纪后期，较大的土地所有者开始逐步淡化贵族和新兴产业阶层之间的地位分歧。人们发现二者越来越融合成一个"上流社会"，开始具有相同的审美取向。正是这个时候，"万能的布朗"所设计的风景式园林开始不再流行。风景式园林的巨大规模、平淡无味和远离周围农村的模式遭到抨击。而汉弗莱 · 雷普顿（Humphry Repton，1752 ~ 1818 年）的造园风格逐步流行。他的风格是恢复住宅周围的花园，并与周边的园林形成更大的反差。雷普顿的造园思想得到了保守党的更多赞赏。在雷普顿看来，"万能的布朗"的园林象征着地主精英阶层的排他性，以及拒绝参与当地社区的家长式作风。在 1789 年的法国大革命之后，他认为这样做越来越有危险。然而，到 18 世纪末，经济条件对于园林设计师来说不是那么理想了。雷普顿从为贵族设计大型风景式园林开始了他的职业生涯，但在职业生涯后期，他不得不为社会地位上升的制造业者，在利兹等工业城镇的郊区设计小型园林。从这些小园林里，可以欣赏他们的工厂，为工厂提供框景。[49]

在苏格兰，从 18 世纪 60 年代到 18 世纪 70 年代，规则式花园开始向不规则的大型园林转变，例如在戈登堡，但"万能的布朗"的风格对苏格兰北部边界的影响很小。在苏格兰，庙宇、方尖碑、桥梁和石洞也很罕见，仅有邓凯尔德（Dunkeld）为亚瑟尔四世公爵（the fourth Duke of Atholl）建造的冬宫（Hermitage）是个例外。[50]在爱尔兰，新古典主义的庄园迅速传播，特别是在18世纪30年代到18世纪末的这段时间。这种庄园具有类似的园林、领地、家庭农场和庄园村庄（estate villages）的模式。这是形象建设方面的一次演练，强调了爱尔兰贵族的兴趣广泛的风格，并在爱尔兰乡村景观的基础上进行了高效的商业化重组。像英格兰一样，从17世纪末到18世纪初，爱尔兰的园林风格是规则式的，园内有酸橙、榆树、栗树的林荫道，在道路和空旷地之间是“荒野”的林地。18世纪中叶前后，爱尔兰采纳了新型的非规则的英格兰式园林设计风格。到18世纪末，这种风格得到普及。古典式园林建筑，如寺庙、修道院、岩洞和凉亭等在爱尔兰盛行，后来让位给方尖碑、金字塔和伪哥特式废墟等园林建筑。领地占据了爱尔兰全国土地百分之六的面积，有超过2000所住宅的园林面积达4hm^2（10英亩）或更大。它们仍然构成了爱尔兰景观的重要组成部分。[51]

工业化初期的景观

18世纪，在英国和欧洲的许多地方见证了乡村景观的变化，这种变化主要受国内工业密集发展的影响，最常见的是纺织行业，但也包括诸如钟表和制钉等行业。这样的行业往往集中在乡村地区、木材加工区、牧场区或高地地区。羊毛生产的加工场地选址受到原材料和漂布所需水力的制约，但由于地主控制的弱点，上述地区也往往很有吸引力。这种状况一方面将国内工业行业和小规模农业组合在一起，同时也为非法占有部分废弃土地创造了可能性。[52]这种原始的工业景观往往具有布局分散、居住密集的特点。这是奔宁山脉南部的部分特征，那里的手摇纺织机在当地经济中具有重要地位，这种经济方式强调专用纺织作坊的建设。这种作坊设在地窖里，或者更常见的是在建筑的底层，由一长排的竖立窗口提供照明。在西约克郡，这些工业景观还包括较大村庄的羊毛仓库，如海普腾（Heptonstall）的高大仓库，以及由成功的服装商建设的庄园。[53]

由于地质原因，铅矿、铜矿、铁矿和盐矿等其他矿物的开采活动，往往位于偏远的高地地区。矿业公司为了吸引工人，有时不得不提供住房，同时为了减少从低地购买食物的需求，高纬度地区的集约化农业也得以发展。在偏远地区，矿业公司不得不从其他地区招募熟练工人，并建设小型的工人定居点，如在苏格兰西部高地的斯特朗（Strontian）地区，就建有英格兰铅矿工的定居点。[54]

在其他情况下，一些以木炭为燃料的工业企业，被迫建在这样的偏远地区。英格兰的木炭炼铁业不断扩大，威尔德（Weald）的燃料供应无法满足需求，所以不得不到更偏远的地区寻找可用作燃料的木炭，如到迪恩森林（Forest of Dean）以及英格兰西北部的湖区。在那里，为了满足燃料需求，饲养绵羊的牧场被改建为提供燃料的小灌木林地。当燃料供应达到限制行业发展的时候，炼铁厂厂长们的目光转向更遥远的木炭资源。坎布里安公司在西部高地，如埃蒂夫湖畔（Loch Etive）的博诺（Bonawe）地区建立了炭高炉，从坎布里亚向这里运输矿石，同时向南方运回钢铁。[55]

无论煤层是露出地面还是接近地表，当时的煤炭开采业仍使用露天开采技术，或浅槽及小型探井技术，因此煤炭开采业的规模相对较小。那些太薄和太深的煤层，随后被开采出来用于烧石灰，用于改良当地的耕地和牧场。主要煤田地区的这种小规模煤炭开采活动，一般都被后来的大规模开采活动取代了，但这类小规模煤矿在更边缘的位置仍然存在。[56]

在英国，交通改善是 18 世纪景观的一个重要特征。收费公路

（Turnpikes）是由一组投资者出资进行建造和维护，通过收取过路费收回投资成本的一种交通运营模式。事实证明，收费公路比以前那种通过劳动法规来维修道路的方式更有效。在传统的公路建设中，每个教区在一年的某些时候，必须使用一些不熟练的、不情愿的工人进行劳动。在18世纪下半叶，英国的收费公路的里程大幅度增加。在1751～1772年这段时间里，英国建立了389个新的信托投资基金，这些投资机构在很多地区，为现代道路系统的建设奠定了基础。[57] 在一些地区，收费公路是景观转变的关键催化剂；例如，为了把煤炭从圣海伦地区运往经济快速增长但燃料匮乏的利物浦港口，极大地促进了两地之间的收费公路建设。[58]

英国的第一批运河是为了廉价运输煤炭等大宗物品而建设的另一种交通设施。早期的运河，如布里奇沃特运河（Bridgewater Canal）是在1765年完成的，该运河能将煤炭从只有几英里远的沃斯利矿山廉价地运到曼彻斯特，运河建设工程包括了那个时代最令人印象深刻的技艺。布里奇沃特运河在厄威尔河（River Irwell）及其分支上有一个渡槽，可以经地下直接进入煤矿。到18世纪末，跨越佩奈恩的运河已经完成，通过使用航道闸门甚至长隧道，克服

开挖于1819年的英国兰卡斯特运河（The Lancaster Canal）：工程量相当大，但至今仍然与周围环境相协调。

了主要的地形障碍。至此，工业的工程设施及其改造景观的能力已进入一个新的阶段。[59]

18 世纪英国的景观与艺术

18 世纪，英国的社会精英看待景观与景观艺术的观点，受到了教育旅行组织（the Grand Tour）的强烈影响。教育旅行起源于 16 和 17 世纪，当时许多伟大的佛兰德和荷兰风景画家都曾在意大利居住过一段时间。这种教育旅行被认为在 1793 年英法战争爆发后一度中止。然而，教育旅行的全盛时期是在 18 世纪，尤其是在 18 世纪的下半叶。教育旅行的成员涉及法国、欧洲大陆低地国家以及德国和瑞典的富豪，但与其关系最密切的是英国贵族。到目前为止，英国贵族参加旅游的人数最多。英国游客的经典路线是从法国开始，经过低地国家，再到德国的阿尔卑斯山及周边地区，但重点是意大利。在意大利的城市中，尽管威尼斯、佛罗伦萨和其他城市也引起关注，但重点是罗马。在这个遍游欧洲大陆接受贵族教育的过程中，意大利的风景，以及意大利的古典和文艺复兴时期的建筑，成为受过精英教育和受到艺术家熏陶的英国土地所有者们公认的理想。在 18 世纪遍游欧洲大陆接受贵族教育的过程中，被访问的地区扩大到了意大利南部，至少一些游客到过那里：庞贝古城是在 1748 年发现的。游客们如饥似渴地买下了克劳德和其他 17 世纪罗马艺术家的作品，游客们带回英国的作品有 100 件左右。[60]

从 18 世纪后期开始，英国的景观艺术是逐步从以人物、对话和历史题材为背景的绘画，以及“庄园绘画”[61] 发展而来的，并受到克罗德 · 洛兰、尼古拉斯 · 普桑、加斯帕德 · 杜菲（Gaspard Dughet，1615 ~ 1675 年，也被称为加斯帕德 · 普桑）和萨尔瓦托尔·罗莎等人传统艺术风格的强烈影响。荷兰的传统风景绘画没有意大利绘画在英格兰的地位高，因为，荷兰艺术家创作的景观绘画似乎是真实的景观，而不是理想化的景观。英国的景观绘画确实充满着意大利坎帕尼亚（Campagna）的风光，而在现实中也创造了英意合璧的景观，如在斯托（Stowe）和斯托海德（Stourhead）创建的充满意大利风情的景观。

在 18 世纪下半叶和 19 世纪初，景观方面的“正确”品味，被视为检验和证实某人作为英国统治阶级成员的试金石。作为一个庄园的所有者，作为一个国家的领导者，他的观点，与只有狭隘私人经历的普通人的观点是截然不同的。这些普通人长期居住在乡村，视野狭隘，他们对于景观的观点以围合的树间小屋为代表。[62] 贝明厄姆认为，从 18 世纪 80 年代开始出现在英格兰的乡村风景绘画，与议会圈地的高峰同时出现，这不仅仅是巧合。同时，他认为新的艺术流派深刻地反映了当时乡村社会的变化。[63] 自然在艺术、诗歌和文学等领域的表现，常常被用于阐明社会变革和为社会变革辩解。然而，贝明厄姆的观点可能夸大了议会圈地对那个时期的视觉和社会影响。在 18 世纪 60 年代到 70 年代爆发的第一次大型议会圈地活动，先于艺术趋势的出现。此外，受到议会圈地活动影响的敞田和公共低地，主要集中在从英格兰中南部到英格兰中部、再到东约克郡的长条地带。在这一长条地带以外的地区受议会圈地活动的影响普遍不大；在许多情况下，这些地区的土地在中世纪时代晚期或更早的时期都已经被圈过了。即使是在议会圈地的主要区域，其中有一半的教区受到议会圈地活动的影响也相对较小。[64] 同样，贝明厄姆也夸大了从 1790 年至 1815 年这一期间农村社会变革的程度。从家长制统治向农业资本主义的变革，从 18 世纪的最后 10 年就已开始顺利进行了，但到 1815 年还远未完成。[65]

总的来说，乡村景观形成了景观艺术的一个分支，特别与托马斯·盖恩斯伯勒（Thomas Gainsborough，1727～1788年）和约翰·康斯特布尔（John Constable，1776～1837年）等人密切相关。他们不同于对地形景观的研究，其重点不是要描绘一个特定的视点或视景，而是要更一般化地再现乡村和乡村生活。作为一个景观设计师，盖恩斯伯勒早期的艺术生涯受到荷兰风景画家的影响。他对农村生活的描写，比约翰·克莱尔或奥利弗·戈德史密斯等人的描写更富有阳光气息。最有趣的是，无论是盖恩斯伯勒描绘的西萨福克（west Suffolk）的景观，还是康斯特布尔描绘的位于埃塞克斯边界（Suffolk-Essex）斯图尔山谷的景观，它们在18世纪的议会圈地活动中都不曾发生显著的改变。在盖恩斯伯勒的绘画中，可能反映了他经过深思熟虑的选择，因为议会圈地的景观离他的家乡萨德伯里（Sudbury）不是很遥远。盖恩斯伯勒景观绘画中的这些对象似乎反映了一个自给自足的农民受到了经济和社会变革的些许干扰。

18世纪"发现英国"的教育旅行，导致英国的景观被视为文化和审美的对象。贝明厄姆认为，正如大片的农村地区变得面目全非一样，作为议会圈地活动的后果，农村被作为稳定的因素，以及一个"主动的失去与虚构的复苏"过程。[66] 人们可以通过多种形式发现农村景观：可以通过实地旅行发现乡村景观，如农业改良者阿瑟·杨（Arthur Young）和自然历史学家托马斯·彭南特（Thomas Pennant），也可以通过不断增长的对考古的兴趣或通过田园作家的作品来发现乡村景观（见第四章）。

启蒙时代的制图与景观

1745年詹姆斯党叛乱（Jacobite Rebellio）之后，在1747～1755

年间，启蒙时期的景观制图法在苏格兰军事制图中得到了良好应用。在战役的后期阶段，这种地图导致了坎伯兰公爵的决定性胜利，战役以后，由于缺少该地区的地图，汉诺威军事力量的管辖受阻于高地的卡洛登。沃森上校（Colonel Watson）受委托对这一地区进行勘测，他雇用了威廉·罗伊（后来成为威廉少将）。他们首

伊尔湖与林纳湖（在威廉要塞附近）交界处的地图，来自于 1747 ~ 1755 年的苏格兰军事测绘图。

先对苏格兰高地进行了测绘，然后对苏格兰大陆的其他地区进行了测绘。测绘的比例尺是1英寸代表1000码（1：36000）。由于缺乏资金支持足够的调查队伍，绘图时间的限制，以及使用低于国内最高技术水平的测量仪器，因此该地图并没有如罗伊所希望的那样准确。罗伊谦虚地称，这个测绘结果只是一个“宏观的军事草图”，而不是制作一份精确的地图。这些地图受到保罗·桑德比（Paul Sandby，1725～1809年）高质量艺术作品的显著影响，保罗·桑德比是位于伍利奇的苏格兰皇家军事学院的绘画大师，也是著名的早期水彩画艺术家。[67]

军事测绘图是18世纪欧洲制图的特征，在这些地图中，国家的边界地区以及与周边国家之间的相互依赖关系往往比核心区域测绘得更详细。考虑到测绘的速度和地形的特征，苏格兰高地地区的手绘地图是非常详细而准确的。其内容不可避免地受到军事需求的影响。在地图上，部队可以移动的道路被标记出来，而本地的道路则被忽略。居民点被准确地定位，但它们的平面布局并没有详细画出。[68]罗伊对古罗马遗迹的私人兴趣在地图上无比清晰地展示出来，罗伊对此类场地进行了测绘，特别是对安东尼墙（Antonine Wall）遗迹进行了精确测绘，并在地图上描绘出来。罗伊的测绘图所使用的颜色类似于现代英国地形测量局的1：50000的地形图（Ordnance Survey Landranger map），因此罗伊在这方面是现代测绘图的鼻祖。他以艺术化的画法来表达地貌，为后来的山体阴影表现技术预留了伏笔。罗伊的工作直接导致地形测量局（Ordnance Survey）的建立，这一机构将军事测量技术的传统与当时最好的民用制图技术整合到了一起。类似的甚至更高标准的制图技术被海军测量师开发出来。为了筹备袭击魁北克省，詹姆斯·库克船长（Captain James Cook）于1759年，也就是在他第一次远航太平洋之前，对圣劳伦斯河（St. Lawrence River）进行了测量；在1763～1767年之间，他还对纽芬兰（Newfoundland）、拉布拉多（Labrador）和新斯科舍省（Nova Scotia）的广大沿海地区进行了测绘制图。[69]

苏格兰高地在进行军事测绘的同时，其景观也被打上了汉诺威军国主义（Hanoverian militarism）其他特征的烙印。在1715年詹姆斯党叛乱发生的时候，乔治·韦德将军（General George Wade）制订了一个开通道路的计划，拟用这些道路将政府要塞和各个前哨以及低地地区连接起来。到1745年，建成了400km（250英里）长的军事道路以及40座主要桥梁，包括泰晤士河在阿伯费尔迪（Aberfeldy）的优雅的大桥，也包括覆盖科里亚伊拉克关口（Corrieyairack pass）的曲折道路。1745年后，韦德的继任者——威廉·考尔菲尔德少校（Major William Caulfeild），修建了另外1200km（750英里）的道路。虽然由于时间仓促，部分道路很快遭到洪水和侵蚀的破坏，而且很难全部兼顾民用，但这些道路代表了苏格兰从罗马总督阿格里科拉时代起就从来没有见到过的大规模的军事计划。[70]

在英国，民用制图的重点仍然集中在县级地图，但民用制图已经打破了从17世纪以来长期剽窃的传统。1759～1808年，英国皇家艺术学会每年颁发100英镑的奖金，鼓励根据新的三角测量仪，制作比例在一英寸比一英里，或者更大比例尺的县级详细地图。然而，这些奖金往往仅能提供一个县测绘费用的一部分。更重要的是，随着议会圈地活动、工业化、城市化以及收费公路和运河系统的扩大，景观变化的规模和速度不断增大，公众对详细的县级地图的需求也同时持续增长。1765～1783年之间，英格兰制作了29个新的县级地图，这些地图主要是根据新的测绘结果制作的。到1800年，在英格兰的所有郡县中，只有剑桥郡没有重新测绘。乡村住房和园林仍像萨克斯顿时代一样在地图中突出，同时，新的郡级地图更加注意居民点和道路网（如新的收费公路）的细节，更加注重土地改良前后土地利用的对比，甚至标注了工业用地，特别是1786年兰开夏郡（Lancashire）制作的关于耶茨（Yates）的地图，该地图上标示了煤矿和水车场。[71]

景观的快速变化，还增加了人们对精确的大型庄园规划图的需求。18世纪和19世纪初是私人庄园主委托绘制当地地图的黄金时代，同时也是绘制议会圈地地图和什一税地图的黄金时代。在苏格兰，18世纪60年代之前，农业改良的步伐缓慢，但此后，农业改良的步伐迅速加快，景观变化的速度可以通过某一时期工作的私人土地测量师的数量测算出来。在18世纪50年代，苏格兰只有约10名土地测量师在工作，但到18世纪70年代数量上升到70名左右，到了1815年的高峰期，上升到85名左右。[72]

在法国，雅克·卡西尼（Jacques Cassini，1714～1784年）从1750年到1780年之间，根据穿过巴黎的子午线，率先用三角测量仪对法国所有的郡县进行了测量。这次测量反映了法国的形象，即强调国家团结，而非地方和区域的多样性，并表明了中央政府对诸如道路、防御工事和自然资源开发的关注。[73] 18世纪90年代英国和法国三角测量系统的连接是欧洲地图绘制方面的一项重大成就。

北美的景观演化

在北美，来自新英格兰和宾夕法尼亚这两个英国核心定居区的景观要素，在18世纪被推广到了阿巴拉契亚山脉（Appalachians）地区。早期的美洲殖民景观，虽然保留了一些独特的英国景观要素，但并不是对英国景观的复制。来自康沃尔、威尔士和苏格兰等地区的移民，在地质条件有利的情况下，有时继续保持其用石头建造房屋的传统建筑风格，这种情况很常见。然而，由于受木材丰富的影响，在房屋性质方面，有些已经不再保留传统风格，这不仅在英国殖民地的建筑中体现出来，而且在许多欧洲其他国家的殖民地建筑上体现了出来。那些在英国起作用的景观构成方式，不一定适合北美的环境。那些在英国人类可持续地作用于景观的方式，在北美也不一定是可持续的。在 19 世纪初的新英格兰，由于居民放弃了瘦薄贫瘠的土地并外出寻找更好的机会，使得林地地区出现了一定规模的人口减少和弃耕还林的重要变化。弃耕还林过程中所产生的荒野景观的情调和美感，被一些作家挖掘出来，如 H・P・洛夫克拉夫特（H. P. Lovecraft）和斯蒂芬・金（Stephen King）。许多现代林地可能看起来像是原始森林，但许多隐藏在密林深处的围墙、定居点和墓地暴露了它们的秘密。

在北美的景观中，种族对乡土建筑风格的影响尤为明显。在宾夕法尼亚，传统的乡土建筑比新英格兰州的更为保守，因为欧洲定居者在搬到美国大陆内陆的同时，也把建筑中使用砖瓦的传统英国建筑风格一同带到美国内地。讲德语的移民者带来的谷仓设计，反映了莱茵河上游和瑞士北部地区的建筑风格。美国大革命之后，古典建筑风格开始在美国迅速蔓延，特别是从 18 世纪 90 年代起，豪宅、庭院乃至农舍都采用古典建筑风格。大量地使用希腊和罗马地名以及古典建筑风格，象征着美洲打破了英国的君主立宪制，同时怀抱共和制的理想。欧洲和美国景观之间的一个主要区别是，定居在美国的欧洲定居者在早期就拒绝了欧洲式村庄的生活理念。在自己的土地上，与道路保持一定距离，建设分散的农场或住宅，成为美国乡村地区，也就是后来郊区的理想居住模式。

当大批来自同一地区的人一起移民到同一个地方时，他们带来的居住方式、建筑风格和耕作制度，使得移民地区延续了移民者原来的社会风俗，这种延续性在后来18世纪出现的苏格兰高地整体移民中表现得尤为明显。塞缪尔·约翰逊特别强调这种现象，他评论道：高地地区移民的离开“不再是流浪……他们在被亲属和朋友包围的良好环境中定居……他们什么也没有改变，除了居住的地方……这就是移民的实际影响，如果他们一起到某处定居，那么依然会保留他们古老的风俗。”

除了最初的13个殖民地和得克萨斯之外的大多数美国县区，都划分了镇区，镇区及镇区的划分体制戏剧性地反映了启蒙时期的美国景观。在启蒙时期的理性、科学思想的影响下，美国对镇区进行了格网状的划分，这种方式控制了从私人土地到州级边界的划分。根据南北向、东西向的测量基准线，把土地划分为10km×10km（6英里 ×6英里）的镇区（Township），再细分为36个地区（Section），接下来，再把每个地区划分成面积为16hm^2（40英亩）的地块。这种土地划分方式给美国大多数地方打上了烙印，直到现在，还可以在土地格局、道路布置、居住点分布和布局上明显地看到。该建议是托马斯·杰斐逊（Thomas Jefferson）于1794年提出，并于1796年开始在俄亥俄州实行的。这个建议强烈地表达了美国人渴望掌握和驯服荒野的意愿。这种土地划分方式也反映了乡村农村社会的想法，反映了独立的农民想要组成乡村自治社区的想法。以这种方式划分的土地，一半作为完整的镇区被无偿划拨出去，另一半被作为私人地块出售给个人。但由于市场的力量和土地投机活动，这种格局很快就开始遭到破坏，个别居住者经常买进地块并进行改造，然后售出获利，并且不断地重复这样的过程。由于这个原因，土地并不总是面积为64.7hm^2（160英亩）的整齐的棋盘式农场，而是划分为 4 个整齐的 $16hm^2$（40 英亩）的农田。[74] 这种土地划分制度可能看起来过分刻板，但通过对土地进行简单而准确的定位，无疑可以避免很多边界纠纷和诉讼。

随着欧洲殖民活动的蔓延，人们对在许多地方正在发生的景观变化和环境破坏的规模产生了越来越深刻的认识。一个规模很小但很著名的例子，发生在圣赫勒拿岛（St. Helena），该岛是一个重要的中转站，途经好望角的船只需要在这里加淡水和给养。该岛森林被毁的原因是最初的葡萄牙殖民者在岛上饲养山羊，在 1659 年之后，英国殖民者又开始在降雨量很大的地方建立了农业种植园。到 1700 年，岛上的土壤侵蚀和干旱让人担忧，而山羊和老鼠则成为主要的有害生物。几年后，新总督开始了植树计划，但可悲的是，他的继任者没有继续他的植树活动。到 18 世纪后期，这个岛上形成了被蹂躏过后的景观，而与这个岛屿形成鲜明对比的是荷兰定居者对好望角卓有成效的管理。在 18 世纪，森林砍伐和气候干燥之间的联系变得更好理解，尤其是在法国人统治毛里求斯岛时，面对毁林的困扰，他们强调森林保护，并制订了对剩余森林进行保护的计划，但这项政策在 1810 年英国人接管毛里求斯之后就几近废除。[75]

如画景观（Picturesque Landscape）

在英国，人们对景观产生兴趣的高潮出现在 18 世纪的后 30 年，特别是 18 世纪 90 年代，对如画景观的盲目崇拜，已成为英国的典型特征。如画流派（the Picturesque）不是一个单一的、条理清楚的概念，而是一个融合旅游、风景、建筑、庄园管理、叙事散文、艺术等相关主题的概念。[76] 尽管英国人对如画景观产生兴趣的高潮出现在 18 世纪 90 年代，但从 18 世纪 50 年代起，对英国风景的一些观点和描述就已经蕴涵了如画式的传统。1775 年，首次出版了诗人托马斯 · 格雷（Thomas Gray，1716 ~ 1771 年）1769 年访问湖区的日志。根据他描述景观所使用的词汇，他被认为是第一批去湖区欣赏风景的游客之一。他的叙事散文生动地描绘了首批游客们的兴奋心情。

威廉 · 吉尔平（1724 ~ 1804 年）是伟大的去风景如画之地旅游（Picturesque tours）的宣传家，他在解释如画景观的含义时，使用了最简单的方法。他认为，如画景观是那种在画面中看起来很好的景观，特别是由 17 世纪意大利新古典主义的伟大艺术家之一绘制的画作，如克劳德、普桑、杜菲特（Dughet）或罗莎绘制的。吉尔平将“风景如画”看做是伯克（Burke）美学类型的一个子类。尤维达尔 · 普赖斯（Uvedale Price）后来对风景如画（Picturesqueness）进行了更精确的界定，他将风景如画视为伯克的美丽与崇高之间的一种类型。风景如画的特征包括粗糙度（roughness）、多样性（variety）、不规则性（irregularity）和复杂性（intricacy）。在自然状态下悦目的东西是美丽的；而当它们被描绘在画布上，其特征最适合被欣赏，这才是风景如画的。风景如画的对象和场景比美丽的事物更适合绘制在画布上。尤维达尔 · 普赖斯的高雅、浪漫的风景如画还注重景观的时间维度，特别关注遗迹和衰败的过程。

从 18 世纪 80 年代起，吉尔平就鼓励中产阶层的旅客去风景如画之地旅游并欣赏风景。吉尔平最初在坎布里亚郡从事神职工作，后来在英格兰南部成为一名成功的中小学校长。吉尔平提前退休，并前往汉普郡新森林的一个教区，使他有足够的空暇时间进行旅游并撰写游记。吉尔平写下了去风景如画之地旅游，如对瓦伊河谷(the

Wye valley，1770 年）、湖区（1772 年）、苏格兰高地（1776 年）和英国其他地方的游记。但这些游记的手稿由于随行线路和草图显影等方面的技术问题，在私下流传数年之后才正式出版。

吉尔平关于风景如画的本质的最重要的理论文章写作于 1792 年，但相对于一个严谨的思想家来说，他更是一个伟大的普及作家，他关注的重点是去风景如画之地旅游的实际问题。[77] 与吉尔平同一时代的尤维达尔 · 普赖斯（1747 ~ 1829 年），更关注如画景观和美学的理论问题，更关注它对庄园的景观化有哪些方面的影响。尤维达尔 · 普赖斯继承了一个距赫里福德 11km（7 英里），位于福克斯莱的庄园，同时将改善庄园作为他一生的工作。尤维达尔 · 普赖斯的《论如画与崇高、优美的异同》（*Essay on the Picturesque*，1794 年），批评了景观设计师，如威廉 · 肯特和布朗的作品，认为他们的设计呆板而专横，把这种园林设计比喻为对乡村的军事入侵。尤维达尔 · 普赖斯鼓励保留庄园中的村舍作为景观的装饰品，而不是拆除它们。[78]

在 18 世纪后期的 20 年里，随着吉尔平的《去瓦伊河谷旅游》（*Tour to the Wye Valley*）于 1782 年出版发行，关于去英国风景如画之地旅游的文学描述出现了爆炸式的增长。在那段时间，旅游的盛行大大得益于收费公路的发展，收费公路改善了进入受青睐地区的交通条件。旅游的盛行也大大得益于景区内部道路的改善，如北威尔士和湖区，内部道路的改善使得游客到达景区时，更容易参观游览。然而，在吉尔平《去瓦伊河谷旅游》出版之前的至少 20 年，人们就已经乘船沿着瓦伊河顺流而下去探访切普斯托城堡（Chepstow Castle）、廷特恩修道院（Tintern Abbey）和其他历史遗迹。吉尔平发表的旅行游记变得非常受欢迎。与英国大学生毕业前的大陆旅行不一样，风景如画之地旅游的重点在于强调品味英国风景的内涵，如画景观的消费对象是中产阶层以及贵族。[79]

事实上，吉尔平发表的“游记”是如何欣赏如画景观的说明手册，而不是详细的旅游指南。吉尔平的“游记”是欣赏规则的入门手册，通过这些规则人们可以理解和欣赏一个地区的景观。对旅客来说，吉尔平的“游记”是一个学习计划，教给游客如何欣赏风景。[80]吉尔平抨击了当时百科全书式的旅游指南，强调更关注景观。基本的克劳德式（Claudean）的景观构成被应用于每个地方。在这种景观构成中，前景是阴暗的，侧面是树木或废墟，明亮的中景往往是具有河流或湖泊的平原，背景是小山或远处的山脉。吉尔平在特定的观景点，对风景进行分析，将它们与理想化的标准进行比较（通常是不利的对比）。他对每幅风景都进行了解剖，对每一个组成部分都进行了考虑：当山峰的形状是金字塔形或不规则形时，山峰被视为是风景如画的，当山峰的形状不是这两种形式时，则山峰只是笨重和缺乏吸引力的。

在这个过程中，区域内的景观，如山顶地区，瓦伊河谷区，甚至斯诺多尼亚（Snowdonia）的景观，都被转换成罗马城四周平原的临摹品。为了以适当的方式观看如画的风景，游客戴上了克劳德的眼镜。这些眼镜是圆形或椭圆形的小型凸透镜片。观察者面向景观，然后举起他们的眼镜。这种眼镜能将风景转换为加框的个人占有物，它在缩小背景和扩大前景的同时，也减少了色调和色彩的对比度。不同的颜色叠加通常可以将看到的画面转换为日落或月光下的场景。如果认为这种具有容纳、控制和改变景观的观看方式似乎很奇怪，那么只需要想想它与使用彩色过滤器的现代广角相机的相似之处，就能够意识到寻访美景之旅在某些方面至今依然存在。

欣赏如画风景的游客去探寻“未遭破坏的”景观，去探寻这些景观内“未被世俗风尚改变的”原始居民：欣赏如画风景的游客包括英格兰湖区的政治家、苏格兰高地地区的宗族和威尔士的农民。他们的社会正在迅速地改变，因为他们所处的地区已紧密地融入国家经济之中——同时旅客本身带来的商业化，其结果是以更快的速度改变了原始景观的一切，这也是旅游业的一个悖论。如画式在如何看待某一地区及其居民方面存在着矛盾。具有顽强农民的英格兰湖区，可能被描绘成持有独立价值观的保守党人反对改良的辉格党人的文化主导的缩影；但在广大林地地区和低地公共地区的居民，如威尔德和新森林地区的居民，往往被描绘成懒惰、终日无所事事的人，因为他们的小农场为他们提供了一个独立的手段，允许他们自主选择为大型农场主工作的时间。[81]

去风景如画之地进行旅游是一种保守的、怀旧的观看景观的方式。在一个以议会圈地活动和种植面积扩大为特征的伟大农业变革时代，这种旅游活动拒绝农业改良的浪潮，喜欢田园牧歌式的景观而非耕作景观，喜欢没有改良前的景观而非圈地后的景观。这种旅游方式让人带着一种失落的心情缅怀那种古老的、封建家长式的乡村风情。然而，在这个过程中，这种方式掩盖了社会变革的主体，其结果是这种变革似乎应由命运负责，而不是资本主义的土地所有者。这种旅游方式通常也忽视工业，虽然瓦伊河畔的炼铁铸造厂和烧炭也具有如画风景的资格。如画景色的适合人物是闲暇的牧羊人、乞丐和吉普赛人，是那些对景观影响不大的人，而勤劳的农业劳动者则被排除在外。虽然去风景如画之地的游客发现，没有改善或不能改善的景观更具吸引力，但这种景观却引起了奥古斯都时代观赏者的反感，而这并不一定意味着全部的荒野（wild）景观都被自动视为如画的。以废墟的形式存在的人类遗迹被看做是一个独特的资产。如画风景对废墟和荒废的喜爱正好与这一时期人们阴郁、悼念的情绪相匹配。

虽然吉尔平没有创建去风景如画之地旅游的项目，但他推动了其快速发展，并提供了一套明确的目标。吉尔平对如画景观理论的描述，不仅影响了艺术家如何诠释景观，而且影响了所有受教育者对此作出的反应。在英国国内游览风景如画之地，有时被描绘成中产阶级去欧洲大陆旅游的一种替代方式。实际上这两种旅游方式是相辅相成、相得益彰的。即使是富裕贵族的儿子们，一般也只进行过一次欧洲大陆旅游，但威尔士、瓦伊河谷、英格兰湖区和苏格兰高地的景观，却是能够在任何时间游览的，并且可以在欣赏过阿尔卑斯山和亚平宁山脉之后再游览。在较富裕的人士之中，去风景如画之地旅游可以作为一种考察，为今后在这些地方兴建别墅进行选址，这种兴建别墅活动开始扩散到英格兰湖区和威尔士的部分地区。总的来说，英国人的欧洲大陆游和国外旅游在 1793 年英法战争开始以后就削减了（这一冲突在 20 年后以法国滑铁卢的惨败而结束），英法战争也有助于促进在英国国内开展去风景如画之地进行旅游。

如画式向人提供了一种严格的、限制性的、高度形式化的、受到严格控制的观看景观的方式。按照托马斯 · 韦斯特于 1778 年首次出版的《湖区指南》（*Guide to the Lake District*），湖区游客根据规定的线路游览，并在特定的观光点或“位置”驻足欣赏风景，同时根据吉尔平的游记，决定应该在多远的距离，以什么方式欣赏风景，以使每个景点都尽可能接近完美的如画景观。如画式还包括有限的描述景观的词汇，这些词汇很快就过度使用并成为陈词滥调。以诺曼 · 尼科尔森（Norman Nicholson）的话来说，欣赏如画景观是对景观的一种小型的、自私的、自我满足的抽象化处理。[82] 不过，对于去风景如画之地旅游的狂热来说，重要的是鼓励地主精英和中产阶层在旅行中寻找有吸引力的风景，即使他们被灌输成只能在一个有限的框架内去欣赏风景。到 19 世纪初，在风景如画之地旅游已成为被讽刺的对象，如1812年托马斯·罗兰森（Thomas Rowlandson）出版的插图《语法博士探索去风景如画之地旅游》（*The Tour of Dr Syntax in Search of the Picturesque*，一幅吉尔平本人稍加伪装的漫画），1798年一台名为《湖区人》（*The Lakers*）的戏剧，以及更令人难忘的简·奥斯汀（Jane Austen）的《诺桑觉修道院》（*Northanger Abbey*，1818年）。到此时，作家和艺术家们都已经开始抵制如画景观的限制性规则。

虽然在18世纪后期，如画风景的理念在景观美学方面起着主导作用，但这种理念也不是被普遍地或不加批判地接受。自然历史学家，如托马斯·彭南特，农业改良主义者，如阿瑟·扬，以及农业报告的投稿者，他们的著作，都向人们展示了各种描述地形的方法。18世纪末，在如画派内部似乎出现了对于工厂和工业景观偏好的转变。在约瑟夫·赖特（Joseph Wright）在德比的画作——《理查德·阿克赖特在康普顿的磨坊》（*Richard Arkwright's Mill at Crompton*，作于1783年）中，在月光下，自然和工业似乎是共存的，与乔治王时代的庄园相比，磨坊厂看不出任何不完美的地方。约翰·塞尔·科特曼（John Sell Cotman）的绘画《喧闹的火炉》（*Bedlam Furnace*，1802年），描述的是什罗普郡梅德利附近的场景，然而，大自然似乎被制服、污染和掠夺，这预示着19世纪人们对城市化和工业景观的拒绝。相比之下，如画景观所赞美的小农经济和小型农场已经在大部分英格兰地区快速减少。[83]

浪漫主义的景观

到1800年，正在如火如荼开展的浪漫主义运动，将景观与自然置于19世纪欧洲文化兴趣的中心。19世纪初，伴随着法国大革命的余波，伴随着英国产业化的兴起，经历了对旧社会必然之事的质疑和个人主义的日益增长——越来越专注于自我，这种质疑和怀疑来自于困惑的、不安的个人，他们成为自己个人史诗中的英雄，无论是华兹华斯（William Worlds Worth）的诗歌还是康斯特布尔的艺术都体现了这一点。人们发现，与以前相比，对景观进行各种形式的艺术描述（如通过诗歌、散文）之间，存在着更多的重叠。通过图片，通过大量生产的绘有浪漫风景的版画，通过沃尔特·斯科特的小说，通过威廉·华兹华斯、珀西·比西·雪莱（Percy Bysshe Shelley）、拜伦（Lord Byron）和阿尔弗雷德·丁尼生（Alfred Tennyson）的诗歌，欣赏景观成为了作为中产阶级的必备要素之一。成为中产阶级不仅需要具备精英资格和受过良好教育，还要懂得欣赏景观。

浪漫主义运动与理性时代相对立，是社会哲学和艺术的一种转变，即从将人类看做是社会人转向将人类看做是在本质上追寻个性的个体。浪漫主义运动对理性和想象的作用进行了重新评价。一座乡村墓园给托马斯·格雷提供了有利于沉思的景观背景，即在一个“牧羊人的原始祖先长眠”的环境中沉思。40年后，艾尔郡阿洛维的另一座乡村墓园给罗伯特·伯恩斯提供了背景，他将那里作为发生在塔姆·奥沙特（Tam O'Shanter）的哥特式故事的发生地。毫无疑问，在格雷、伯恩斯所处的时代或更早时候，有很多关于乡村墓园的迷信故事，但乡村墓园是在此时才第一次成为文学中的核心主题。

浪漫主义还包括对权威的抵抗，对于自由的全神贯注，以及对于人在自然界中的地位的兴趣高涨。浪漫主义运动是对去风景如画之地旅游的限制和刻板的部分反应，与此同时，浪漫主义运动也是对尤维达尔·普赖斯更深刻地诠释如画风景的一大发展，它更强调景观中遗址的历史联系。浪漫主义是对自然科学和经济学的一种反应，也是针对工业化指导原则的一种反应。[84]浪漫主义也是与国家的崛起和国家身份的觉醒紧密联系在一起的。它涉及对国家工业化和城市化的抵抗，尽管在少数情况下才发生亨利·大卫·梭罗（Henry David Thoreau）这样强烈的反应，从1845年到1846年，他从马萨诸塞州康科德搬到两英里以外的沃尔登湖畔（Walden Pond）自建的小木屋。厌恶城市生活并渴望逃离到农村环境，是长期以来的文化传统，但浪漫主义者选择的是荒野景观，而不仅仅是农村。

相比启蒙时代，浪漫主义对景观、自然与艺术的态度，是一种更个性化、更情绪化的反应。浪漫主义反对新古典主义在秩序和层次结构方面的守旧，通过人与自然的关系，倡导个人自由。浪漫主义是一种抵抗权威的反应，同时也是一种对自由的专注。浪漫主义者认为，自然具有抽象性，具有诸如真理、美好、独立、民主等抽象的特质。在自然世界，人们将重新得到失去的纯真本源。特纳、华兹华斯等艺术家和诗人，不再保持客观，远离自然和景观，而是作为观察者和阅读者，参与到自然和景观的动态体验中。

正如我们所看到的那样，在18世纪中叶以前，受过教育的旅客通常回避高山景观。托马斯·伯尼特（Thomas Burnet）在《地球的神圣理论》（*The Sacred Theory of the Earth*，1684年）一书中认为，原始的地球表面曾经很光滑，就像一个鸡蛋，而山峰是圣经中洪水造成的结果，是人类过失的产物。很少有人对这些地方与魔鬼、龙或怪物联系到一起而感到惊讶。[85]如画景观的崛起，在一定程度上改变了这种状况，但高山地区的景观一直被人们视为庄严崇高的，而不是风景如画的。浪漫主义运动改变了人们的这一观点。

一般来说，游客满足于远距离欣赏山岳景观。考虑到岩石滚落和雪崩的危险，游客更愿意将它们作为景观背景，而不是更近距离地观看，只有在穿越阿尔卑斯山去意大利的时候才不得不与之近距离接触。对浪漫主义的庄严崇高逐渐感兴趣，鼓励游客开始探索和登山。在湖区，早期的游客喜欢那些较容易攀登的山冈，如在导游的陪同下，骑在马背上攀登斯基多（Skiddaw）。然而，湖畔诗人塞缪尔·泰勒·柯尔律治（Samuel Taylor Coleridge，1772 ~ 1834 年）于 1802 年第一次记录了湖区的岩石攀登活动。这次活动是在斯卡费尔（Scafell）的“宽阔落脚点”（Broad Stand）上进行的向下攀登。在阿尔卑斯山脉，从 19 世纪初开始，越来越多的主要山峰开辟了更接近直线的攀登线路：1800 年的格洛克纳峰（Grossglockner）、1811 年的少女峰（Jungfrau）、1855 年的罗萨峰（Monte Rosa），和最负盛名的 1865 年开辟的马特峰（Matterhorn）。浪漫主义被山岳景观以及居住在山区的人群所吸引：正如诗人华兹华斯在诗歌《迈克尔》（*Michael*，1800 年）中所描述的世界，顽强的瑞士农民、高地族人以及湖区政治家，被视为比低地地区更接近自然的人群。迈克尔完全被描述为一个与荒野景观伴生的人，他是在荒野景观中艰难地维持生计的牧羊人。

威廉·华兹华斯与湖区

在英国，在塑造景观态度方面，最早和最有影响力的浪漫主义作家，要数威廉·华兹华斯。华兹华斯对道德保守但正日益壮大的中产阶级具有影响力；但同时，他对于 19 世纪广大读者的影响力却很难被夸大。他几乎痴迷于人对自然的体验。年轻时代的华兹华斯就接受了如画派的规则。他的早期作品，如《黄昏漫步与景物素描》（*An Evening Walk and Descriptive Sketches*，1793 年），就对如画景观进行了诗情画意的描述。然而，在《丁登寺旁》（*Lines Written a Few Miles above Tintern Abbey*，1798年）这首诗中，华兹华斯断然否定了如画派的限制性框架，而支持更个性化、更人性化对人与自然关系的认识。

曾有人批评华兹华斯未能全面反映坎布里亚农村社会变革的真正原因。在《迈克尔》（1800年）中，华兹华斯将自给自足的农民的倒台与当时的社会环境联系起来，但他给出的原因只是个别的、具体的，他未能描述更宏大的农业资本主义发展过程及其对贫苦农民产生的深远影响。然而，在致查尔斯·詹姆斯·福克斯（Charles James Fox）的一封信中，华兹华斯暗示，他对迈克尔命运的描写确实是为了象征湖区政治家与农民之间关系的这种变化。一些作家对华兹华斯没有像约翰·克莱尔一样，对议会圈地活动表明更强烈的反对立场表示惊讶，这些作家显然忘记了，在19世纪初，议会圈地活动主要影响的是湖区的边缘地带，而不是湖区的中心地区。即使在湖区的边缘地带，小型农户甚至是受益于议会圈地活动，而不是被驱逐出家园。[86]克莱尔居住在英格兰低地的农耕教区，他见证了议会圈地活动的直接影响，劳动者和农舍被清除，他们被剥夺了生计，同时议会圈地活动也摧毁了他们熟悉的景观。

华兹华斯的《湖区指南》（*Guide to the Lakes*）最初发表于1810年，尽管直到1835年发行第五版时才确定最终形式，但早期版本已经清楚地显示出诗人在这方面的决定性突破，他与如画派欣赏景观的重点不同。在《湖区指南》中，华兹华斯认为，人们应该观赏景观与自然的本来面目，而不应该强加给他们一些不适合的理想化框架。华兹华斯的《湖区指南》不是对湖区的详细描述，而是旨在帮助游客观察景观，并理解景观复杂结构的手册。在《湖区指南》的开篇，他想象自己站在位于斯卡费尔（Scafell）和大盖布尔（Great

Gable）之间的埃斯克豪斯（Esk Hause）的山巅，俯瞰并再现湖区的三维地形：所有主要的山谷向四周辐射，就像一个车轮的辐条。华兹华斯的《湖区指南》既精彩地介绍了区域地理，又细致入微地讲述了景观历史。其方法是全面的，涵盖的不只是风景，而且包括地质、地貌、气候、自然、历史、社会、经济和居民生活，同时也涵盖了这些因素对景观以及环境的影响。华兹华斯的《湖区指南》是关于旅客应如何观看湖区景观的游记，但在这个过程中，《湖区指南》提供了一个传播他的担忧的媒介。他认为当时发生在该地区的景观变化是不可取的。华兹华斯意识到，湖区景观在本质上是数千年来人类活动的产物。湖区景观创造了一种社会与自然之间至关重要的和谐关系，创造了人与环境至关重要的伙伴关系，这种关系可以通过当地的建筑风格展现出来。这种认识是基于如下知识形成的，即当代景观变化的速度正在加快，而最近的一些变化是不受欢迎的。[87]

从拉弗里格台地（Loughrigg Terrace）上眺望格拉斯米尔（Grasmere）：华兹华斯《湖区指南》中描述的一个自然环境和人类活动的独特融合。

凯尔特人的浪漫世界

人们对威尔士和苏格兰高地的山区景观的浪漫主义兴趣，起源于18世纪凯尔特神话和文学的流行。托马斯·格雷于1757年写下了《吟咏诗人》(*The Bard*)，理查德·埃文斯（Richard Evans）牧师从1764年开始发表《古代威尔士吟咏诗人的诗歌范本》(*Some Specimens of the Poetry of the Ancient Welsh Bards*)，同时爱德华·詹姆斯（Edward James）从1784年开始发表《威尔士吟咏诗人的音乐与诗歌遗产》(*Musical and Poetical Relicks of the Welsh Bards*)。詹姆斯·麦克尔逊于1760年发表了《古诗断片》，这些苏格兰高地的古代诗歌译自盖尔语或厄尔斯语（*Fragments of Ancient Poetry* Collected in the Highlands of Scotland and Translated from the Gaelic or Erse Language)。正如作者声称的那样，这只是一个聪明的发明，而不是基于原始的手稿，但随着史诗《芬加尔》(*Fingal*，1761年）和《特莫拉》(*Temora*，1763年）的发表，吟咏诗人的诗作变得非常受欢迎和有影响力。这些奥西恩风格的(Ossianic）诗篇，非常有效地表达了苏格兰高地景观那庄严而忧郁的气质。他们是凯尔特神话的复制品。奥西恩风格的地名显示了它们对景观感知的影响方式:《莪相集》中，诗人假想的出生地在格伦科（Glencoe）的洞穴,《芬加尔》中在斯塔法（Staffa）的洞穴，直到1772年，才由约瑟夫·班克斯爵士（Sir Joseph Banks）正式命名。

浪漫主义运动的一个成就就是，通过苏格兰高地景观的普及，将苏格兰重塑成一个具有凯尔特民族特色的国家。在17世纪和18世纪，苏格兰低地人以及英格兰的游客，曾一直将苏格兰高地视为一个野蛮的国家，那里的居民讲着令人难以理解的语言，野蛮并且好战。苏格兰高地上的氏族与封建主义的联合统治，使那里亲詹姆斯的地主和部族首领可以轻松地募集到受过训练的军队。这意味着，苏格高地是1715、1719年叛乱的核心，特别是1745年，主要由苏格兰高地人组成的詹姆斯党军队向南最远到达过德比郡，随后再返回到苏格兰，这一过程中几乎没有遇到对手。当1746年詹姆斯党在卡洛登最终失败之后，汉诺威政府采取果断措施，解散苏格兰高地的氏族武装，并通过对高地服装和风笛的禁令，剥夺苏格兰高地居民的认同感。18世纪下半叶，渗透到苏格兰高地地区的商业化力量，对传统社会的毁灭性影响，可能比汉诺威的军事活动更强大、更深远。通过大规模招聘高地居民进入英国军队，苏格兰高地和高地上的居民被稳定地融入了英国的主流社会，特别是在七年战争（1756～1763年）和后来的英法冲突期间。1773年，当像塞缪尔·约翰逊这样的游客进入这一地区进行早期旅游的时候，他们发现所期望见到的田园传统和好战氏族社会，正在改良的影响下逐步消失。[88]

苏格兰高地的平定和道路条件的改善，鼓励越来越多的游客蜂拥而至。去风景如画之地旅游的英国游客，经常发现苏格兰的景观是荒凉和贫瘠的，缺乏树木和篱笆。许多英格兰人批评苏格兰高地的荒野景观和苏格兰高地人的贫困，但也有人将发展传统畜牧经济的苏格兰高地人看做是高贵的野蛮人。在18世纪后期，探寻如画风景的游客，往往更倾向于去苏格兰南部高地或泰晤士河谷，寻找那些具有更多变化、不那么庄严崇高的景观。在洛蒙德湖（Loch Lomond）畔的拉斯（Luss）是游客进入高地的门户，那里山岳和低地风景的对比，受到游客的喜爱。[89]许多18世纪去苏格兰高地的旅客，反复使用如荒凉、阴暗、可怕、丑陋、忧郁等形容词，使人不清楚他们究竟是在表示欣赏还是在表示厌恶的心情。

沃尔特·斯科特爵士（Sir Walter Scott，1771～1832年）在帮助苏格兰高地恢复为大不列颠领土一部分的问题上，在帮助苏格兰高地发展景观和文化的浪漫主义风格的问题上，比任何作家都更有兴趣。首先是他的诗作《湖上夫人》（*The Lady of the Lake*，1810年），诗中的故事发生在特罗萨克斯（Trossachs），是一个从斯特林或格拉斯哥能方便到达的苏格兰高地的南部地区。然后是他的第一部小说《威佛利》（*Waverley*，1814年）以及小说《罗布·罗伊》（*Rob Roy*，1818年），都将故事的部分情节设置在苏格兰高地。虽然特罗萨克斯已很吸引游客了，但小说《湖上夫人》在鼓励旅客去故事发生地游览方面的效果仍然是立竿见影的。在1810年秋天，约翰·辛克莱爵士乘坐的马车，是第297辆在这个季节访问该地区的马车，而在此前，这个季节访问该地区的正常数量应该是100辆马车左右。[90]正是斯科特的幕后操纵，才使乔治四世在1822年访问苏格兰，使这个肥胖的国王穿着看上去有点荒唐的苏格兰格子呢服饰造访苏格兰。苏格兰短裙和格子呢是现代宗族的随身物品，代表了盎格鲁—撒克逊苏格兰低地人以及高地人的身份。苏格兰短裙和格子呢是19世纪的发明。浪漫主义的景观艺术家，如霍雷肖·麦卡洛克（Horatio McCulloch，1805～1867年）和埃德温·兰西尔（Edwin Landseer，1802～1873年）的作品，以及维多利亚女王所代表的皇室对苏格兰高地的持续兴趣，使得苏格兰短裙和格子呢发扬光大。维多利亚女王于1842、1844和1847年访问了苏格兰高地。1848年维多利亚女王在巴尔莫勒尔（Balmoral）度过了她的第一个假期。在此期间，苏格兰高地许多地区正在承受人口大规模减少，以及地主政策、经济衰败的后果。外部商业化世界的压力是经济衰败的原因。峡谷中废弃的农庄里除了绵羊外空无一物，这种景象似乎使该区域更加浪漫，但遗弃的原因都是近来经济的不景气。

苏格兰景观和传统文化的浪漫主义对詹姆斯党叛乱常常是掺杂着淡淡的怀旧情怀。既然雅各宾党人对汉诺威政权的安全已不再构成严重的威胁，那么就被视为一种受人尊敬的怀古情结。1807 年，拜伦勋爵创作了《黑暗的洛赫纳加》(*Dark Lochnagar*)，诗中将浪漫的苏格兰高地景观与边境南部的那些景观进行了对比：

翻越遥远的山巅之后，
英国景色的美丽是一种温柔，
黑暗洛赫纳加的辉煌，
雄伟的峭壁皱着眉头。

在此环境里，拜伦勋爵很高兴地给出了苏格兰高地居民支持詹姆斯党的原因：

不祥的勇敢也预测不出美梦，
命运注定你们要死于卡洛登，
胜利的加冕已经抛弃了我们，
只剩下洛赫纳加稀落的掌声。

正如去风景如画之地旅游活动存在不同的流派一样，浪漫主义运动之内也有不同的分支。例如，沃尔特·斯科特爵士在景观的看法上就与华兹华斯大相径庭。华兹华斯重点关注的是大自然，而斯科特则强调历史关联的力量。斯科特将地形背景作为浪漫景观的组成部分。这在斯科特的第一部主要作品《苏格兰边境地区吟游诗集》(*The Minstrelsy of the Scottish Border*，1802 年）中很明显地反映出来，这是一部收集苏格兰边界地区传统民谣的诗集（有时重新修订或修改），具有丰富的历史关联。这一点在斯科特的史诗中表现得更清楚，如史诗《明斯特雷尔的最终结局》（*The Lay of the Last Minstrel*，1805 年）和《马米恩》（*Marmion*，1808 年），通过历史关联，设定了故事的发生地和经历。因此，在《明斯特雷尔的最终结局》中，代洛雷恩的威廉爵士（Sir William of Deloraine）从布兰克瑟姆会堂（Branksome Hall）向梅尔罗斯修道院（Melrose Abbey）夜骑的故事，是根据他在路上遇到的一连串塔屋和其他历史遗址来设计的：

威廉爵士穿越了金碧辉煌的塔堡，
跨越了古老博思威克的条条岔道；
依稀地见到护城河岗楼上的城垛，
德鲁伊的阴影轻快地掠过再环绕；
霍伊克蕴涵的很多光明正在闪耀；
马上会照亮威廉身后的黑暗通道；
威廉爵士立即激励他敏捷的骏马，
疾驰冲向下方的黑泽尔迪恩塔堡；
威廉爵士转向了德威欧特的方向，
聆听着潺潺溪流对他的细心引导，
威廉奋勇地冲向北方的黑暗坡道，
毫斯利希尔沼泽被纳入他的怀抱；
威廉爵士前方向左是宽敞的大道，
他在通往罗马的大道上策马扬刀。

由于当时边境生活的残酷现实，所以《明斯特雷尔的最终结局》

里中世纪的骑士精神和超自然因素，是很受拘束的，并且很难让人信服。斯科特的第一部小说《韦弗利》(1814 年)，通过一个英国游客在苏格兰高地的所见所闻，详细地描述了苏格兰高地边境地区内的景观，但在他后来的小说中对景观描述的笔墨，往往是相对有限的。在斯科特最伟大的小说中，对社会、景观的传统与现代、连续与变化进行了对比性描述，特别是在 1815 年出版的《盖曼纳令》(Guy Mannering) 中，对苏格兰高地加罗韦 (Galloway) 的景观进行了非常详细的对比性描述。

随着斯科特开始关注梅尔罗斯 (Melrose) 周边地区，特威德山谷中心地带 (central Tweed valley) 也进入了人们的视野，这一地区在 19 世纪后期被人称为“斯科特式的乡村”。在 18 世纪晚期，这片区域几乎没有引起途经克莱德或苏格兰高地瀑布的游客的关注，对于欣赏如画风景的游客来说，这片区域过于裸露和空旷。然而，当斯科特在位于梅尔罗斯附近的阿伯茨福德 (Abbotsford) 安家后，由于与斯科特之间的联系，这片区域变成了人们朝圣的热点地区，即使在作家的有生之年，包括华兹华斯在内的游客也络绎不绝。这个与作家身份有特殊关联的地方，在所有的苏格兰高地景观中是更奇妙的一个地方，斯科特在《明斯特雷尔的最终结局》出版后，很少有关于这个地方的描述。斯科特没有再创作以 16 世纪苏格兰高地边境地区为背景的重要小说。

浪漫主义观念也创造了苏格兰景观的其他故事，这些故事通过出版的方式被永久保留下来。克里斯托弗 · 斯莫特 (Christopher Smout) 向人们展示了“卡利登大树林”(Great Wood of Caledon) 的故事是如何创造出来的。[91] 这是一个涵盖了大部分苏格兰高地地区的关于原始松林的故事。一直到中世纪晚期，这些原始松林都基本上被完好地保存下来，随着詹姆斯二世党人在卡洛登的失败，

沃尔特 · 斯科特的乡村世界：梅尔罗斯附近的艾尔登山和特威德山谷中央地区。

为了满足贪婪的英格兰铁器制造商的需求，贫困的氏族酋长开始毁坏这些松林。“卡利登大树林”是一个动人的故事，但不幸的是这不是真实的。事实上，苏格兰高地大部分森林遭砍伐是前罗马政权所为，有关它们后来才被破坏的故事，很大程度上要归因于索比斯基 · 斯图亚特（Sobiesk Stuarts）对中欧森林浪漫故事的传播。他声称自己是查尔斯 · 爱德华 · 斯图亚特（Charles Edward Stuart）王子的后裔，这就像苏格兰盖尔人的历史一样不真实。

“凯尔特”的传说、语言和文化是与景观紧密联系在一起的，充满了虚无、粗犷、野性和神秘。与此同时，在英国国内，凯尔特人也可以看做是英国的一个“其他”民族，一个比盎格鲁—撒克逊民族更原始的邻居。在英国，发现凯尔特人传统较晚的地区是康沃尔（Cornwall)，在那里，社会进步的动力来自于 19 世纪中叶，而不是 18 世纪后期。这可能是由于在威尔士和苏格兰高地，康沃尔人说的凯尔特语消亡的时间是在 18 世纪。尽管锡矿开采和陶瓷黏土提取工业在康沃尔的景观中十分醒目，但康沃尔的景观及当地民众仍被看做是没有被现代化进程影响的地区——一个永远充满魔力和浪漫气息的原始地区，一个具有史前巨石和圆形小木屋的地区。然而，19 世纪中后期，英国大西部铁路公司（Great Western Railway）开始推销“康沃尔的度假胜地”（Cornish Riviera），将其作为富裕家庭增进健康的旅游目的地，使康沃尔地区创造了一种非同寻常的景观感受。[92]

浪漫主义与科学

在 19 世纪，人们对待景观的态度受到物理科学和自然科学发展的深刻影响。在地质学领域，由于詹姆斯 · 赫顿（James Hutton，1726 ~ 1797 年）和约翰 · 普莱费尔（John Playfair，1748 ~ 1819 年）的工作，人们放弃了短暂的《圣经》年表，开始在一个较长的时间跨度内，思考地质变化规律。地质科学在实地考察技术和地层学方面的进步，不仅导致人们对地质历史的认识大大提高，同时也使人们对岩石和地形之间关系的认识大大提高。从 19 世纪 40 年代开始，人们对地表过程的观念也大大进步了，尤其是人们普遍认同了冰川在历史上的广泛存在，以及冰川对于景观的影响。[93] 在维多利亚时代，自然历史学家和自然收藏家相当狂热，各个地区的野外俱乐部激增。那时，艺术和科学观察是一体的，从未单独出现。

那时，华兹华斯对地质学有浓厚的兴趣，并陪同地质学家亚当 · 塞奇威克（Adam Sedgwick）进行实地考察，与此同时，评论家约翰 · 罗斯金（John Ruskin）则认为，准确的科学观测和记录是一个艺术家必备的素质。

在 18 世纪末和 19 世纪早期，在描绘英国景观方面，人们见到了惊人的变化，随着如画派的限制性、模式化方法失去其影响力，人们对用更科学的方法来研究景观和自然历史知识，涌现出了越来越多的兴趣。除了浪漫主义运动，19 世纪在景观方面的伟大贡献，是科学的观念与科学的观察方法，如岩石和地貌分类。华兹华斯各种版本的《湖区指南》，填补了去风景如画之地旅游时代和维多利亚时代科学之间的空白。这种情形表明，诗人华兹华斯与地质学方面的讨论密切接触，同时与地理学家，如亚历山大 · 冯 · 洪堡（Alexander von Humboldt）的著作密切相关。华兹华斯似乎也吸收了赫顿关于地球演化的思想，也可能通过普莱费尔更具可读性的作品，吸收了地球演化的思想。[94] 华兹华斯对地质学的兴趣提醒我们，人们对景观的浪漫主义看法，受到物理科学进步的强烈影响。

在 18 世纪末和 19 世纪初，人们对待英国景观的态度，受到地质科学发展的深刻影响。《圣经》年表中对于地球诞生于公元前 4004 年以及地球演化的说法，与不断增加的地质学证据越来越矛盾。19 世纪初期，在英国有两个关于岩石和地形形成的主要理论：亚伯拉罕 · 维尔纳（Abraham Werner，1749 ~ 1817 年）的水成论（Neptunist）和洪积论（Diluvialist）。水成论者认为在地球初期，地表全为原始海洋所淹覆，现在地表所有岩石都是从海水沉淀、结晶形成的。而洪积论认为地球的表面形成，主要是圣经中所说的大洪水造成的结果。大多数 19 世纪的科学家相信“自然神学”（natural theology），认为大自然揭示了上帝的杰作。许多收藏化石和植物化石的中产阶级也持有这种观点。威廉 · 巴克兰（William Buckland，1784 ~ 1856 年）是英国最有名的地质学家，他深信洪积论，并引用在安第斯山脉和喜马拉雅山脉高处获得的化石来作为大洪水的证据。苏格兰克罗默蒂（Cromarty）的休·米勒（Hugh Miller，1802 ~ 1856 年）通过自学，从石匠成为地质学家。这种洪积论的观点在他著作的标题中显而易见，如《造物主的足迹和岩石的证据》（*Foot-prints of the Creator and Testimony of the Rocks*）。

詹姆斯·赫顿在他的《地球理论》（*Theory of the Earth*）中，提出了地球均变说（uniformitarian）的全新观点。《地球理论》于 1795 年首次出版，但直到 1802 年普莱费尔出版了《赫顿的地球理论图解》（*Illustrations of the Huttonian Theory of the Earth*），他的理论才得到承认。在 19 世 30 年代，"地球均变论"随着查尔斯·莱尔（Charles Lyell，1797 ~ 1875 年）《地质学原理》（*Principles of Geology*）的出版才更加广为人知。赫顿的观点是建立在详细的野外实地观察基础上的，他的观察与一个大胆的理论观点相匹配。赫顿提出了一个无限循环的观点——"没有开始的遗迹，也没有结束的前景"——在这个观点中，土地从海中隆起，形成了连绵的山脉，并一直至受到海水的侵蚀最终被海水淹没。赫顿无法解释岩石的形成和隆升过程的实际机制，但通过岩石被侵蚀的岁月痕迹，可以很清晰地看到景观进化的证据。这个过程所需要的时间跨度与《圣经》中地球 6000 年左右的历史无法吻合。查尔斯·莱尔和罗德里克·默奇森（Roderick Murchison，1792 ~ 1871 年），这两位 19 世纪中叶英国最有影响力的地质学家确信，当前景观的进化过程，是掌握过去景观变化的关键。

在 19 世纪的欧洲，理解和解释自然景观的另一个重要因素是冰川理论的发展。瑞士地质学家路易斯·阿加西（Louis Agassiz，1807 ~ 1873 年）观察到，有大量证据显示，历史上阿尔卑斯山冰川的分布范围比现在更广泛，路易斯·阿加西不是第一个观察到这种现象的科学家。然而，在 19 世纪 40 年代，他是在这一地区找出冰川活动地貌证据的第一人，如他找到了英国现代冰川消失的证据。此前的高原冰川地貌，如冰斗，被解释为是由于火山活动或海洋侵蚀的结果；而冰砾的漂移，被解释为寒冷海洋时期冰山作用的结果，而实际上这通常是由冰川或冰盖将巨石搬运相当远的结果。

浪漫主义与森林

德国是浪漫主义的一个重要摇篮，在与拿破仑进行战争期间，这种浪漫主义被融进了新兴的民族主义之中。[95] 英国的浪漫主义作家，如科尔里奇、斯科特和华兹华斯，都受到过德国作家的强烈影响。不过，尽管卡斯帕 · 大卫 · 弗里德里希（Caspar David Friedrich，1774 ~ 1840 年）描绘了充满阴郁、奇怪氛围的森林与山地景观，但他借鉴了认真严谨的观察自然的科学方法。在美洲，浪漫主义运动从 19 世纪 20 年代开始盛行，同时，詹姆斯 · 费尼莫尔 · 库普（James Fenimore Coope，1796 ~ 1851 年）等作家的作品明显受到斯科特小说结构的影响。美国浪漫主义的特征是赞美简单的生活和“高贵的原始”（noble savage）的观念。库普对先驱者进行了歌颂，也对荒野的消逝表示了遗憾。艺术家乔治 · 卡特林（George Catlin，1796 ~ 1872 年）是美国西部及原住民的记录者和拥护者。拉尔夫 · 瓦尔多 · 爱默生（Ralph Waldo Emerson，1803 ~ 1882 年）和亨利 · 大卫 · 梭罗强调人需要与大自然接触。不过，由于欧洲的理想景观与众多的遗址、神话和传说有关，因此美国的景观在这些方面很难吸收欧洲的浪漫主义。纽约州北部的卡茨基尔山脉（Catskill Mountains）成为美国的湖区，成为一个理想化的美国原始景观。阿瑟 · 杜兰德（Asher

Durand）的画作《相近的灵魂》（*Kindred Spirits*，1849 年），描绘了艺术家托马斯·科尔（Thomas Cole）和诗人 W·C·布赖恩特（W. C. Bryant）所在的哈得逊河谷的浪漫森林景观。

如果大部分欧美人，至今仍将森林视为征服的对象，那么，至

《云海中的旅行者》（*Traveller Looking over a Sea of Fog*），卡斯帕·大卫·弗里德里希（Caspar David Friedrich）作于 1818 年，藏于汉堡的昆斯塔乐（Kunstalle）。

少还有一部分欧美人将森林视为自由的来源，并在一定程度上将森林视为美丽和纯洁的来源，视为爱国的骄傲。到 19 世纪末，英国成为欧洲林地最少的国家之一，尽管如此，或许正因为如此，在英国，人们对在适当的环境栽种树木，特别是林地，抱有极大的热情。吉尔平等作家建立了保护未受管制林地的协会，与歹徒和偷猎行为进行了斗争；作家们喜欢树林景观，但很遗憾他们对居民的行为无能为力。林地的封闭和种植，强调了对林地的所有权和控制权。为了防止广大农村人口砍伐树木，在林地保护立法方面日趋严厉，就是这种所有权和控制权的反映。[96] 另一方面，在苏格兰，土地所有者没有比砍伐树木更好的表示不满的方法，这似乎是一种历史悠久的、表达间接抗议的传统。[97]

在种植树木有助于展示庄园实力的同时，大规模采伐成熟林木来偿还债务或其他急功近利的行为受到普遍谴责。在 18 世纪中叶，格林尼治医院对湖区德文特（Derwentwater）岸边的林地进行砍伐，受到当地人和游客的广泛谴责，认为这种毁林行为会对湖区景观造成不利影响。这些观点部分地反映了树木坚韧的象征意义——强健、长寿的橡树被比喻为英格兰拥有土地的家族。英国要通过“木质围墙”和“橡树芯”抵御法国的进攻。在英国，缺少用于造船的优质橡木和其他优质硬木，是一个持续受到人们关注的问题。[98] 榉木，作为一种适合制作高档家具的木材，与贵族联系在一起；而榆树，则与树篱和农业生产密切相关。针叶树受到土壤贫瘠地区和边缘地区的土地所有者们的广泛欢迎。18 世纪后期，在亚瑟尔庄园种植了数以百万计的树木，因为种植园被看做是贫瘠乡村的重要的装饰物。在湖区，约翰 · 柯文和兰达夫主教等土地所有者，引入了落叶松属植物，这被华兹华斯谴责为对湖区景观的外来视觉干扰。汉弗莱 · 雷普顿（Humphry Repton）不仅将针叶树与威胁生计的战时条件联系起来，而且还将针叶树与暴发户联系起来，但他又不得不为这些暴发户工作。[99] 雷普顿将暴发户的庄园景观与传统贵族的景观进行了对比。后者是一种连接的景观，园林、道路、公用地之间的边界没有明确的界定，它们之间的界限被落叶树木的树荫给柔化了。而在暴发户的景观中，大面积的针叶林取代了落叶林。园林被高高的围栏分隔并隐藏起来。在新主人的指挥下，那些围合的、与道路分离的公用地正在被耕作。在雷普顿对景观的理念中，金钱加强了这种联系。

景观与浪漫艺术

如画派的传统，影响了英国两个最著名的风景画家——约翰·康斯特布尔（John Constable）和 J·M·W·特纳（J.M.W. Turner，1775 ~ 1851 年）的早期职业生涯。特纳的一些早期绘画风格，受到克劳德作品中传统绘画结构的影响，但在 1798 年他访问湖区之后，他似乎已经拒绝了那种线条清晰、笔触锐利的如画景观的形式，而转向更昏暗、更浪漫的风景，就像在巴特米尔（Buttermere）和科尼斯顿（Coniston）的图画中看到的一样。透过色彩和光线的本质，特纳看到了新的潜力。他的画作《斯劳附近种植萝卜的农村劳动者》（*Farm Workers Ploughing up Turnips near Slough*，1809 年创作，现存于英国伦敦的泰特），描绘了农村劳动者的严酷现实，但在画面中，温莎城堡的夸张轮廓出现在地平线上。这将战争期间劳动者的艰苦劳作与为国家生产食物的爱国行为联系在一起。

康斯特布尔的景观绘画强调元素的连续性，而不是英格兰景观的变化。在从观察景观到表达景观的这一转换过程中，康斯特布尔

《巴特米尔湖的阵雨》(*Buttermere Lake*：*A Shower*)，J·M·W· 特纳创作于 1798 年，现存于英国伦敦的泰特。

改革了景观画家的态度。在绘画创作初期，康斯特布尔在他对于景观的感觉与如画派的传统之间挣扎，他似乎只是不情愿地、暂时地、部分地采用了如画景观的规则。众所周知，康斯特布尔的职业生涯和家庭背景提供了一个很好的范例，即理解艺术家处理其与景观的关系时，不能仅仅考虑社会和经济发展的一般趋势，而忽视纯粹的个人因素——这可能带来错误。康斯特布尔对他的出生地——东贝霍尔特村（East Bergholt）周围的景观，几乎达到了迷恋的程度；要理解他对斯图尔山谷的迷恋，就需要理解他与父亲、家人以及与当地社会的复杂关系。康斯特布尔画中的地方，如弗拉特福德磨坊（Flatford Mill）和德德罕磨坊（Dedham Mill），需要从不同的视角欣赏，因为这些磨坊属于康斯特布尔家族。康斯特布尔的父亲是一位富有的磨坊主，他期望康斯特布尔能接替他的生意，然而康斯特布尔违背了父母的意愿，决心成为一名艺术家。因此，这些景观与康斯特布尔具有多种多样的联系，但这些景观也充满了个人的不安与内心的冲突。

康斯特布尔后期的作品，特别是 1819 年以后创作的大型风景油画系列作品，一直被视为他对童年风景的缅怀。从 1819 年以后，他的绘画风格发生了明显变化。然而，康斯特布尔对乡村社会的描绘是矛盾的，这一地区的景观无疑没有发生如此剧烈的变化。人们可能低估了康斯特布尔所描绘的 18 世纪后期、19 世纪初期英国乡村社会要素的连续性。一方面，在康斯特布尔著名的肖像画《六英尺长》（*Six Footers*）中，在很多方面反映了传统的乡村劳作。另一方面，它们与满足伦敦的巨大市场需求的商业化农业、粮食生产及运输相联系。康斯特布尔不属于英格兰如画派画家，他描绘的是集约化的乡村景观和商业化的谷物农场。他的绘画作品捕捉到了这种景观的规律，捕捉到了这种严格管制、高度分层的乡村社会。

随着人们对荒野的兴趣的日趋增强，浪漫主义也逐渐对中世纪的艺术作品产生兴趣。中世纪绘画作品所取得的艺术成就，被文艺复兴时期和启蒙运动时期的思想家所忽视。在 19 世纪，浪漫主义运动及其地方的神秘主义，对于民族主义的形成也具有强大的影响力（见第四章）。哥特式艺术流派逐渐复兴，其中包含了人们对中世纪和谐社会的向往。据说，那是一个每个人都清楚地知道自己地位的时代，人们通过都信仰基督教而团结起来。在 18 世纪末和 19 世纪初，青睐哥特式建筑风格的都是行为古怪的人。哥特式小说作家霍勒斯 · 沃波尔（1717 ~ 1797 年）是罗伯特 · 沃波尔总理的儿子，他的代表作《奥特朗托城堡》于 1764 年出版。沃波尔位于米德尔塞克斯（Middlesex）草莓山上的建筑就是哥特式风格的。《瓦特克》（*Vathek*，1786 年）一书的作者威廉・贝克福德（1760～1844 年），曾在威尔特郡的方特希尔修道院，建造了一个更奢侈、结构更不稳定的房屋(巨大的中央塔屋反复倒塌)。然而，到 19 世纪中叶，哥特式风格获得了地位和声望。许多中世纪的教堂按照维多利亚时代认为的那样进行“恢复”，而不是按照历史的原样进行恢复。

在 18 世纪后期，景观美学的性质发生了迅速的改变，从启蒙时代的如画景观向浪漫主义的观点迅速转变。在英国，这种转变与经济和社会的重要变化是平行的，经济和社会的变化反过来也影响了景观的变化。在某种程度上，浪漫主义对于荒野乡村的关注，是对于快速发展的工业化和城市化进程的一种回应。在下一章，我们将更详细地审视工业化和城市化对景观的影响。

第四章

工业景观和帝国景观

工业景观

18 世纪后期，发生在英格兰部分地区和苏格兰中部地区的工业革命，创造了一些独特的景观。早期的纺织厂依靠水力作为动力，所以只要有适宜的水源，纺织厂有时甚至选在比较偏僻的农村地区。由于需要在这些地区吸引并留住员工，所以企业主经常为他们的职工提供品质比较好的住房，并创建模范社区。苏格兰南部克莱德瀑布（Falls of Clyde）旁的新拉纳克地区和南曼彻斯特的斯帝亚尔（Styall）地区，就是很好的例子。其他的工业区是在煤炭、水力等资源的基础上发展起来的，如什罗普郡（Shropshire）的艾恩布里奇（Ironbridge），发展了钢铁冶炼业及制陶艺业。[1] 工业化与收费公路信托体系建立后运输条件的改善密切相关，也与提供煤炭、棉花、谷物和石头等大宗物品运输的运河建设密切相关。到 18 世纪末，在英格兰，跨越佩奈恩的运河已经建成，运河使用航班闸门、渡槽、隧道以克服地形问题。

19 世纪之前，不论是城市还是农村的工业，其规模都相对较小，只能影响有限的地区。而现在，在一个没有规划、随意扩张的矿山上，工厂、垃圾山、工棚和交通要道通常遍布整个煤田。在法国北部和比利时南部，有一条长约 241km（150 英里）的国家级煤炭开采地带，这一地带的开发形成了大面积的遭破坏的景观，但只有几座大型城镇，这种情景在埃米尔 · 左拉（Emile Zola）的小说《萌芽》（*Germinal*，1885 年）中得到了充分体现。英格兰布莱克地区的景观也与此相似。在英格兰高原地区，随着对铁矿石、铜矿石、铅矿石的开采，也产生了遭破坏的工业地区，尤其是这些地区的植被，由于受到冶炼烟气的污染，大面积中毒并遭到破坏。

工业技术的发展也影响了景观的其他方面。煤炭逐渐成为钢铁冶炼行业和国内能源的主要来源，金属取代木材成为工业产品的原材料，林地的矮林管理出现了衰退；同时对于鞣革行业来说，来自国外的廉价替代化学品供应的增多，也意味着对树皮需求的降低。尽管兰开夏郡的棉花加工业需要用木材制作线轴，对湖区南部的弗内斯地区的矮林种植有需求，但从斯堪的纳维亚地区进口软木削弱了本地生产商的实力。到 19 世纪 80 年代，英格兰的矮林种植面积迅速减少，越来越多的林地转为高乔木林。[2]

随着 19 世纪工业进程的推进，早期设在农村地区的工厂越来越多地向煤田或运河旁边的城市转移，因为那些地方的煤炭更便宜。欧洲大陆的工业化普及速度较慢，但到 19 世纪中叶，工业化进程已对比利时和法国北部地区产生深刻影响。德国的工业化稍晚。在这些欧洲大陆国家，铁路在工业化过程中所发挥的作用，就像运河在英国工业化进程中所占据的地位。[3]

运输技术的发展，影响着人们对景观的看法。尽管运河开挖的工程量相当可观，但这个过程是在适应景观而不是破坏景观；在英国，几个世纪以来，内河航运一直在货物运输上发挥重要作用，但除了增添航班闸门、渡槽和隧道等要素外，没有对景观产生很大改变。运河运输的速度也没有改变旅客对于景观的欣赏。最快的客船，在运河上可以达到每小时 18.5km（10 英里）多一点的速度，不超

铁路对农村景观的影响：苏格兰梅尔罗斯附近的铁路高架桥。

过最快的长途公共汽车的速度，游客们仍然以平稳安逸的速度穿行于沿途的景观之中。在铁路出现以前，旅客与穿越的景观融为一体。但火车与以往的运输方式相比，速度更快，但也更吵。铁路使游客远离景观，乘客是从旁边经过，而不是从景观中间穿过。铁路被许多人视为不自然的运输方式，与周边的乡村景观格格不入。[4]

铁路运输在其他许多方面都与以前的运输方式不同。首先，铁路在建设方面更加灵活。从利兹到利物浦的运河，在通过南兰开夏郡的时候路线蜿蜒曲折。而 1830 年建成的利物浦到曼彻斯特的铁路，以最短的直线将两个城市连接在一起。1846 年，当从兰开斯特到卡莱尔之间，穿越莎泊（Shap）的连接英国西部与沿海地区的铁路干线建成后，整条铁路完全没有任何隧道，这显然可以证明，铁路在工程设计方面比运河更具有灵活性。早期人们对铁路的反应和描述，往往分化成强烈支持和强烈反对两个阵营。一些早期的插图

J·M·W·特纳的绘画《雨、蒸汽机、速度》(创作于1844年)，现存于英国伦敦国家画廊。

将新铁路戏剧化了，但许多显示早期铁路的印刷物，将铁路视为并不唐突的景观特征。威廉·华兹华斯在反对拟建的温德米尔铁路线失败之后，在1844年的诗中提出疑问："难道在英格兰的土地上就找不到没被鲁莽破坏的安全角落吗？"。同年，特纳的名画《大雨、蒸汽机、速度——西部铁路干线》(*Rain*，*Steam*，*Speed-The Great Western Railway*)，似乎对这种新型交通方式的态度是矛盾的，仿佛在庆祝英国西部铁路干线成为欧洲最长的铁路线。

19世纪40年代出现在英国的铁路建设高潮，是一场连接英国主要城镇和城市的竞赛。19世纪末，铁路建设进入了支线建设的最后时期，以轻便铁路的建设为终结。铁路系统的建立，真正连通了更多的农村偏远地区，如奔宁山谷，也真正连通了更多的孤立工业用地，如苏格兰南部高地利德希尔斯矿山。19 世纪中后期，在法国经历了甚至比英国规模更大的铁路建设时代。由于经济向着更商业化的生产方式进行转变，铁路最终结束了乡村与现代经济隔绝的状况，并引发了新的景观变化。

对于许多观察家来说，如果 18 世纪早期大规模工业用地似乎令人振奋的话，那么这种兴奋很快就会被埋葬。人们很快就看到，由于城市化和工业化进程，不仅给景观带来了灾难，而且给那些居住在景观中的人们的生活带来了不利的影响。类似的排斥和厌恶在晚些时候也出现在了美国东部地区。

工业化对欧洲外围地区景观的影响

欧洲核心区域的工业化和城市化，对周边地区（peripheral areas）的景观产生了各种各样的影响。在 19 世纪初，除了季节性和永久性外迁等因素，苏格兰高地、爱尔兰西部和阿尔卑斯山等地区的人口仍在继续增长。人口的压力既导致了资源匮乏的加剧，同时又促进了农耕系统的扩展。在西部高地地区，虽然在夏季牧草丰盛的时候作为临时工棚的牧羊人用的小棚屋被转换成永久性定居点，但对于马铃薯种植来说，手工栽培使马铃薯种植床（lazy-beds）被提升到了山腰处。[5] 即使不考虑土地所有者参与的影响，人口的增长也将导致重大的危机。但事实上，在 18 世纪后期，苏格兰高地的土地所有者们为了维持花销越来越大的生活方式，想方设法地增加庄园的收入，他们开始在庄园里用商业化的养羊方式来取代现有小规模的混合农耕系统。苏格兰高地的土地所有者们也热衷于模仿低地地区的人们在农业领域的改善。[6] 养羊虽然是有利可图的，但必须大规模养殖才能赚钱。不同于先前的养牛，养羊不能轻易地融入现有的农耕体系之中。因此，在一波从苏格兰高地向北向西席卷而过的养羊大潮中——在19世纪初期越过了大峡谷地区（the Great Glen）——为了给商业化的牧场让路，峡谷内的小农户们被从土地上赶走。土地所有者们的目的不是要强迫庄园内的现有人口离开，而是在沿海地区安置他们，在那里他们可以从事小农户农业、渔业或工业，以维持生计。这些搬迁户往往能获得以前没有耕种过的土地，被安置在大型、规则的镇区中。这些镇区中有很多矩形地块，前面是笔直的道路。于是，小农场景观诞生了，这不是去西部高地旅游的现代游客所设想的那种古老的农业景观，而是与蒸汽机、纺织厂伴生，或是由它们所导致的一种景观。[7]

在峡谷内，原来坐落在山脊或山谷内的成组的农业镇区，被功能单一、但建造得更好的农庄或牧羊人小屋所替代。在那些没有受到后来造林活动侵扰的地区，这些未被清理过的农业景观仍旧保持

刘易斯岛上（Isle of Lewis）家乐宁（Garenin）附近的小农屋（crofting）景观：由于土地清理和移民安置而产生的景观。

完好无损。因此，这样的景观不仅在苏格兰，而且在欧洲的景观中也具有重要性的地位，因为它们与没有被改进的景观直接相关。虽然从史前时代开始，这些景观就一直在变化，但人们认为，在这些景观被迅速遗弃成为化石之前，它们至少是非常缓慢的、有机的景观变化的最终结果。这样的景观存在是如此广泛，以至于人们直到最近才开始对此进行调查并仔细研究。[8]

高地地区的土地清理运动背后的动机被引入歧途，同时驱逐农民的行为在实施过程中有时是残酷无情的。19 世纪初，在西部和北部高地建立新型小农户镇区和渔业定居点的规划是成功的，但后来 1815 年的经济衰退影响了海藻养殖业、纺织业和渔业的发展，给小农户镇区和渔业定居点带来了破坏。[9]具有讽刺意义的是，绵羊养殖业很快就开始衰退。到 19 世纪中叶，绵羊养殖业变得不再有利可图了。在苏格兰高地的许多地方，农庄和牧羊人小屋被遗弃，它们就静静地躺在曾经被取代的农民村镇旁边。然而，在南部兴起的工业社会，创造了一个越来越大的制造业主和专业技术人员阶层，这些人有金钱和闲暇去从事乡村休闲体育活动。从 19 世纪中叶开始，苏格兰高地和边界地区的庄园开始经营猎鹿、射杀松鸡和捕捞鲑鱼等活动，并将成为庄园主的主要收入。这股热潮导致了射击小屋、船库和打猎路网的建设，还有在山坡上建设的成排的松鸡靶跺。[10]

19 世纪初,马铃薯种植床栽培技术越来越多地应用于贫瘠土地，特别是在爱尔兰西部地区，所以尽管向外国移民的数量在上升，但爱尔兰的人口密度仍然在增加。由于 19 世纪 40 年代的大饥荒，以及随之而来的大洪水，使得人口的数量大幅削减，所以当时的环境鼓励对大片的农村地区景观进行重大重组，原来由小租户组成的小村庄（clachans）被大农场或私人农场所取代。只有在爱尔兰西部

一个废弃的爱尔兰小村庄，克莱尔公司（Co.Clare）的福米乐（Formyle）。

的部分地区，如雅尔康诺特（Iar Connacht）地区，这种小村庄的景观格局在第二次世界大战期间仍继续存在。在这里，在倒塌的石墙之中仍然可以见到成片的被遗弃的定居点的废墟。[11]

人口的显著增长导致种植区扩展到贫瘠的土地上，随后由于传统经济的瓦解，面积广阔的改良土地被大规模遗弃，人口大规模向外迁移，这种趋势成为欧洲其他外围地区的一大特征。耕种面积的扩大与前工业时代的耕种技术密切相关，这种技术要求巨大的劳动力投入。人口增长的压力导致毁林行为和土壤侵蚀现象的增加。在一些地区，如西班牙东南部的加德尔锯齿山地区（Sierra de Gador），大型矿业在创造了暂时的经济繁荣的同时，也带来了大规模的环境破坏。[12] 除了土地政策和日益加剧的贫困等因素外，铁路网的蔓延和公路网的改善导致当地工业遭受外部竞争的破坏，同时人们面临着更多的选择机会，即使没有饥荒，这些情况也都鼓励人们向核心工业区或向大西洋彼岸移民。20 世纪 30 年代，在阿尔卑斯山地区，这一移民过程被称为高山地区大逃亡（hohenflucht），在一些地区，1/3 的农场被遗弃。在亚平宁山脉地区，移民的趋势和规模与阿尔卑斯山脉地区相似。[13] 在科西嘉岛，耕地面积从 1890 年的约 20 万 hm^2（49420 英亩），下降到 1960 年的约 12000hm^2（29652 英亩）。

19 世纪后期，虽然许多外围地区的人口在下降，但欧洲仍然出现了定居的先兆。在东欧，由于西欧对木材和粮食需求的不断增长，导致人们大规模砍伐立陶宛和波兰的森林。生长在较肥沃土壤上的落叶乔木首先被砍伐，留下那些只能生长在贫瘠土壤上的针叶树。[14] 日德兰半岛西部石楠荒原的改良是另一类事例。这里一直是人口稀少的沼泽和泥塘地区，普鲁士人占据石勒苏益格—荷尔斯坦（Chleswig-Holstein）后，开始将注意力转向征服大自然这个敌人。1866 年，丹麦石楠荒野协会（Danish Heathland Society）成立了，开始进行大面积的泥炭沼泽排水，土壤条件得到改善。他们开垦了一块面积几乎相当于比利时国土大小的土地。在瑞典，也出现了人口向位于达尔河（River Dal）与北极圈之间的诺尔兰（Norrland）地区移动定居的现象，瑞典向诺尔兰移民的过程一直持续到 20 世纪初；一些地区的人口在 1850 ~ 1900 年期间增加了 1 倍多，南诺尔兰地区的人口峰值出现在 1920 年前后；北诺尔兰地区的则在 1940 年前后。[15] 由于使用当地原材料发展工业，所以欧洲一些地区的经济是多元化的。在斯堪的纳维亚地区，19 世纪 40 年代引进了以蒸汽为动力的锯木厂，预示着外围地区工业化阶段的开始。在 19 世纪晚期，水电的发明鼓励人们从生产木材向生产纸浆和纸张方面转变。有些行业对生产地点有具体要求，符合这些条件的地区吸引这些行业到此落户。19 世纪后期，在斯堪的纳维亚和苏格兰高地冶铝行业大规模发展，因为冶铝需要大量的廉价电力供应，这与水力发电计划关系密切，而冶炼厂址的偏远不是主要因素。[16] 在一些偏远地区，仍然沿用中世纪的交通运输技术。在斯堪的纳维亚地区，在冰冻的湖面上，雪橇运输技术一直持续使用到 19 世纪末。在亚平宁山脉和内华达地区，直到 20 世纪 30 年代，道路才到达一些偏远的乡村，在希腊的部分地区，直到 20 世纪 50 年代，一些偏远的乡村才有道路通达。[17]

在 19 世纪后期，支线铁路的建设对许多偏远地区的对外开放产生了重要作用。19 世纪 60 ~ 70 年代，法国的支线铁路开始延伸到布列塔尼（Brittany）、中央高原（the Massif Central）和阿尔卑斯山地区。[18] 在布列塔尼地区，铁路于 1865 年到达布列斯特（Brest），但在半岛内部地区，支线铁路的真正建设始于 19 世纪 80 年代，而窄轨线路（narrow gauge lines）的正式建设始于 19 世纪 90 年代。铁路运来的石灰使得农业生产环境得到改善，促进了对沼泽地区进行大规模的填海造地工程。[19] 交通条件的改善还促进了农业的商品化：如荞麦的种植面积减少，而小麦的种植面积增加。对于斯堪的纳维亚半岛来说，铁路时代的到来甚至有些姗姗来迟。[20] 卑尔根与奥斯陆（Bergen-Oslo）之间的铁路线直到 1909 年仍没有完成，同时横跨整个多佛尔群山（Douvre massif）的从奥斯陆到特隆赫姆（Oslo-Trondheim）的铁路线路直到 20 世纪 20 年代才修建完成。虽然横跨欧洲的高等级道路的建设可能是最显著的变化，但在开通挪威和苏格兰西部群岛北部地区的交通上，轮船也起到了至关重要的作用。

19 世纪的艺术、景观和民族认同

18 世纪末和 19 世纪初，一直被人们视为是对工业化的否定和对自然风景的赞美的景观绘画，正在迅速消失。从18世纪70年代开始，德比画家约瑟夫·赖特（Joseph Wright，1734～1797年）用戏剧性的光影对比绘画技法，呼应了17世纪荷兰艺术家伦勃朗等人的技法，他常常描绘在钢铁锻造和其他形式的劳动生产中的任务。赖特的顾客包括理查德·阿克赖特（Richard Arkwright）、塞缪尔·奥尔德克诺（Samuel Oldknow）和约西亚·韦奇伍德（Josiah Wedgewood）。赖特后期的绘画《克罗姆福德的阿克赖特磨坊》（*Arkwright's Mill at Cromford*），在风格上呼应了他早期火山绘画的技巧，如《维苏威火山》，他的绘画风格强调人造能源与自然能源之间的相似之处。他一直被人们视为第一位捕捉到工业革命精神的艺术家。菲利普·德·劳斯尔伯格（Philippe de Loutherbourg，1740～1812年），是一位与约瑟夫·赖特绘画风格类似的画家，他于1801年在什罗普创作的油画《夜幕中的考尔布鲁克达尔》（*Coalbrookdale by Night*）现存于伦敦的科学博物馆。尽管如此，以工业地区作为旅游和绘画的主题的流行是短暂的：艺术家们越来越回避这种题材，夫代尔王子在1794年发表的关于如画派的论文，认为《克罗姆福德的阿克赖特磨坊》是令人厌恶的画作。人们对去风景如画之地旅游的重视，可以被看做是抗拒工业和城市发展的一种反应。特纳是为数不多的详尽、准确地捕捉到工业景观的艺术家之一，同时特纳也将工业城镇与周边农村的环境融合得天衣无缝，作品的前景充满了农业景观，但人物的活动与工业生产密切相关。[21]尽管景观改造的规模与城市化和工业化进程密切相关，但大多数艺术家拒绝在其作品中描述这种变化。如画派早期对工厂的描绘，如约瑟夫·赖特的绘画，除了特纳外很少有追随者。[22]英国工业革命所带来的变化几乎完全从景观艺术中消失了，维多利亚时代取得伟大成就的工程师们，如爱森伯格·金登·布鲁内尔（Isambard Kingdom Brunel），也未能提供任何艺术灵感。但人们应该记得，康斯特布尔关于造船等农村活动的绘画，继续浓缩了英国大部分地区工业劳动的特征。

到了18世纪后期，在英国国内旅行在中产阶级中和上层社会中越来越普及。私人庄园内拥有著名风景的业主，对向前来旅游的上流社会人士展示庄园内的景色越来越有兴趣。最初，土地所有者为自己欣赏风景而委托画家绘制关于庄园的图纸和绘画，后来发展成针对更广泛的公众而大量制作。到19世纪初，为潜在游客提供的关于英国景观的书籍上市了，它使人们在视觉上看到了这片土地，同时它也是土地所有者向人们展示的一种姿态，表明他们仍然在政治上占主导地位。拥有某一个国家的景观的绘画作品或雕刻作品，可以支持自己属于这个国家的要求。特纳创作的关于英格兰和威尔士的如画风景，其中一部分在1826年到1835年之间发行，它们为上升的城市中产阶级在视觉上提供了“拥有”英格兰的手段，以宣称自己是对国家有意义的重要社会成员。[23]

在拉斯金时代，英国的景观艺术达到了高峰。拉斯金将景观艺术视为今天人们所熟悉的文本，同时，他写作《现代画家》（*Modern Painters*，1843年）的初衷是为特纳的作品进行辩护，其最终目的是将景观绘画放在更广阔的背景内，而不仅仅是在艺术史领域。拉斯金对于工业化使人道德败坏、人际关系疏远的影响进行了批评，认为中世纪后期的威尼斯是完美的社会。[24]在19世纪的英格兰，一系列小说家和评论家们都将工业城市视为生病的和不健康的。在威廉·莫里斯（William Morris）和埃比尼泽·霍华德（Ebenezer Howard）看来，在社会方面，城市作为一种人类社区，给人以失败感。在美国，纳撒尼尔·霍桑（Nathaniel Hawthorne）、亨利·詹姆斯（Henry James）、赫尔曼·梅尔维尔（Herman Melville）

和埃德加 · 爱伦 · 坡（Edgar Allan Poe）也向人们阐述了类似的关注。在 19 世纪末，人们对工业化的排斥达到高峰，当绅士化的中产阶级接纳了贵族的保守价值观的时候，城市环境日益受到人们的谴责。伴随着人们对自然历史的兴趣的日益增加，大众读者也迅速增加，他们的农村怀旧情结受到理查德 · 杰弗里斯（Richard Jefferies）和 W · H · 哈德森（W. H. Hudson）等作家的影响。[25]

在抗拒城市化的过程中，一些农村地区，特别是苏格兰高地的部分地区，被人们狂热崇拜。形形色色的艺术家，尤其是埃德温 · 兰西尔（Edwin Landseer），帮助英国皇室建立了关于苏格兰高地的维多利亚神话（Victorian myth）。[26] 1847 年，兰西尔首次对苏格兰高地的皇室家族进行描绘，并于两年后应邀到巴尔莫勒尔宫(Balmoral)做客(1848 年,维多利亚女王已将巴尔莫勒尔皇宫出租)。兰西尔受女王委托的最重要的工作始于 1850 年，但直到 1872 年仍未完成。他的工作是描绘皇家在山水中的狩猎和捕鱼活动，并确立苏格兰高地与王室家族的关系。距查尔斯一世时代仅仅 30 年，兰西尔就对苏格兰进行了第一次访问，并绘制了被苏格兰高地仆人簇拥的皇室家庭肖像。肖像中，阿尔伯特王子（Prince Albert）本人穿着苏格兰格子呢裙裤。这幅画否认了 18 世纪上半叶詹姆斯党叛乱时代苏格兰高地的紧张局势，并强调苏格兰高地已完全与英国的其余部分融为一体并和睦相处了。兰西尔的另一幅绘画《高地人与鹰》(Highlander and Eagle)，描绘了一个引人注目的坚强形象，绘画的主角是一个叫彼得 · 库茨的巴尔莫勒尔皇宫狩猎向导，彼得 · 库茨是一个忠实的仆人，而不是詹姆斯党人。

兰西尔的绘画作品描述的苏格兰高地的宁静形象，是与当时的社会转变背道而驰的，特别是在不久之前，为了给商业化绵羊养殖业让路，苏格兰高地的大部分人口被清理。这种情形是绘画所描述的地区的重要特征，而当时苏格兰高地佃农的严酷生活以及同样恶劣的城市生活，才是当时苏格兰大部分人的真实生活写照。兰西尔早期为王室绘制的画作，显示出王室处于真实的、浪漫的、崎岖的高地景观之中，但后来这些背景变得越来越模式化，最终这些背景也销声匿迹了。兰西尔的画作曾被作为版画受到广泛转载。钢制雕版技术的发展，使兰西尔的画作能够以更低的成本大批量地印刷，但即使如此，由于价格的原因，这些印刷品的主要消费对象是中产阶级，而不是工人阶级。对于这类人群来说，"高地神话"才是主要的目的。虽然 T·R· 普林格尔（T.R.Pringle）认为，苏格兰高地神话是由王室不知不觉创建的，但是，在绘画过程中，女王非常详细地规定了绘画的构图方式，如皇家在山间和湖上的运动等，这些状况表明，王室是主动参与"高地神话"的创作而不是被动的。[27]

康斯特布尔的景观和尝试捕捉自然光线的艺术手法，在法国产生了比在英国更深远的影响。他的作品被看做是印象派的先驱。印象派作为一种艺术风格，出现在 19 世纪 70 年代，与浪漫派艺术家的主观方法相比，印象派强调对自然进行更客观的研究。印象派艺术家的许多作品都与巴黎的咖啡馆、剧院和林荫大道密切相关，同时农村景观也是印象派艺术家的重要题材。由于巴黎盆地的气候相对宜人，所以印象派艺术家强调在露天创作，而不是在画室。印象派艺术家选择创作的景观，不是浪漫主义艺术家所青睐的那种充满震撼的山岳风景，而是法国北部更柔和、更宁静的河流，特别是巴黎郊区的小集镇与河流。印象派艺术家们的"未尽"风格，代表了一种捕捉稍纵即逝的运动和光线的尝试。克劳德 · 莫奈（Claude Monet，1840 ~ 1926 年）等艺术家，经常在不同季节和不同气候条件下反复多次地绘画相同的风景。在 19 世纪中叶，枫丹白露森林（Forest of Fontainebleau），特别是巴比松（Barbizon）的村庄，是一群印象派艺术家创作的主要题材，他们的作品直接成就了印象派画家的辉煌。枫丹白露森林从巴黎很容易到达，而且未遭破坏，为印象派艺术家，如让·巴蒂斯特·柯罗（Jean-Baptiste Corot，1796 ~ 1875 年），提供了创作的灵感。后来的印象派画家们在巴黎郊外选择的创作地点包括如阿让特伊（Argenteuil）、路富其恩（Louveciennes）、马尔利（Marly）和蓬图瓦兹（Pontoise），那时这些地区还未被巴黎的郊区扩展所侵蚀。诺曼底海岸为印象派艺术作品提供了另一个重要的创作题材。被人们称之为所谓后印象派的画家们，如文森特·凡·高（Vincent van Gogh，1853 ~ 1890 年）和保罗·塞尚（Paul Cézanne，1839 ~ 1906 年），其创造生涯的早期具有印象派风格，他们被法国南部景观的丰富色彩所吸引。[28] 凡·高不同地区的作品在色彩方面形成了强烈反差，荷兰和法国北部的作品色调暗淡，而在普罗旺斯创作的绘画则明亮鲜艳。

前拉斐尔派的艺术家们，如约翰·埃弗里特·米莱斯（John Everett Millais，1829 ~ 1896 年）、亚瑟·休斯（Arthur Hughes，1830 ~ 1915 年）、查尔斯·奥尔斯顿·柯林斯（Charles Allston Collins，1828 ~ 1873 年）和威廉·霍尔曼·亨特（William Holman Hunt，1827 ~ 1910 年）等人，尝试在绘画中模仿摄影艺术，在创作景观绘画时极为详细地描绘细节和色彩，但他们的主题是具有象征意义的，或感伤的和现代的。他们回避了真实的维多利亚时代的乡村和紧张的社会局势。

在 19 世纪，艺术家们为国家肖像画作出了重要贡献，有时艺术家们是相当自觉地为了国家的利益而创作。18 世纪艺术家们对新世界景观的描写，大部分是欧洲观念的映射。美国的景观都塑造成伯克和吉尔平等人设计的模板，并用英国景观绘画发展而来的艺术传统进行描绘。这样的艺术传统往往使得美国的景观和原住民呈现出如画风格和浪漫主义风格，这与美国边疆定居点的新景观的真实面貌形成了鲜明对比。19 世纪中叶，许多加拿大景观艺术家的作品，如罗伯特 · 惠尔（Robert Whale，1805 ~ 1887 年），明显在效仿英国艺术。他们将加拿大的景观创作成具有英格风格的奇怪艺术。在 19 世纪后期，为了促进民族主义的发展，需要有新的艺术形象，同时人们日益重视加拿大景观和美国景观的区域性差异。艺术家弗雷德里克 · 雷明顿（Frederic Remington，1861 ~ 1904 年）和查尔斯 · 罗素（Charles Russell，1864 ~ 1926 年）等人，对美国西部地区进行了理想化的描绘。在澳大利亚，汤姆 · 罗伯茨（Tom Roberts，1856 ~ 1931 年）、阿瑟 · 斯特利（Arthur Streeton，1867 ~ 1943 年）和查尔斯 · 康德尔（Charles Condor，1868 ~ 1909 年）等艺术家，创作了澳洲内陆地区的绘画集，图中有绵羊和奶牛养殖场，以及矿山的场景。在加拿大，从 1860 年至 1890 年之间，荒野景观成了艺术家的象征，尤其是在 1867 年以后，当加拿大成为一个独立的国家，并于 1871 年扩张到太平洋之后，荒野景观成了加拿大艺术家的象征。当汤姆 · 汤姆逊（Tom Thomson，1877 ~ 1917 年）和“欧洲七国工业集团”坚决地拒绝过时的欧洲景观对加拿大的影响，并鼓励加拿大发展本国景观的时候，弗朗西斯 · 霍普金斯（Frances Hopkins，1838 ~ 1919 年）描绘了独木舟旅行，这是一种独特的加拿大精神。他们关注人烟稀少的荒野，并通过加拿大遥远北方的作品，促使加拿大人形成本国的文化认同。加拿大艺术家受到芬兰、挪威和瑞典的象征派景观运动（Symbolist landscape movement）的影响，“北方”成为了加拿大民族主义者情感的关注点。然而，对于加拿大这样幅员辽阔、地域差异大的国家来说，这种北方的形象对这个国家的许多人来说是陌生的。[29]

在澳大利亚，景观艺术的模式与北美类似。19 世纪早期，澳大利亚的景观绘画都是依据克劳德 · 洛兰的如画风格绘制的。此时到澳大利亚旅游的白人游客带来了两种艺术风格：浪漫主义和新古典主义。澳大利亚的土著居民有时被描述成为伊甸园中高尚的原始人类，与腐朽没落的西方社会形成鲜明的对照。而长期在澳大利亚定居的人则看法不同。土著人在景观中的存在被认为是一种进步的标志，约翰 · 格洛弗（John Glover，1767 ~ 1849 年）的绘画描述了这种社会进步的标志，格洛弗精确地描绘了澳大利亚的自然植被，但很少描绘原住民。格洛弗是英格兰培养的艺术家，他继承了克劳德的艺术传统。1831 年，64 岁的他移居到塔斯马尼亚，在帕特（Patterdale）买了一个 2834hm^2（7000 英亩）的庄园。因为捕捉到了桉树的光影效果，格洛弗是最先关注澳大利亚植被的艺术家之一。为了获得最好的艺术效果，格洛弗描绘了原住民，但那不是那种属于库克船长的高尚的原始人，而是浪漫主义笔下缺乏个性的人。格洛弗创造了澳大利亚景观的田园风景——羊群和牧羊人，庄园，改良地区与荒野的对比象——都是经过艺术处理的绘画，见不到承担了大部分工作的劳改犯的身影。欧根 · 冯 · 古拉德(Eugen von Guerard，1812 ~ 1901 年）于 1852 年抵达澳大利亚。他来自于维也纳的一个艺术世家，受到了 19 世纪早期德国传统浪漫主义景观艺术的熏陶。他曾在澳大利亚和新西兰的广大地区游览，他的职业生涯正好与欣欣向荣的农业发展相契合，他画中繁荣的小农场，就像 18 世纪英格兰的庄园。出生于英国的汤姆 · 罗伯茨受到了惠斯勒和莫奈的影响，他于 1869 年移居澳大利亚。汤姆 · 罗伯茨创作了人性化的澳大利亚景观，特别是澳大利亚内陆剪羊毛的场景，有助于澳大利亚确立区别于英国的国家身份，尤其将丛林神话作为

"真正"的澳大利亚。

对 19 世纪景观描述的另一种形式是摄影艺术，摄影艺术的发展归功于新技术的进步。在 19 世纪 30 年代，形形色色的各类人才，包括英国的威廉 · 福克斯 · 塔尔博特（William Fox Talbot）和法国的路易 · 达盖尔（Louis Daguerre）都在进行显影和定影技术的化学试验，这种技术可以永久性地留下照相机产生的图像。当达盖尔 1839 年在巴黎宣布他的发明时，艺术家保罗 · 戴拉罗克（Paul Delaroche）曾评论说："从今天开始绘画艺术开始走向灭亡"。随着 19 世纪中叶技术的飞速发展，摄影走出了工作室，而进入到景观之中，特别是在美国，人们开始捕捉新大陆的乡村景观了。作为一个新兴国家的新型媒体，摄影技术迅速被美国所接受。在 19 世纪 40、50 年代，美国的第一代景观摄影师在摄影主题和构图方面依赖于绘画传统，但中产阶级客户对景观照片的需求正在增长。摄影技术的发展正处于一个欧洲和美国的经济、社会和景观都在发生巨大变化的时代。早在 1840 年，当意大利、希腊、土耳其和日本开始用卡罗（callotype）技术和银板照相技术制作照片的时候，旅游摄影就已经出现了。福楼拜的朋友，马克西姆 · 杜 · 坎普（Maxime Du Camp，1822 ~ 1894 年），早在 1849 年就开始拍摄古埃及的照片了。在 19 世纪 60 年代，当辽阔的印度次大陆那充满异国风情的格调被带给英国广大民众的那一刻起，象征大英帝国财富的景观照片，尤其是印度的景观照片，就已经开始在英国普及了。

1865 年南北内战结束之后，美国西部的摄影才正式开始。摄影师卡尔顿 · 沃特金斯（1829 ~ 1916 年）、E · J · 麦布里奇（E. J. Muybridge，1830 ~ 1904 年）与艺术家托马斯 · 莫兰（Thomas Moran，1837 ~ 1926 年）一道，随官方探险队前往美国西部。

1866年，沃特金斯成为加利福尼亚州地质调查局探索约塞米蒂(Yosemite)的成员。

摄影技术从出现伊始，就被人们誉为捕捉现实的最终手段。到了维多利亚时代，摄影技术成为人们揭示遥远的异国景观现实的手段。然而，正如英国皇家地理学会所说的那样，这些摄影作品集，在对景观的物理空间描述方面，大部分具有大英帝国文化的痕迹。从19世纪50年代后期开始，摄影器材越来越多地纳入英国探险队的包袱之中。他们拍摄了主要地理特征的照片，但这些照片也反映了特定探险活动的文化假设和政治诉求。例如，在荆棘丛生的非洲中部，探险队拍摄了人们难以通过的缠绕植被的照片，使人产生“黑色大陆”(Dark Continent)是一个野蛮之地的印象。[30] 19世纪80年代，摄影界引进了更轻便的批量生产的手持摄影设备，同时，自行车给业余摄影师提供了更大的活动空间，因此使得英、法等国的业余景观摄影师的数量大量增加。个人和摄影俱乐部成员开始拍摄当地的历史风景和建筑物。第一次世界大战期间，由于爱国情结，收藏英国乡村照片变得特别流行。

区域景观和乡土小说 (Regional Novels)

18世纪初，小说作为一种文学形式，开始替代史诗和戏剧，成为当时主要的文学形式。在英国的文学界，地方特征出现得比较缓慢：在18世纪，英国文学的地方特征可由亨利·菲尔丁(1707～1754年)和塞缪尔·理查森(1689～1761年)的作品为代表，通常只有城市文学和乡村文学这种划分方法；19世纪早期作家斯科特、勃朗特姐妹、简·奥斯汀的作品，对地方特征进行了更具体、更详细的诠释。从1825年到1850年，英国的乡土小说得到了蓬勃的发展，深入探索了某一具体地区的景观和社会的特征。[31]托马斯·哈代（Thomas Hardy）关于威塞克斯（Wessex）地区的小说在这一流派中是最有名的，当然也有许多其他作品。许多乡土小说作家们有一个共同的特点，就是在作品出版之前，小说家们远离他们所描述的地区；在另一些情况下，小说家们所描述的遥远景观（通常是外国景观），与本地景观之间也出现了紧张关系。在许多情况下，小说家们的做法是怀旧。斯科特小说的背景也有意识地设置在过去，例如1820年创作的小说《艾芬豪》（*Ivanhoe*）的历史背景是中世纪，但他最杰出的作品描写的是相对近期的过去，其背景是那个时代成年人记忆深刻的童年。斯科特的第一部小说《威佛利》的时间背景是詹姆斯党叛乱时期的1745年，描写的是60年前的往事。然而，60年来，苏格兰高地和平原地区的景观早已物是人非，但在斯科特的小说里，对塔利—沃兰（Tully–Veolan）村庄及城堡的描述，仍然具有那种独特的古老气氛。

其他的乡土小说家们寻求描述更现代的历史背景和景观，包括迅速扩大的工业区。盖斯凯尔夫人（Mrs. Gaskell）的小说《玛丽·巴顿》（*Mary Barton*，1848年）和《北方与南方》（*North and South*，1855年）成功地捕捉到了英国北部工业地区的独特性。阿诺德·贝内特（Arnold Bennett）描述的有关斯塔福郡陶器区五个乡镇的小说，具有同样的工业地区气息。随着艾伦·西利托（Alan Sillitoe，生于1928年）以诺丁汉为背景的系列小说的问世，乡土小说的创作已延续到当代。尽管，将小说中的背景设置在一个特定的区域，并不一定总能保证强烈的景观识别性。休·沃波尔（Hugh Walpole）的《黑里斯编年史》（*Herries Chronicles*）将背景设置在英格兰湖区，整个编年史跨越了18世纪中叶至20世纪初期的时间段，但几乎使人感觉不出有什么地方特征。

也许19世纪英国乡土小说家的先驱要属托马斯·哈代（1840～1928年）。哈代关于威塞克斯地区的系列小说的背景设置在19世纪的前几十年，作者就是那个年代诞生的。小说中所描述的农村地区的农民，在他写作小说时，已经在现实中消失了，所以这里也蕴藏着怀旧情结。[32] 在作品中，哈代强调人物性格与他们所生活的社会、工作的景观之间的联系。虽然哈代在威塞克斯系列小说中巧妙地处理了多赛特（Dorset）的景观，但他创作的人物，作为居住在具有可识别特征的景观区域的“内在者”，当他们离开这个地区到相邻地区时，能意识到景观发生的视觉变化。正如哈代在小说《德伯家的苔丝》（*Tess of the D' Urbervilles*，1891年）中描述的苔丝和布莱克莫尔河谷（Vale of Blackmoor）景观那样。约翰·巴雷尔（John Barrell）强调，哈代的写作技巧在于赋予了16岁的苔丝以孩子式的地方感。[33]

在英国乡土小说家文学指南的地图上，点缀了密密麻麻的名字，但有可能从这些作家群体里找到更广泛的共同特征。D·C·D·波科克（D. C. D. Pocock）分析了许多小说家笔下的英格兰北部的形象。[34] 他们描述的英格兰北部的景观与气候始终是严酷的——矿山、工业区和无处不在的、最明显的滚滚浓烟。波科克强调了这样的文学形象在影响人们对当地看法方面的力量；如果没有这些文学作品，这些地方很少为外人所知。在这些小说中，冲突的画面可以反映出人与环境的对抗，就像作家刘易斯·格拉斯克·吉邦（Lewis Grassic Gibbon）在《日落之歌》（*Sunset Song*，1932年）中所描述的位于默恩斯的豪家族（the Howe of the Mearns）的小农场，和作家威廉·亚历山大（William Alexander）在小说《古什尼克的约翰尼·吉布》（*Johnny Gibb of Gushetneuk*，1873年）中描述的农民和地主之间的冲突一样。[35]

帝国主义与景观

在前面的章节中，我们研究过欧洲帝国主义者向北美移民对北美景观的影响。有时人们认为，欧洲帝国主义在景观改造方面的影响主要局限在北美、南美的南部、非洲、澳大利亚和新西兰，同时人们认为，欧洲帝国主义对亚洲和非洲景观变化的影响几乎很小。[36]但是，尽管欧洲人定居在热带地区的人数大大低于定居在北美、南美南部、非洲、澳大利亚和新西兰的人数，欧洲定居者却在灌溉、森林砍伐、植树造林以及引进种植农业等方面，对亚洲和非洲的景观进行了彻底改变。虽然R·H·格罗夫（R. H. Grove）曾通过案例指出，在18世纪以前，欧洲殖民当局曾在一些热带地区用更细微的方法进行过景观改造。[37]

爱德华·萨义德（Edward Said）主张要批判性地理解"想象的地理"（imaginative geographies）、地方的图像表现法（figurations of placc）、空间和景观，因为它们夸大了景观之间的距离和差异性，将"我们"的空间与"他们"的空间划分开来。[38]萨义德的东方主义（Orientalism）的概念已经表明，对于除欧洲以外的其他地方的表现，其力量就像重大的经济、技术、政治变革一样强大，给社会带来了不稳定和彻底变化。东方世界正在被构建成为一个舞台，在这个舞台上，西方世界投射自己的幻想和欲望。通过对西欧人，特别是英国人和法国人，对待19世纪埃及景观的态度的近期研究，可以很清楚地看到这一点。

埃及被19世纪的欧洲游客视为一篇可以阅读的文章和一个可以凝视的对象。参观者欣赏了埃及的景观并阅读相关的文字资料，但没有与当地的居民互动，因为他们之间语言不通。19世纪的东方主义者青睐于文字方面的交流；东方更被看做是一个由参考资料构成的文字世界，而非一个植根于历史和地理的真实世界。旅游指南是游客可随身携带的关于埃及的迷你学术著作。游客们航行尼罗河上，身边放着这些文字资料，写下日记和信件，同时将埃及视为一幅图片。

欧洲人对埃及景观和埃及人的态度在《埃及记述》（*The Description de l' Egypte*）中得到了很好的诠释。《埃及记述》是一部由学者合作研究撰写的著作，这些学者于 1798 ～ 1801 年跟随着拿破仑远征埃及。从 1809 年到 1828 年间共出版了 22 卷，在大多数情况下，这项研究包含了各相关学科的前沿知识，其中包括考古学、景观描述和绘图学。在当时，对法国任何一个地方的研究和地图绘制都没有达到对埃及的详细水平。这些对于埃及有意识和无意识的表现，都无法避免地与帝国的征服活动相联系。《埃及记述》是“启蒙工程”的一部分，反映了编写它的学者的价值观。他们认为，如果一个地区能够被恰当地描绘和表现，那么这个世界就可以得到合理有序的控制。

埃及的地图测绘与技术变革为征服者提供了基础，也为这个国家社会、经济和政治的重构提供了主要的工具。由于使用了与卡西尼在法国进行地形调查时的比例尺（1 : 86400）和相同的地图符号，埃及与法国之间的关系得到了强化。在 19 世纪初，对整个国家进行大比例尺的地形测绘是一个较新的现象，尤其对西欧以外的国家。由于《埃及记述》中的地图在地形调查和绘制方面尽可能保证完整、详细和规范，因此这些地图最具权威。这次远征和编写《埃及记述》的主要目的是法国、法国文化与古老埃及之间的交流。埃及当时在马穆鲁克（Mamelukes）家族的统治下，根据他们的理念，古老的埃及需要法国的文化和科学来拯救。欧洲的文明，特别是法国的文明，在各方面都被认为更胜一筹。在沉迷于埃及古老文物的同时，《埃及记述》却很少关注现代伊斯兰文化统治下的埃及。在《埃及记述》中，古埃及被认为是唯一真正的埃及，其价值和历史意义比现代的这个国家及其居民的价值和意义更大。伊斯兰统治时期的埃及被认为是古埃及辉煌文明的堕落。现代埃及及其人民被《埃及记述》忽略了。这一点在埃及的地形图上得到反映，地形图对埃及的古老文物，如卢克索（Luxor）的文物，进行了详细的描述，而对埃及现代定居点的道路规划则进行了高度的概括。插图显示，法国科学家正在积极研究和记录埃及的古老废墟，而处于从属地位的埃及导游，漠不关心地看着天空，对身边的古迹熟视无睹。[39]

德里克·格雷戈里（Derek Gregory）曾考察过 19 世纪中期那些"想象的地理"，并且研究了他们是如何将埃及带到欧洲的视野中的。[40] 当旅客去欧洲以外的地区进行冒险的时候，他们都是带着先入为主的观点的。那么他们是如何通过亲身体验其他地区的景观和文化，来影响他们的写作和对于这些空间的表达的呢？在 19 世纪中叶，佛罗伦萨·南丁格尔（Florence Nightingale，1820 ~ 1910 年）和古斯塔夫·福楼拜（Gustave Flaubert，1821 ~ 1880 年）都在快 30 岁时访问了埃及，这为他们日后"想象的地理"的重建提供了来源。毫不奇怪，在这种背景下，他们二人的假设和回应有很多共同之处，但由于他们二人性别和国籍的差异，他们之间也有着显著的区别。对福楼拜来说，有些经历是公开的，而对南丁格尔来说，这些经历则是否定的。

与朋友一同旅游的南丁格尔，在乘坐游艇沿河航行之前，先访问了亚历山大和开罗。对于欧洲游客来说，这些航行正在成为家庭聚会的延伸，可以在船上按照自己家庭的习俗和礼仪举行聚会。南丁格尔在前往埃及，甚至在寻找埃及景观方面经历了巨大的困难。与熟悉的欧洲景观相比，埃及的景观是由陵墓和庙宇主导的，是缺乏色彩的、非自然的和死寂的，一群品质低劣的人居住在这里，与欧洲充满秩序的基督教世界截然相反。这使她惊叹不已。她将开罗视作阿拉伯人的夜晚，而不是埃及人的。她认为，古埃及居民一定很像现代的欧洲人，与居住在废墟中的极少数阿拉伯人截然不同。虽然南丁格尔也很欣赏金字塔，但她对在现代埃及看到的很多东西，特别是对妇女惨遭压迫的悲惨地位深感震惊。她总结说：没有过去的文明，现在的埃及将是完全不适于人居住的地方。南丁格尔喜欢阿布辛贝（Abu Simbel）大神殿的与世隔绝，因为那里没有现代埃及人。对南丁格尔来说，对比古埃及的辉煌成就和肮脏的现代埃及，使她质疑进步的观念以及大英帝国的长远未来。

福楼拜去埃及访问的时候，正在寻求摆脱欧洲中产阶级的惯例和无聊。临行前，他广泛阅读了东方主义的著作，这些文字显然影响了他对埃及景观的反应。与佛罗伦萨·南丁格尔的埃及行程大致相同，福楼拜声称对埃及的景观和文物没有特殊的兴趣，但他在特殊时刻的形象，例如在大金字塔顶部观看日出的形象，却非常耐人回味。他对把古遗址变成旅游的话语，比古遗址本身的氛围更感到厌烦。由于受到西方的影响，福楼拜对亚历山大很失望，但对开罗却很着迷。

南丁格尔对埃及景观的描述是坚硬、棱角分明、干燥、克制；而福楼拜能够脱离东方主义的传统来看待埃及及其景观，他将埃及的居民视为人类，而不是低等人群，当然，其中的部分原因是由于作为男人，他具有更大的自由活动空间。即便如此，他的旅程也受到了欧洲殖民主义者许多假设的影响，在这种影响下，埃及被改造了。福楼拜在离开欧洲之前，就已经开始构建他头脑中的埃及。当他到达埃及，他那理想化的、充满异国风情的东方世界观点没有消失，但他是一个现实主义者，这使他能够认清他那种“想象的地理”

是多么脆弱。

在18世纪，伴随启蒙运动的发展，曾出现过对埃及艺术和建筑的兴趣复苏的情况，随着拿破仑远征埃及以及《埃及记述》出版发行之后，这种现象急剧增加。在英国和美国的一些公共建筑物上，开始流行埃及风格，同时在不断扩大的城市墓地中，出现了埃及风格的方尖形墓碑和金字塔形的装饰物。埃及建筑的巨大体量和水平感，赋予了桥梁、火车站，甚至一些苏格兰灯塔式住宅楼一种坚固的感觉。[41] 1830年前后，英格兰出现的埃及风格复兴现象达到了顶峰，但在苏格兰，达到高潮的时间稍为向后，大约在1830～1870年之间；在19世纪的60、70年代，亚历山大·汤姆森（Alexander Thomson）设计的很多教堂具有埃及建筑风格。

帝国主义将欧洲景观的传统和看待景观的方式——经常是欧洲景观元素本身——注入世界其他地区的景观中去。就像太平洋岛屿一样，很多充满异国风情的环境很快就被欧洲的景观美学传统所同化。塔希提岛（Tahiti），作为克劳德风格的代表，被早期的欧洲游客推崇为旅游的天堂。新西兰是一个浪漫的荒野，同时还有充满异国风情的土匪（土著的毛利人）。早期探险家眼中的太平洋群岛，是一个生活在黄金年代的纯真社会，但1779年库克船长的死亡，成为太平洋群岛的原罪，那里的居民需要为此赎罪。19世纪，欧洲人对太平洋群岛的观点呈两极分化趋势，那些推崇之人将太平洋群岛视为人间的天堂，那些诋毁之人将它看做是一个受疾病折磨的地区，尤其是麻风病。有影响力的书籍，包括赫尔曼·梅尔维尔（Herman Melville）的《泰比》（*Typee*，1846年），是一部对他在马克萨斯（Marquesas）逗留期间的经历进行半虚拟描述的著作；R·M·巴兰坦（R. M. Ballantyne）的《珊瑚岛》（*The Coral Island*，1858年）；以及哈里特·马蒂诺（Harriet Martineau）

的《晨曦岛》(*Dawn Island*，1838 年)。英国人和法国人对太平洋群岛的观点也呈现出高度的两极分化，呈现出乌托邦主义与经验主义、浪漫主义与现实主义的完全对立的观点。然而，这些影响也在相反方向发挥了作用。从世界各地引进的外来植物，如红杉、智利松树、杜鹃花等，使欧洲帝国本土的景观呈现植物多样化、丰富化的趋势。同时欧洲也引进了殖民地的建筑风格，如平房（bungalows）等建筑式样。通过各种媒体的文化传播，欧洲帝国景观的图像也在世界各地流行，这些传播媒体包括：艺术、报纸、摄影、版画、海报、明信片、学校的地理教科书、图文并茂的期刊、童话故事等，甚至包括音乐厅以及后来的电影等。[42]

帝国主义的扩张，迫切需要制作覆盖地域更广阔，内容更详细、更准确的地图。地图绘制依然与帝国的军事需求紧密相连。在 19 世纪初，拿破仑远征军队伍中就有军事地理学家和工程地理学家，他们承担被胜利的法国军队征服的土地的勘察测绘任务。除了《埃及记述》中的地图之外，法国人还绘制了数以万计的区域性地图，这些地区包括西班牙、俄罗斯和希腊。[43] 在整个 19 世纪，政府组织的大规模标准化测绘活动开始蔓延到殖民地以及欧洲景观，在对这些区域加强规范和控制的同时，这种测量比以往任何时候都更加详细。测绘本身就是为了获取国家的信息，不断发展的测绘技术满足了对更准确的统计信息的需求，这一趋势也体现在 1801 年英国开始进行的官方普查中。

罗伊少将曾分别于 1763、1766 和 1783 年，向英国政府提出了官方测绘方案，但基于成本的原因，以及增加了 1 英寸代表 1 英里（1∶63360）的民用县级地图的制作，所以这些方案被一一驳回。到 1790 年罗伊去世时，伦敦和巴黎已经通过三角测量在地图上连接起来了，同时在英国开始使用这种绘图方法，并以此作为进一步测绘的基础。在法国，卡西尼测绘活动的成功表明，在景观制图方面，英国可能已经落后于它的老对手。1791 年，英国成立了国家地形测量局，测量范围向东南地区扩展，该地区是最容易受到法国入侵的地区，并逐渐扩展到英国全国各个地区。埃塞克斯的第一批地图于 18 世纪 90 年代开始测绘，并于 1805 年出版[44]。19 世纪初，在英国，私人绘制的县级地图仍然是地图绘制的标准。国家测绘活动对整个英国及其殖民地都进行了统一尺度的测绘，这表明工业社会对景观的控制日益加强。在整个 19 世纪，英国国家地形测量局的测绘比例依次变化，从 1 英寸代表 1 英里到 6 英寸代表 1 英里，再到 25 英寸代表 1 英里，甚至到 60 英寸代表 1 英里。正如卡西尼在法国进行的测绘一样，英国进行的政府测绘，显示了国家统一和中央权威的新局面。在英国，对爱尔兰进行 6 英寸代表 1 英里（1：10560）的测绘活动是 19 世纪 40 年代进行的，是为了控制爱尔兰的有意行为。[45] 英国国家地形测量局甚至通过记录地名的方式来对景观进行授权，这反映了殖民地统治者的权力。在北美和其他地方，当地的地名甚至当地人，都被排除在新的殖民地地图之外。在爱尔兰和苏格兰以盖尔语为母语的地区，英国国家地形测量局的野外调查官员，只选择当地的“权威人士”，通常是有钱的庄园主或拥有专业技术的中产阶级，作为可靠的来源，提供本地的地名信息。从这些“权威人士”中挑选一些能讲盖尔语的人，翻译和评估下层人士提供的信息。通常情况下，这些地区的人群中只有一小部分人识字，在记录名字的时候，其发音和拼写通常多种多样，所以地名记录的准确程度很让人怀疑。[46] 19 世纪中期，出于经济目的，而不是学术目的，英国国家地形测量局的测绘工作被扩展到了景观的其他方面，如地质测绘。到了 19 世纪中叶，英国 6 英寸代表 1 英里的地图测绘活动进行得很顺利，同时注意力开始转向对大英帝国进行更系统、更精确的测绘制图，在当时，虽然这种活动规模相对较小，但却取得了实际成效。

同样，在北美和大洋洲，随着居住地的扩大，新地名也正在被“创造”出来。有时，继续采用当地的地名；更常见的是，新的地名被创造出来之后，马上就广泛使用。然而，在北极圈地区，出现了用物理特征对某个地方命名的现象，在这种情况下，人口稀少的因纽特人（Inuit）几乎不可能会使用这些地名。[47] 事实证明，就像丁尼生命名海角那样，一些地名的寿命是短暂的，因为不精确的制图会阻止这些地名重新安家落户。

欧洲殖民者的观念源自于欧洲景观，所以当他们移居到其他景观时，往往不能与当地的环境相协调，有时这种情形会造成灾难性的后果。在某些情况下，欧洲技术解决环境问题的能力没有像人们想象的那样经历那么多失败。19 世纪 70 ~ 80 年代，法国人试图利用运河，将海水从地中海输送到阿尔及利亚和突尼斯的撒哈拉，并试图在那里创建一个巨大的内陆海的工程的努力，就属于这类情况。这个工程的目的是，在一系列天然洼地的基础上，建立一个面积在 6700km^2（2587 平方英里），深度在 20 ~ 30m（65 ~ 98 英尺）的内陆海。继承了古典主义自以为是传统的法国工程人员认为，这种做法会再造历史上享有“罗马粮仓”美誉时的环境条件，使阿拉伯和土耳其人统治下的土地退化出现逆转。法国工程师的工作势必将改变这一地区的入海条件，同时也将改变当地的气象。这个想象中的人造内陆海，似乎可以提供一个进入非洲内陆的新门户，同时将人们想象中非洲的丰富矿藏向欧洲开放。幸运的是，也许人们预见到这一工程的最终结果只不过是修建了一个巨大的盐碱沼泽，同时，谨慎的法国政府也拒绝为这一工程继续提供资金。[48] 有时，某些组织特意歪曲景观，其目的是鼓励居民居住，例如，铁路公司就曾试图吸引农民居住在北美大平原（Great American Plains）。19 世纪早期的探险家们，如梅里韦瑟·刘易斯（Meriwether Lewis）和威廉·克拉克（William Clark），不认可北美大平原地区的条件有利，并开始在地图上将这一地区命名为北美大沙漠（Great American Desert）。虽然如此，这样的图像几乎不可能鼓励农民进行有利可图的定居活动。鼓动农民移居北美大平原的人高估了这一地区的降雨量，并且低估了这一地区气候的多变性。他们鼓励农民在草原上开垦耕地，并使农民相信“开垦耕地能带来降雨”的错误观念。但不幸的是，在 19 世纪中后期，北美大草原的定居地恰逢一个相对湿润的周期。事实上，大风带来的周期性干旱、大面积的土壤流失，以及农民的大面积破产，才是这一地区的周期性特征，这一特征直到现代仍在重复上演。[49]

从 19 世纪末到 20 世纪初，在全球范围内最显著的变化是耕地面积有了极大增加，这是以牺牲自然生态系统为代价的。据估计，从 1860 ~ 1920 年，全球的耕地面积增加了 43200 万 hm^2（106900 万英亩）。[50] 当英国人来到印度时，这里就已经人满为患和开发过度了，但即使这样，英国的殖民统治仍然导致印度的草原和森林大规模地转化为耕地——不是提高现有耕地的产量，而是导致耕地面积扩大。殖民地的管理者也很容易废弃原有的栽培体系，同时也会轻易地将其他的土地管理模式认为是效率低下和浪费资源的，而不认为是维持当地生态平衡的。在印度中部，想要长久控制农民的殖民地管理者，认为当地刀耕火种的农业（slash-and-burn agriculture）生产方式和在柚木森林中放牧奶牛是一种落后的做法。在印度潮湿的热带地区，砍烧作业是适合环境的农业耕作技术，因为与土壤相比，植被具有较高的营养成分。然而，在印度，殖民地官员将这种农耕技术视为浪费土地并破坏森林的耕作习惯，基本上是一种无序的耕作体系。森林作为一种国家资源被保护起来，将森林开垦成农田被认为是非法的。新的农业体系必然伴随永久性耕地的开发以及更短的修耕周期，这导致了粮食产量的下降和土壤侵蚀。[51] 在传统的印度社会，狩猎活动，无论是对于贵族和平民阶层，都曾被谨慎地加以控制。英国国内的大型食肉动物早已灭绝了，所以英国人的态度是：为了保护当地居民，应想方设法地根除狼、野狗和大型猫科动物。捕食者的灭绝破坏了当地的食物链，并使鹿等食草动物种群大量繁殖，直到后来通过狩猎活动对其进行大规模射杀。

正如 17 和 18 世纪加勒比海地区一样，在 19 世纪，亚洲许多地区农业种植规模迅速扩大，改变了当地的景观。在印度，1833 年是一个关键日期。当时，英国东印度公司的新章程允许外国人拥有印度农村的土地。从 19 世纪 30 年代开始,印度的阿萨姆邦(Assam)和锡金开始种植茶叶。到 1900 年，在阿萨姆邦，已经有 764 座茶园，每年出口茶叶 6600 万 kg（14500 万磅）。[52] 19 世纪末，在锡兰、新加坡，特别是马来西亚，橡胶成为另一种有利可图的作物。[53]

在印度，英国人的山间避暑胜地正逐渐成为大英帝国的帝国主义者观点的象征。英国人在印度建立了约 80 座山间避暑胜地，这些避暑胜地能远离季风期间最可怕的高温和疾病。在西姆拉（Simla）、大吉岭（Darjeeling）和浦那（Poona）等山间避暑胜地里，帝国主义统治的某些方面依然存在，如使用欧洲语言的公立学校和高级俱乐部。在这些人口原本相对稀少的地区，更容易再造英国式的景观，即具有英式花园、英国花草树木、英式教会、学校、公园和俱乐部的景观。根据海拔高度，统治者和被统治者之间实行了分隔：总督占据了山坡上最辉煌的豪宅，而当地人则生活在山脚下，那里的排水不良，生活水平低下。[54] 在每年季风期以外的日

帝国景观：原先的印度西姆拉山间避暑胜地。

子里，殖民地管理者和官员则居住在营地（cantonment）里，营地内的花园往往采用“万能的布朗”的园林风格，这种园林风格是英国文化的象征。草坪、玫瑰、果树和其他英式植物由印度仆人养护，但受英国女主人的监督，营地四周有边界，这是为了尽可能地远离普通印度人的日常生活。[55]

在更加温和的北美、南美洲南部、南非、澳大利亚和新西兰，大英帝国的殖民主义者致力于大面积地再造欧洲景观。在这些地区，大量引进了人们所熟悉的英国物种，这导致当地动植物种类发生重大改变，英国的植物成为生物界的帝国主义者。19 世纪中后期，由于将林地砍伐改建为农场和牧场，新西兰的景观变化步伐异常迅猛。很多移民者对于当地的自然历史都有着维多利亚时代近乎痴迷的兴趣，但他们同样有信心使当地的景观发生大规模改变。为了美观、娱乐和经济方面的原因，他们有意地引进了新的动植物，与此同时，也意外地引进了一些不速之客，如藏在土制压舱物内的生物。到了19世纪末，新西兰已引进大约500种植物，尤其是在引进欧洲绵阳和山羊之后，新西兰的植物种类已发生深刻改变。为了娱乐，引进了鳟鱼和鹿；为了听到熟悉的鸟鸣，引进了云雀；为了修建树篱，引进了荆豆和金雀花。[56]如此大规模的、快速的环境变化必然导致土壤侵蚀，到20世纪早期人们已经认为这是一种重大问题。在新西兰，水土保持最初被人们视为与环境的一场战争，人们使用的是工程化的解决方案，而不是改变土地利用方式；同时把土壤侵蚀视为自然的罪恶，而不是人为造成的问题。[57]

在澳大利亚的一些地区，如南澳大利亚州和新南威尔士州的部分地区，大型庄园已被售罄，但是从19世纪60年代起，随着越来越多的土地以较小的面积被卖掉，独立的自耕农取代了农村地主阶层的模式，特别是在昆士兰等新定居地区，这种情况更为显著。南澳大利亚地区定居的速度彰显了该地区景观转变的速度。阿德莱德附近的第一个殖民定居地建立于1837年。到1845年，阿德莱德已有1200多名农民和10572hm^2（26000英亩）的耕地。到1859年，这些数字已上升到7000多农民和146097hm^2(361000英亩)的耕地。到1866年，超过202339hm^2（50万英亩）的耕地在种植小麦。到1872年，耕地面积已增至303508hm^2（75万英亩）。尽管随着时间的演变，土地的具体格局根据社会、经济、技术和政治条件的影响变化而变化，但土地的规划布局主要是根据正规的测量而制定的。特别是随着居住地逐渐向更干燥、更边缘的地段扩展，土地按照越来越大的地块进行布局。大面积的林地、灌木丛和桉树大草原被清除。在这一区域的东部，人们对沼泽和排水不良的地区进行大面积的排水作业。不过，在19世纪中后期，由于只种植小麦，以及肥料短缺和向干旱地区的不断扩展，最终结果是土壤肥力和小麦产量的迅速下降。[58]

1859年，一个土地所有者为了进行体育活动，在维多利亚州释放了24只来自英国的野兔。当时，澳大利亚人明显低估了这一问题的严重性。在没有天敌或寄生虫的乡村地区，英国野兔的数量急剧增加。到1880年，英国野兔已经严重破坏了维多利亚州809356hm^2（200万英亩）的植被，并以每年120km（75英里）的速度向临近州蔓延。植被的破坏使得灌木林地退化为贫瘠的草场，并迫使饲养禽畜的农民将他们的畜群向更偏远的地区转移，这进一步加剧了当地生态系统的破坏。而19世纪90年代发生的干旱更是雪上加霜，使澳大利亚维多利亚州等地的生态问题日趋严重。生态退化造成的土壤侵蚀的规模前所未有，导致该国一半以上的绵羊死亡。[59]

在19世纪，尽管女性旅客不被认为是建构地理的“地理学家”，但她们为大众消费者树立了殖民景观的形象，从而推动了现代地理学的发展。G·麦克尤恩（G. McEwan）对维多利亚时代的女性在西非的旅游日志进行了研究，揭示了她们在表达景观方面的复杂性。[60] 19世纪初，这个地区曾被反对奴隶制的支持者们描绘成一个未遭破坏的荒野和人间天堂，但在欧洲移民给当地居民带来的传染病使当地居民的死亡率居高不下的同时，欧洲移民却没能使当地居民成为基督教徒，从而形成了对这一地区的负面、僵化的印象，认为那里是“黑色大陆”和“白人的坟墓”，这种观点影响了在该地区的维多利亚时代的作家。这样的作家迎合日益增长的英国中产阶级和上层社会的女性读者的口味，这些女性读者迷恋于大英帝国的丰功伟绩。女性旅行作家笔下的景观，与同时代的男性作家不同，特别是不使用渗透、征服和控制等男性化的隐喻，使用这些隐喻是许多男性作家作品的特点。女性作家认为自己是观察员，而不是征服者。相比较科学考察或政治评论，女性旅客更关心的是对景观的描述。在旅游时间和背景方面的差异，影响了每一位女性作家笔下的景观。女性作家的观点往往挑战西非作为“黑色大陆”的传统形象。玛丽·金斯利（Mary Kingsley，1862～1900年）等女性作家描述了西非地区的景观，与欧洲井井有条的景观截然相反，金斯利笔下的西非景观是异常浪漫的，同时充满了野性和混乱。金斯利饱含情感地描述了她所经历的景观。其他的女性作家尝试以更客观、科学的方法，带着殖民化的视角描述了西部非洲。她们发现了自然环境中的秩序。在试图将她们见到的西非景观展现给读者的时候，她们经常引用欧洲艺术和文学中的典故进行对比。

与此同时，一些没有被帝国征服的景观抓住了公众的想象力。从16世纪后期开始，随着都铎王朝的探险家探索大西洋的西北通道，或通过巴伦支海向东探索，北极的形象就开始流行。18世纪，大英帝国在这一地区没有利益，这就意味着地理教科书往往是不全面的，而且经常是不准确的。在19世纪初，从1818年到1840年，英国探索大西洋西北通道的系列探险活动重新点燃了英国上下对这一地区的兴趣，导致媒体，包括绘画和雕塑等，都对北极地区的景观进行了广泛的描述。很少有训练有素的艺术家像跟随库克船长一样去过北极探险，所以艺术家对北极的描述，无论是北极的景观还是因纽特居民，往往是贫乏的和误导的——这影响了人们对北极景观的感知。即使后来摄影师来到这一地区，但由于所使用的相机以及在这样寒冷的气候条件下处理照片的技术问题，使得有关北极的摄影作品大打折扣。19世纪中叶，约翰·富兰克林爵士（Sir John Franklin）率领的北极探险队失踪，后来搜索队带回来的种种证据使人产生了一种更阴郁的认识，就是北极的景观是非常危险

埃德温·兰西尔的作品《谋事在人，成事在天》（1864年），伦敦大学皇家霍洛威学院收藏。

和荒凉的。对富兰克林探险队命运的描述，特别是兰西尔的作品《谋事在人，成事在天》（*Man Proposes*，*God Disposes*，1864年），向人们展示了一个充满敌意的、冷酷无情的环境的形象。到了19世纪后期，冰山、破冰船、狗拉雪橇的形象，已经成为北极的标志，并广泛用于广告和卡通片。[61]

然而，到19世纪末，大英帝国对北极的兴趣逐渐消退，同时，将注意力转向了南极。当詹姆斯·库克在他的第二次探险航行中，发现南佐治亚（South Georgia）大陆的时候，他认为大英帝国声称拥有南佐治亚大陆只不过是一个姿态：任何人似乎都不可能受益于发现该地区。19世纪中后期，捕鲸业在南极地区得到发展，然而，却给南极地区带来了船只，甚至是工业。1916年，当欧内斯特·沙克尔顿爵士（Sir Ernest Shackleton，1874～1922年）结束他史诗般的航行，为了帮助受困的"南极坚忍号"船员（the Endurance）而登陆南佐治亚的时候，那里的捕鲸者居住地和加工厂已经雇佣了约700名工人。[62]南极探险受益于摄影技术的改善，在早期的北极探险时代，这种摄影技术还未问世。"南极坚忍号"困在冰里、船上索具挂满冰霜的照片，已成为南极的图标。

景观变化与 19 世纪美洲景观感知

在整个 19 世纪，由于欧洲移民持续向美洲定居，各种不同文化群体对景观的影响日趋明显。定居在奥扎克（Ozarks）的德国人和从阿尔斯特（Ulster）来的苏格兰及爱尔兰人之间的对比，是一个很好的例子。直接从欧洲家乡移民的德国人，资金相对充裕，他们居住在有规划的大型定居点。定居点位于土质相对较好的密西西比河及密苏里河边缘的奥扎克附近。与苏格兰和爱尔兰人的居住地相比，德国人的居住地更集中，农庄建设得更好，经济更加以农业为主。而阿尔斯特人则主要是从美国各地移居而来，如肯塔基州和田纳西州，而不是直接来自欧洲老家。他们从事的职业多种多样，不是单一的农业，经济以畜牧业为主，特别是野外放牧。阿尔斯特人比德国定居者贫困，他们移居到离奥扎克平原中部较远的土地质量较差的地区，以比较分散的模式定居。他们更破旧的农舍很少存留到近代，相比之下，相当数量的较坚固的 19 世纪的德式农舍得以保留下来。尽管已背井离乡，但苏格兰人和爱尔兰人却倾向于继续迁移，将土地作为商品来加以利用；而德国人在土地上停留得更久，将土地作为一种资源来开发。[63]

不同移民群体之间的文化差异也体现在美洲的景观里面，尤其体现在传统的农场建筑特征方面，尽管各个地区的建筑特征错综复杂，如美洲中西部地区，在美国太平洋铁路建成之前，直接从欧洲搬迁到边疆地区的定居者相对较少。[64] 在美国东部的许多地方，谷仓的类型与各种农业体系在功能方面的差异密切相关，有时也与文化和经济因素密切相关。因此，在美国南方的棉花产区，几乎见不到谷仓，因为棉花、水稻、花生和甘蔗不需要谷仓。早期定居在新法兰西地区和新英格兰地区的欧洲移民，建造的是那种类似于欧洲的三开间谷仓（three-bay barns），但为了使他们的农业体系能更好地适应当地的气候，他们开始修改设计方案，他们的谷仓更加重视储存干草而不是谷物。在一些地区，如威斯康星州和纽约州上游地区，农业生产的主业已从谷物种植转向乳品生产，谷仓建在底层的牛棚和干草棚之上，通过一个斜坡进出谷仓。在宾夕法尼亚州东南部地区定居的瑞士农民，引进了在同一屋檐下同时饲养动物和农作物的概念，同时，这种二层楼式的谷仓设计方法，对其他地区的移民群体在设计附属建筑时可能产生了影响，例如，这种谷仓设计方法就被在边远地区定居的苏格兰与爱尔兰移民所采纳。[65]

欧洲定居者对美国西部荒野有两种基本看法：第一种看法认为，美国西部荒野是一个野蛮而充满诱惑的地方，是一个威胁文明的腐败之地；第二种看法认为，美国西部荒野是一个经过适当的耕作就会繁荣兴盛的花园。在新世界的早期定居者不是美洲人，而是欧洲移民。他们将新世界视为在精神和物质上都极为疲乏的地区，视为一块不得不以基督教和人类进步的名义加以征服和文明化的土地。在新英格兰地区，早期的文学、艺术和民间传说中描述的美国西部荒野，是一个充满争议的矛盾之地——既是一个容易使人焕发激情的地方，又是一个容易使人受到引诱从而走向堕落的魔鬼。宾夕法尼亚和弗吉尼亚的荒野给人的印象是，这里是一个被驯服和清扫干净的花园，自然是让人利用的，而不是令人恐惧的。

对于美国的环境来说，吸收欧洲景观美学观念的一个主要障碍是，19 世纪初的欧洲景观是根据神话传说和遗址废墟来进行丰富的联想，并在此基础上建造的，而美国则明显缺乏这方面的底蕴，在美洲的欧洲游客经常提到这一点。他们认为，美国有大量的荒野，但没有太多的景观。在美国，早期的殖民定居者曾为缺乏人类历史的景观而悲伤，甚至震惊，但后来他们对美洲的这一缺憾已经习惯了。美国革命之后，人们更积极地看待“新”景观，而不仅仅是容忍了。缺乏历史遗迹被视为一个有利因素；美国人正在脱离与他们英国祖先的联系。壮丽的自然景观极大地弥补了历史底蕴的匮乏。对大自然的崇拜是这个新生的共和国在成立初期的几十年里最显著的特征。由于历史特征复杂，所以欧洲的历史景观是散乱和种类繁多的。另一方面，美洲的景观是统一、连贯和整体的。美国人关注的是一个更加遥远的、自然的过去，而不是一个近代的历史。美洲人在抛弃人类历史的同时又引进了史前史。欧洲历史的过去被认为是堕落的。而美国的自然原始则是强壮、野蛮、单纯和自由的。[66]

在美国东部，欧洲移民为了进行大规模的农业生产和长途贸易，消灭了当地的土著居民，并创建了欧洲移民景观。现在美国白人把这里作为他们的遗产景观。不过，在美国东部，在有争议的过去的表现中，去寻找边疆景观的起源是有问题的，因为美国东部沿海地区的殖民景观是与当时帝国主义侵略、奴隶制和环境掠夺相联系的。

19 世纪初，美国的景观感知深受欧洲如画景观和浪漫主义模式的影响。荒野不再被人视为魔鬼和野蛮印第安人的住所，而被视为一种浓缩的珍贵文化遗产，日益受到人们的青睐。[67] 19 世纪 20 年代，塞缪尔 · 莫尔斯（1791 ~ 1872 年）曾在纽约州生活工作，他笔下的美国景观与罗马平原地区的景观没有什么差别，而乔治 · 洛灵 · 布朗（George Loring Brown，1814 ~ 1889 年），则因坚持新古典主义的构图模式，被人称为“克劳德 · 布朗”。不过，崇尚自然和自由的浪漫主义理念逐渐远离了传统绘画风格，这使得越来越多的美国艺术家和作家找到了自己对美国景观的表达方式。到 19 世纪二三十年代，人们对景观怀有的浪漫主义理念，曾赋予美国荒野以特殊的内涵，那是一个展示大自然伟大力量和造物主神奇双手的地方。美国景观可能会被欧洲人批评为缺乏历史底蕴和文化传承，但是，作为回应，新独立的美国人可以宣称，他们的景观没有被历史的罪行所玷污。人们认为美国的荒野无法被其他任何地区所效仿，具有独一无二的道德力量和无与伦比的纯洁精神，远胜于腐朽的欧洲。

在19世纪，随着时间的推移，美国的作家和艺术家在主题和形象方面，越来越少地依赖欧洲的艺术模式。最初，美国的作家和艺术家青睐阿巴拉契亚（the Appalachians）的荒野景观和新英格兰地区的山峦景观。作为一种浪漫主义风景的象征，卡茨基尔山脉（the Catskill Mountains）在美国的地位逐渐可以与湖区在英国的地位相媲美。[68] 在美国，有两个艺术流派发展壮大。一个是康科德派（Concordian），其发祥地是马萨诸塞州的康科德。康科德派的作家包括爱默生（Emerson）、霍桑（Hawthorne）和梭罗（Thoreau）等人，这些作家强调更平淡的、更文明的乡村品质，如18世纪英国的牧场和田园牧歌模式。与之相对，哈得逊河学派（the Hudson River School）则更强调崇高的荒野景观。从19世纪20年代后期开始，与欧洲的泰晤士河、塞纳河甚至莱茵河流域迥然不同的哈得逊河流域，以规模宏大、令人印象深刻的地形，成为人们欣赏风景的绝佳之地，并成为激发艺术家灵感的源泉。[69] 托马斯·科尔（Thomas Cole，1801～1848年）在17岁的时候从英国移居到美国。1825年他发表了第一部写生集《哈得逊山谷》（*The Hudson Valley*），形成了一种受纽约城市中产阶级和周边地主阶层青睐的艺术风格。从1829年到1832年，托马斯·科尔一直在欧洲旅游，他对康斯特布尔和特纳等英国景观画家的作品无动于衷，但对克劳德的作品情有独钟。托马斯·科尔于1836年创作了油画《北安普敦附近康涅狄格河的牛轭湖》（*The Oxbow on the Connecticut River near Northampton*，现存于纽约的大都会艺术博物馆)。这部作品既有克劳德的风格，也兼备萨尔瓦托尔·罗莎的风格，他的作品彰显了美国景观中荒野与花园、野蛮与文明的对立与紧张。科尔用欧洲景观绘画的常用手法来描述美国的环境；荒野之上的狂风暴雨的野性，面对日趋扩展的农耕景观来说，正在撤退。荒野会因为文明的进步而消失吗？荒野与文明能共存吗？在美国东部的丘陵地区，荒野已经在消失。1837 年，科尔受委托去卡茨基尔河流域创作一幅绘画，那是一个只有少数移民先驱定居的以森林为主的区域。1843 年他又重绘了这一地区，在后来的画面中，林地少了很多，但却增加了许多农庄和新开垦的农田，增加了很多牛群和树木被砍伐后遗留下来的树桩，这是定居者侵占荒野的标志。画面上突显了一条铁路贯穿了正在迅速变化的景观。

从 19 世纪中叶开始，随着工业化步伐的加快，美国人开始重新审视人与环境的关系。哈得逊河学派的代表作是乔治·因内斯(George Innes)的绘画《拉克万纳河谷》(*The Lackawanna Valley*, 1856 年)，该作品在描写欣欣向荣的田园风光的同时，将荒野与文明完美地结合了。华盛顿·欧文(Washington Irving)和詹姆斯·费尼莫尔·库柏(James Fenimore Cooper)等作家也转向纽约州上游的野生森林去寻找灵感。库柏的《皮袜子故事集》(*Leatherstocking Tales*)的第一部《开拓者》(1823 年)，讴歌了美国景观的崇高壮美。虽然库柏作品中的主人公抨击了欧洲定居者"奢侈浪费的生活方式"，但作品中的主人公显然对文明的进程青睐有加。19 世纪的五六十年代，出现了对变化着的景观更深入的审视。在美国文艺复兴时期，爱默生和梭罗的著作明显受到英国浪漫主义风格的部分影响。哈得逊河学派的一些艺术家，如阿舍·杜兰德(Asher Durand, 1796 ~ 1886 年)，则继续创作有关哈得逊河的题材，其中最有名的作品是《共鸣的激情》(*Kindred Spirits*,

1849年，现存于纽约公共图书馆）。该作品描述的是艺术家托马斯·科尔与诗人W·C·布赖恩特（W. C. Bryant）正在环视哈得逊的如画景观。其他的艺术家，如阿尔伯特·比斯塔特（Albert Bierstadt，1830～1902年），则进一步向西部探索景观题材。美国南北战争之后，艺术题材的重点坚定地转向美国西部地区。大自然再次成为美国艺术和文学的合适题材，但关注的重点是景观的新变化，而不是将大自然视为建立文明社会的障碍。美国的作家和艺术家，将大自然视为美国性格背后的精神支柱，是美国活力的源泉。狂野的自然成为国家自豪感的来源，创造了美国国家身份的性格特征。美国的荒野充满了上帝的无上威严。美国的艺术家，如托马斯·莫兰、阿尔伯特·比斯塔特和弗雷德里克·丘奇（Frederic Church，1842～1924年），分别从自己的视角，描述了美国荒野的独特性，但他们的作品极大地抹杀了原住民对其的贡献。

欧洲定居者惊奇地发现美国的内陆是如此空旷，景观是如此狂暴，气候是如此恶劣。欧洲定居者期望的是来自海洋的单调，而不是陆地。将美国大陆与海洋进行类比，经常出现在美国西部早期游客的日志中，特别是那些去西部草原旅行的游客的日志中，这些游客包括作家马里亚特上尉（Captain Marryat，1792～1848年）和查尔斯·狄更斯（Charles Dickens，1812～1870年），也包括后来的电影《大西部》（*The Big Country*，1958年）的编剧。[70] 1803年，美国通过路易斯安那购地（The Lousiana Purchase），使美国的国土面积增加了大约2354310km^2（909000平方英里），翻了一番。探险者被派往路易斯安那这块几乎不为世人所了解的土地，揭秘这块土地的范围和特征并提出报告。开始的时候，人们对西部地区的认知与现实之间的差距是如此的巨大，以至于当时的人们甚至不将落基山脉视为进军西部的障碍。一开始人们对美国西部的印象基本上根植于乐观主义的态度，而不是客观现实，这完全是一种将从已知地区得到的信息用于未知地区的做法。[71] 人们对美国西部的主要认知是：那里是一个气候温和的富饶花园。在人们的眼里，一望无垠的平原不是贫瘠的半干旱地区，而是郁郁葱葱、充满猎物、适合发展农业的大粮仓。这一认知后来被较为悲观的评估所取代。曾有一种观点认为，在整个 19 世纪的大部分时间里，人们对北美大沙漠有广泛认识，M·J· 鲍登（M. J. Bowden）对这种观点嗤之以鼻。[72] 他认为，这是学术界的一个新观点，当时持这种观点的学者并不普遍，同时只在一个相对短的时期内持这种观点且摇摆不定。然而，在 1850 ~ 1860 年期间，这种错误的印象达到高潮，也正是在这段时间，去西部定居的潮流席卷西部大平原并直逼西海岸，随后居住在西部大平原（大沙漠）的人们离开了这片贫瘠的土地，并随着人流继续向西迁移。来自美国东部的定居者认为，缺乏树木意味着贫瘠，他们习惯于利用廉价的木材充当建筑材料、燃料和篱笆。尽管人们对美国西部的误解不只限于拓荒时代。但是，20 世纪 30 年代的沙尘暴，使得人们强化了对大平原的沙漠化印象。另一方面，伊利诺伊州的潮湿草原，原本被人们斥为疟疾泛滥的沼泽王国，如今是美国盛产玉米和大豆的粮仓。这样一种失真的景观，一旦建立起来，就会被其他人模仿抄袭。不论现实如何，伊利诺伊草原都被人们定性为“潮湿的”，而错误的景观概念比现实更有说服力。在伊利诺伊的潮湿地区被排干之后很久，这一地区仍然受到负面刻板印象的折磨。

流行的美国中西部的形象，被集中打造成为这个国家的文化核心。美国中西部地区带有主要街道的小城镇，头脑清醒、聪明睿智、讲究实际的美国人，和美国一般家庭或“中间阶层”的形象，构成了一道具有强烈象征意义的景观。[73] 尽管有评论家抨击这种形象是中产阶级的、仇视外国人的，但他们也从未怀疑过这种形象对于美国的重要性。[74]事实上，“中西部”（Middle West）这个以堪萨斯州和内布拉斯加州为核心的术语，直到19世纪80年代才开始被作为一个正式标签。其主要目的是为了区别于西部的开拓者，和文化上有所差异的美国西南部。进入20世纪之后不久，作家们又将“中西部”的范围涵盖到了美国的北部平原。“中西部”这个术语与田园风光、小城镇的理想密不可分。因此，当美国工业和城市相继在密歇根州、印第安纳州和俄亥俄州蓬勃发展的时候，人们心目中的“中西部”核心区域也随之向西转移，而没有改变“中西部”的固有形象，也没有将大型城市中心和制造业囊括进来。

英国旅客发现，19世纪中叶美国中西部的景观既丑陋又呆板：丑陋表现在到处是树桩和枯树，同时院子里垃圾遍地，呆板则表现在道路全是横平竖直的，田野边界全是矩形的。有人认为，这些景观的刻板与暂时性是由于很多定居者都是基督教信仰复兴者（revivalist Christian）所造成的——他们认为生命是短暂的，所以对建造大型永久性房屋几乎没有兴趣——人们认为定居者的流动性也与他们有关。[75]随着美国边疆不断向西推进，铁路网在美国景观变化中所发挥的作用甚至比在欧洲更大，它创建了新的定居点，并使改革的边界不断向前推进。这种重要作用集中体现在弗朗西斯·帕尔默（Frances Palmer）1868年出版的作品《横跨北美大陆——帝国的西进之路》（*Across the Continent-Westward the Course of Empire Takes Its Way*）中。该作品向人们展示，铁路作为定居文明景观的创造者，使得那种行驶缓慢、行驶线路蜿蜒曲折的四轮马车被淘汰。第一条跨越美国大陆的铁路于1869年建成通车。

1859年，艺术家阿尔伯特·比斯塔特跟随弗雷德里克·西·兰德上校（Colonel Frederick West Lander）率领的探险队，对通往加利福尼亚的铁路线进行测绘，并绘制了落基山脉的壮美景致。影响更大的是托马斯·莫兰的作品。托马斯·莫兰于1837年出生于兰开夏郡的博尔顿，当他七岁的时候跟随家人一起移居美国，后来成为美国最伟大的景观艺术家之一。他早年受到特纳作品和风格的强烈影响，并于1861年前往英国研究他的作品。后来，他被人称为“美国的特纳”。1871年，托马斯·莫兰跟随政府组织的测绘小组进入黄石（Yellowstone）。1872年，他创作了其个人艺术生涯中最著名的画作之一《黄石大峡谷》（*The Grand Canyon of the Yellowstone*），该作品现在挂在华盛顿特区的国会大厦。1873年，他加入了由约翰·韦斯利·鲍威尔（Major John Wesley Powell）少校率领的探险队去科罗拉多大峡谷，并创作了另一幅重要油画《科罗拉多大峡谷》（*The Chasm of the Colorado*）。为了推销美国西部旅游，发行商和铁路公司曾广泛使用托马斯·莫兰的作品。多年以来，从艾奇逊（Atchison）、托皮卡市（Topeka）和圣菲市（Santa Fe）都有直达科罗拉多大峡谷的旅游列车，铁路公司的宣传册中一直使用托马斯·莫兰的画作。莫兰认为，美国的艺术家应该描绘自己的国家。他的画作一直对美国国家公园的发展具有重要影响，因为这些画作向美国东部的公众展示了美国西部的景观肖像，特别是向东部有影响力的政治家展示了西部景观的魅力。托马斯·莫兰在让美国人了解美国西部和那令人惊叹的景观方面，超越了所有的艺术家。像拉斯金一样，在地质学研究领域，他是一个细心的观察者，就像在研究黄石和科罗拉多大峡谷时一样认真。1872年3月，美国在黄石建立了国家公园，该公园的面积达890290hm^2（220万英亩）。该公园的建立要感谢莫兰的画作。1872年，美国国会以一万美元的高价购买了莫兰的画作《黄石大峡谷》，这个价格在当时是破天荒的，充分说明了在这一时期美国人和景观之间的复杂关系。一方面，美国西部荒野精神被视为美国民主、文化、国家形象的真正源泉；另一方面，西部荒野也为美国提供了丰富的可供开采的资源。

弗雷德里克·杰克逊·特纳（1861 ~ 1932 年），对北美土地和景观的重要性作了最有影响力的诠释，1893 年，弗雷德里克·杰克逊·特纳声称，美国不断拓展的边疆，是民主社会的根源，荟萃了欧洲的浪漫主义和美国的乡土文化。他认为，人与自然之间的碰撞，可以提供一种积极向上的、形成民族性格的宝贵经验。来自边疆的挑战是美国社会从欧洲思维方式向新型思维方式转型的主要助力。美国西部边疆，和在这片土地上的个人主义者，以及对社会、经济变革满怀乐观的预期，促使一个全新的美国形象开始出现——这没有发生在美国东海岸。特纳称，正是由于西部荒野带来的挑战，才促成美国形成独立、智慧、务实、机智、民主、平等的国民特质。特纳说："美国人的性格不是五月盛开的鲜花……它来自森林，在与西部边疆的每一次碰撞中都能获取新的力量。"特纳的理念只是欧洲田园梦牧歌的延伸，已经不再为美国人所接受，但尽管如此，荒野确实在重塑美国意识的过程中起到了深刻的基础性作用，并且与近代美国人的理念也产生了共鸣，从美国西部电影，以及大胆探索太空这一"终极边疆"的《星际旅行》（*Star Trek*）电视连续剧的受欢迎程度，就可以看出这点。然而，并非所有的美国人都认可边疆扩张的积极意义。1864 年，乔治·珀金斯·马什（George Perkins Marsh）这位在西部边疆长大的作家，发行了《人与自然》（*Man and Nature*）的第一版。在这本书中他强调了与欧洲扩张相联系的环境和景观变化的阴暗面。一些人认为，一个高贵的设计可以从混乱中获得秩序，但他却看到某些不可替代的东西正在丢失。[76]

随着居住地不断向西扩展，人们遭遇了丰富的自然环境，并非所有的地区都是高山和沙漠，在一些地区，也有广阔的湿地。定居者对这些美国湿地的改造一般都是成功的：在俄亥俄州、爱达荷州、伊利诺伊州和爱荷华州，大面积的草原湿地被转化为广阔的美国玉米种植带。然而，在威斯康星州中部的沼泽地带，人们曾从事过捕猎、伐木和小麦种植等经济活动，但最后都失败了。抽干沼泽并将其转换为耕地的努力只取得了部分成功，第一次世界大战之后，由于农民放弃小麦种植，使这一地区的大部分又重新变成沼泽。这一地区的自然保护价值和游憩价值比农业更重要。[77]

人们对西部的感知深受边疆艺术家，特别是受乔治·卡特林（George Catlin，1796～1872年）的影响，人们对西部的感知还受到探险家们的日志、移民者的信件，以及往来于边疆和定居点之间的人所讲述的故事的影响。在探索北美内陆景观的流行景象的同时，我们发现，人们对环境的理解是有很多层次的，在人们对环境的这些理解中，有很多是与现实存在差异的，也有很多是相互矛盾的。有关美国环境和殖民者的传说主要产生于19世纪中后期，在此期间，文化传统的主题要么已被创造，要么已被再造完毕。浪漫的西部牛仔形象是这一文化传统的重要因素。牛仔的全盛时期，只持续了从内战结束到1886年寒冬这一段时期。[78]新创造的牛仔传统大部分来自于美国人对欧洲浪漫主义传统的理解，牛仔的起源植根于绘画和文学，它们都与19世纪早期在落基山脉地区进行的毛皮贸易密切相关，19世纪初是山地人（Mountain Men）的时代。大部分狂野西部的社会文化理念起源于美国东部，而牛仔文化的物质基础则借鉴于墨西哥。怀亚特·厄普（Wyatt Earp）的鼎鼎大名，使亚利桑那州的墓碑镇（后来的鬼镇）成为美国国家历史遗址

(national historic site)。1881 年 OK 镇的枪战地点，被许多电影搬上银幕，使得这段历史既充满幻想又如此真实。

作为一个历史和地理意义上的实体，美国西部（the American West）在时间上跨越了 19 世纪，也跨越了现代。电影制片商在某种意义上强调了美国西部的这种时代跨越，这些西部电影包括：《日落黄沙》（*The Wild Bunch*，1969 年）、《英雄本色》（*The Shootist*，1976 年）以及《虎豹小霸王》（*Butch Cassidy and the Sundance Kid*，1969 年）。怀亚特 · 厄普死于 1929 年，他安享了平静的晚年。他在晚年曾担任电影公司西部片的制作顾问，在这个过程中帮助打造了属于他自己的传奇。他把我们带入了 20 世纪，而 20 世纪巨大而复杂的景观变化我们将在下一章探讨。

第五章

现代景观和后现代景观

20世纪景观变化综述

正如我们所看到的，从16世纪起，欧洲及欧洲人定居的其他地方，变化一直是景观的特征。在20世纪之前，景观发生快速而广泛变化的情况只出现在某些特定时刻、某些特定地区。然而到了20世纪，在一系列因素的广泛影响下，几乎所有地方的景观变化速度都大大加快了。这种广泛影响包括前所未有的技术进步，这种技术进步既有能力创造新的景观，也有能力摧毁现存的景观，这种情况首次在第一次世界大战初期的西线战场上得到验证，当然，在第二次世界大战结束时，随着来势汹汹的核武器的出现，这种情况得到了更明显的验证。

在20世纪，景观变化真正成为一个全球性的过程，并受到了全球的关注。急剧的变化不仅出现在发达国家，而且也出现在发展中国家。例如，在印度，自独立以来，该国制定了一系列为期五年的发展规划，旨在实现国家现代化，在这些发展规划的指引下，印度修建了巨大的水坝、发电厂和工厂，这些工业建筑改变了许多地区的景观，并至少导致500万人流离失所。到了20世纪70年代中期，印度几乎所有的主要河流都被截流以供饮用、灌溉和发电。仅在讷尔默达（Narmada）地区，就有2座超级水坝、30座大型水坝和

3000 座规模较小的水坝，为 2000 万人口提供服务。规划中的萨达尔·萨多瓦尔（Sardar Sadovar）大坝，作为超级水利工程项目之一，将在三个邦的范围内，淹没 37000hm^2（92500 英亩）的土地和 75000km（46603 英里）长的运河以及灌溉渠道，在这个过程中，245 个村庄的大约 152000 人将搬迁。印度的农业景观也发生了急剧的变化，例如发生在奥里萨邦（Orissa）的稻田洪水，以及泰米尔纳德邦（Tamil Nadu）和安得拉邦（Andhra Pradesh）出现的大型商业化对虾养殖活动。甚至在很多邦，旅游业的发展也使那里的景观发生了很大的改变，例如勾阿岛（Goa）上的景观。在喜马拉雅山脉地区，森林过度采伐造成了重大的生态变化和严重的水土流失现象，生态的重大变化和严重的水土流失反过来又增加了径流速度，增加了在大江大河下游发生洪水的风险。[1]

在 1920 ~ 1978 年之间，全球新开垦了 41900 万 hm^2（1035 万英亩）的可耕种农田。[2] 到 20 世纪初，全球增加的优质农田渐渐稀少，即使在新世界地区也一样，在有更大环境限制的土质条件较差地区，面临着比以往更严重的后备耕地资源短缺的压力。1937 年，以赛亚·鲍曼（Isaiah Bowman）制作了一幅地图，这份地图提供了可供人类居住的潜在地区，这些地区包括：欧洲南部大草原、

一个建设中的印度大型水坝及灌溉工程。

加拿大部分地区、澳大利亚西部和北部的部分地区，以及亚马逊雨林南部和西部的南美国家带。这样的居住环境比 18 和 19 世纪人们开拓的新居住区环境更恶劣，也具有更大的挑战性，在这样的地区居住，需要政府提供更多的支持，同时也需要居住者具有更多的关于居住环境方面的实践经验。在澳大利亚的新南威尔士州及南澳大利亚州，当地政府以立法的形式将种植牧草的土地重新规划为种植小麦的土地。政府需要用土地奖励从第一次世界大战中凯旋的士兵，这是一种激励措施，但在很多情况下，这些士兵并没有得到足够土地，也没有得到足够维持生计的支持。

通过卫星遥感成像技术，在某种程度上，人们监测土地变化的能力已经有了显著提高。对热带雨林的砍伐来说，热带雨林的变化范围和程度都很重要。自 20 世纪开始，特别是自 1945 年以来，热带森林的破坏显著加快。相对损失最大的包括如下地区：中美洲已有约 66% 的热带森林遭到破坏，中非约 52%，东南亚约 38%，拉丁美洲约 37%，全球估计每年约有 10 万 km^2（38610 平方英里）的热带森林消失了，同时每年还有同等规模的热带森林遭到严重破坏和部分砍伐。[3] 1900 年，埃塞俄比亚 40% 的国土是森林。到 1990 年，这个数字只有 3% 。[4] 这个问题具有全球性的意义，也是 20 世纪全球景观变化的主要原因，同时，在拉丁美洲，对热带硬木森林进行商业性砍伐并改种经济林或改建草场进行大型放牧活动的做法，也对热带森林的变化产生了全球性的影响。

人类活动已经使景观受到了直接的影响，更重要的是使景观受到了广泛的间接影响：20 世纪上半叶的全球变暖（可能是 19 世纪的工业化和环境污染增加造成的气候反应），特别是 20 世纪 80 年代以来的全球变暖，已经造成大范围的景观变化，如全球性的冰川减少、北极海域的冰层变薄以及南极半岛的植被扩大等重大变化。

在阿尔卑斯地区，如果气候变暖的趋势仍在继续，那么对景观产生了相当大影响的滑雪产业将受到威胁。自 1768 年以来，2000 年是奥地利最暖的一年。在过去的一个世纪，阿尔卑斯山平均温度已经上升了 2℃。1850 年以来，超过一半的高山冰川大量融化，同时至少有 100 个冰川完全消失。大雪崩变得更加频繁，同时也变得更加不可预测：大雪崩给雪崩多发地点的滑雪设施和住宅增加了危险。更加多变的天气条件也增加了疾病的发生率，同时也大大增加了洪水和泥石流的破坏程度。在中欧和斯堪的纳维亚地区，空气污染导致酸雨，酸雨又导致了大面积的森林枯萎。

近年来，媒体对景观和环境问题的报道显著增加，这使得人们更多地了解了世界各地景观的变化情况，同时也更加了解了本地景观现在和未来的变化趋势以及影响景观变化的因素。即便如此，一些景观变化不太明显，并且鲜为人知。例如，随着许多国家商业化农业种植的日益增加以及不断放弃边远地区的可种植耕地，出现了森林面积增加的现象。以美国为例，1910 ~ 1979 年，随着不断的弃耕还林，已有 2450 万 hm^2（6050 万英亩）的耕地被转化为森林，这种弃耕还林现象首先出现在新英格兰地区之内，然后继续向南扩展。美国的森林面积，1492 年约为 3.33亿～3.44 亿 hm^2（8.22 亿～ 8.5 亿英亩）；到 1920 年，已减少到约 1.9 亿 hm^2（4.7 亿英亩）；但到 1977 年，再次上升至 1.95 亿 hm^2（4.83 亿英亩），目前还在不断增加。[5] 早在 1840 年，新英格兰地区就出现了弃耕还林现象。1880 年以后，弃耕还林行动蔓延到大西洋中部各州。在 20 世纪早期，美国南方各州以前种植棉花和烟草的耕地被放弃并恢复为松林。类似的弃耕还林行动在欧洲的许多地区以较小的规模不断发生，并有不断蔓延的趋势。

人口的迅速增长加大了资源的压力，同时也加快了景观的变化速度。同样，社会变革、经济发展、城市化、农村人口减少、生活水平上升、人口流动性增加、受教育程度提高等因素，不仅已对景观产生了深刻影响，而且也影响了人与景观的关系。上述因素已经导致对景观变化的速度和性质越来越关注。这反过来又导致人们对现存的、有价值的景观及其特征在过去的发展变化产生越来越大的兴趣，人们期望保护这些景观，使之免受不利变化的影响。今天，公众关注景观变化的意识史无前例：例如，公众关注全球范围内热带雨林减少的趋势；公众关注海平面上升在国家层面上可能对景观造成的影响程度；关注现代房地产业蔓延在局部对当地景观的影响程度；关注新颁发的建设许可对当地景观的影响程度。

在第二次世界大战之后，农业的机械化和商品化，使得农业转变为“农业综合企业”(agribusiness)，这种转变已经使西欧的乡村景观产生某些非常显著的变化。在法国，将以前的零散土地进行整理（remembrement)，改变了很多农村地区的景观，特别是西部灌木丛地区的景观，在那些地区，大量的田地边界或碎石堆（talus）以及其上的篱笆，已被大规模清除，在其中的部分地区，土壤侵蚀已成为一个严重的问题。在英格兰南部和东部的低地地区，正如马里昂·邵阿德（Marion Shoard）地区曾出现的情况，那里的灌木林、古树林、湿地、池塘和天然干草场的损失已经相当巨大。[6]另外，郊区扩张给英国低地景观造成了巨大的压力，同时，不仅房地产业对英国低地景观造成了巨大的压力，而且急需发展的商业园区、工业园区、郊区购物与休闲产业，以及日益扩大的道路网络，也都给英国低地景观带来了很大的变化。在未来的30年,在英格兰东南部，由于现行的住房扩张政策，似乎有可能将该地区之内的大部分地区改变为连绵的近郊区。

英国的高地地区，虽然景观转型步伐比低地地区慢一些，但也未能幸免于景观变化的大潮之外。从19世纪后期开始，由于需要大量的饮用水，导致人们在很多毗邻主要大都市的高地地区修建大型水库。同时，还另外修建了一些水库以用来调节径流并提供其他用途的工业用水。虽然运河、铁路和桥梁建设者的名字已为人们所熟知，但维多利亚时代的水利工程师们已被人们遗忘，尽管有时他们取得的成就同样伟大。19世纪后期，虽然人们对曼彻斯特公司的提议——通过对伊兰山谷（Elan valley）进行截流，来抬高瑟尔米尔（Thirlmere）在英国湖区的水位，为伯明翰供水——有一些反对意见，但是，通过修建费恩崴水库（Lake Fyrnwy）可以向利物浦供水，通过卡特琳湖（Loch Katrine）放水，可以满足格拉斯哥的用水需要，所以没有多少人真正反对这些维多利亚时代的大型水利工程，这些大型水利工程的设计风格往往很夸张，而不是那种很含蓄内敛的设计。瑟尔米尔工程需要建设160km（100英里）长的引水渠，全程都是重力式的。在修建引水渠的过程中，有时会淹没一些农场和大型社区。第二次世界大战以来，威尔士出现了越来越强烈的民族主义情绪，因此导致人们对进一步建设大型水库和大型水力发电设施的抗议呼声日益高涨并取得了成效。[7]第二次世界大战以后，人们对水库建设提出了更多的争议和质疑。1967年，环保主义者抗议在蒂斯代尔（Teesdale）上游修建绿色奶牛水库（Cow Green reservoir），因为在那里修建水库，会淹没该地区大部分珍稀的北极（高山）系植物的主要栖息地，但抗议没有成功。[8]随着重工业的衰落，人们已经减少了扩大供水设施的需求。现在人们更加强调新型水库的休闲娱乐功能，如在诺森伯兰郡修建的基埃尔德（Kielder）水库，原设计是向一个炼钢厂供水，但这个炼钢厂根本就没有建设。最近兴建的其他新水库，如拉特兰国家水上公园（Rutland Water），则更加低调，这些新建水库的水坝和基础设施的设计更加简朴。[9]

英格兰低地地区已经出现了大量的湿地，由废弃的碎石矿坑或巷道积攒的洪水，使得这些湿地具有游憩价值并能提供野生动物栖息地，同时，由原煤炭开采区地面下沉而出现的湖泊，一直以来都被以同样的方式加以利用。进入20世纪，在一些地区，发展水电综合事业比过去那种单纯修建提供饮用水的水库具有更大的影响力。1909年，在苏格兰高地的金洛赫利（Kinlochleven）开始建设铝冶炼厂，与之配套修建了10km（6英里）长的黑水水库（Blackwater Reservoir）。从1943年开始，苏格兰北部水电管理委员会（the North of Scotland Hydro Electricity Board），修建了53座水坝和发电站，对苏格兰高地很多地方的河流系统进行了改造。[10]

用外来的针叶树在苏格兰高地进行造林，起源于18世纪末和19世纪初。那时，亚瑟尔公爵（the Duke of Atholl）等庄园主，在自己的庄园里广泛种植外国的针叶树。[11] 为了控制流域内的径流和减少泥沙淤积，曼彻斯特公司在瑟尔米尔水利工程周边种植了人工针叶林。然而，第一次世界大战凸现了英国是一个木材战略储备不足的国家，至少在欧洲，英国是森林最少的国家。1919年，英国成立了国家林业委员会（the Forestry Commission），同时开始收购外来针叶树种，并广泛地种植这些有限的外来针叶树种。人们对造林的关注具有强烈的民族主义倾向，正如历史学家G·M·特里维廉（G. M. Trevelyan）极力反对国家林业委员会试图用“德国的松树林”覆盖英国湖区的荒原那样。[12] 国家林业委员会偏爱在原来的非林地上种植人工针叶林，选择速生树种，并为了有效管理和采伐而采取规则式的成排种植——这些政策强调了新栽植的森林与传统林地之间的差异。排列成巨大几何形状的密集的深绿色树木给人带来强烈的视觉冲击，同时也阻挡了步行者进入英格兰荒野的脚步，这种状况导致 1936 年国家林业委员会与英格兰乡村保护理事会（the Council for the Preservation of Rural England）之间达成了一个协议，根据该协议，国家林业委员会不在湖区中央山脉的核心区进一步开展大型种植活动。这个至今仍得到很好地执行的协议，是一个重要的综合性高地规划的早期范例。

然而在其他地区，例如威尔士中部地区、苏格兰边境和加罗韦（Galloway）地区，第二次世界大战之后，由于针叶林面积大大增加，完全改变了这些地区农村的外观。人们可以欣赏到植树造林对英国产生的影响，要知道，在 18 世纪中叶的时候，苏格兰的土地只有 4% 是林地，而如今，林地面积大约占到了 20%。事实上，视觉效果更大，因为许多半自然林地已经被人工林地所取代。[13] 人们更深切关注的是，人工种植的针叶林对径流和土壤侵蚀所产生的影响，对河流和湖泊酸化所产生的作用，以及对高沼地鸟类的生存环境和石楠荒地的消失所产生的影响。在凯思内斯泛洪区（the Flow Country in Caithness）的泥炭沼泽地带，通过大面积排水（不排水无法植树）和发展私有林业，导致后来出台了保护措施。这些保护措施包括保护一个具有特殊科学价值（Sites of Special Scientific Interest, SSSIs）的动植物栖息地。[14] 目前的趋势是赞成在低地地区扩展林地。1991 年，在英格兰的米德兰，大约 518km^2（200 平方英里）的土地被规划为国家森林公园，这个规划要比许多高地种植计划在公众中引起的负面反应小。其他的低地地区也出台了类似的规划。[15] 在黑水晶（Cairngorms）地区发展苏格兰原生松树林的规划，以及在苏格兰边境附近莫法特（Moffat）地区的卡丽凡（Carrifan）山谷再现原生针阔混交林的规划，还受到了公众的热烈欢迎。

为了弥补第一次世界大战期间对森林的大规模砍伐，植树造林一直是欧洲其他地区的特点。尤其是在西班牙，那里的土壤侵蚀呈下降趋势，受到人们的进一步关注。[16] 爱尔兰是欧洲森林最少的国家之一，现在的森林覆盖面积已达 7%，其中不到 1% 是阔叶林，大部分森林都是在 20 世纪 50 年代以后由国家种植的，直到最近，私人土地所有者才开始参与植树造林。[17]

英国丘陵草场的放牧压力较大，所以导致英国高地上的独特栖息地，如石楠荒原开始减少，但随着猎杀松鸡活动的不断流行，反倒使松鸡栖息地得到了保护，因为提供猎杀松鸡场所已经成为许多高地庄园的主要收入来源。与此同时，山地农业的无利可图，导致约克郡山谷等地区出现了农田合并，家庭以外的劳动力减少，资金投入减少，石墙和田野谷仓景观退化的情况。影响整个荒野周边地区的成片性土壤侵蚀现象，近年来已被列为重大问题，虽然人们对于造成这个问题的原因，是由于羊过多还是由于其他的环境变化引起的仍然存在分歧。有时人们认为，在高地破坏方面，苏格兰的压力比英格兰要小一些，并认为，苏格兰遭受的景观变化也比英格兰小，但在苏格兰，从 20 世纪 40 年代至今，灌木树篱的长度已经减少一半；林地（主要是针叶林）面积却从占全国土地面积的 5% 上升至 14%；高沼地生长的石楠数量已大大减少，而欧洲蕨覆盖的面积则扩大了一倍。2001 年，在坎布里亚郡和约克郡家畜养殖地区爆发的口蹄疫，可能会大幅度降低家畜的养殖密度，其结果是回归到一个更茂盛的丛林景观（scrubby landscape）。

在欧洲许多较贫穷的地区，以及更外围的农村地区，随着年轻人大批进入城市，在这些区域范围内人口持续减少，如在法国南部的塞文山脉（the Cevennes）地区，社区的人口快速下降导致整个社区都已消失。近年来，在某些地区，由于反城市化浪潮的出现、旅游业的快速发展以及专门食品和工艺品细分市场的发展，使得这些地区人口下降的趋势得以扭转。[18] 在地中海的部分地区，如马德拉（Madeira）和特内里费（Tenerife）岛地区，那里的农村景观遭遗弃的现象非常显著。自19世纪以来，由于移民，当然更多的是在当地的海滨旅游度假区就业，使农村的人口持续减少，导致了大面积的梯田被遗弃。在18世纪和19世纪初，这些陡峭山坡上的梯田曾由于人口压力而被开垦出来。现在这些被遗弃的荒田正在迅速被灌木林所覆盖。

虽然景观变化的概貌已为人们所熟知，但人们却很少对景观变化进行详细的定量研究。从20世纪40年代以来，成套的航片一直是英国地理信息的重要来源，日益复杂化的地理信息系统（GIS），辅以统计、摄影和制图数据，使得对景观变化进行三维建模成为可能。这类研究提供了景观变化速率的信息，往往需要耗费很长的时间，并且只能涉及非常小的区域。另一个极端的情况是，通过卫星图像监测土地覆被变化，对区域景观的多样性进行大陆尺度的研究。作为决策工具，这类研究方法仍处于发展的初级阶段。

随着景观不断变化，出现了一个矛盾的现象，就是景观逐渐变得更加相似。全球化在城市中是最明显的，跨国公司麦当劳的“金色拱门”标志遍及世界各地，但全球化在农村也很明显，例如，高速公路景观，以及服务站、汽车旅馆等基础设施的外观，变得更加相似。

景观，身份性和民族主义

尽管法国大革命无疑是形成欧洲民族主义的主要推动力，但人们认为，民族主义是19世纪中后期资产阶级革命胜利的产物，或是18世纪资产阶级革命过程的产物。[19] 景观可以成为一个框架，借助这个框架，民族主义者可以通过操控景观的描述，构建并争夺民族主义的意识形态和话语，并将民族的神圣特征镶嵌在景观之中。[20] 那些反映国家特征的景观绘画，看起来似乎是古老与恒久的，但在欧洲，这些景观绘画通常是 19 世纪的作品。民族主义与景观的联系，是一个相对较新的历史现象。民族身份与景观和传说紧密联系在一起，也常常被它们所定义。[21] 正如杰弗里 · 丘比特（Geoffrey Cubitt）曾说过的，“当我们希望描述或解释各个民族的差异性时，我们认为景观最适合描述或解释这种差异性”[22]。为了想象一个民族与其他民族之间的差异，景观提供了最好的速记方式，这正是旅游手册和广告反复强调的东西。

景观有助于凝聚一个民族的忠诚与情感，同时，通过发展具有典型民族特征的景观理念，可以代表民族的身份和认同。有限的领土就能勾画出景观的民族主义形象。[23] 问题的另一面是，如果具有民族特征的景观不是象征着民族的独立，那这样的景观很可能被边缘化或被忽略。还可以通过音乐来唤醒具有民族特征的景观，特别是在浪漫主义后期，曾出现过民族主义音乐作品涌现的景象，其中最著名的也许是西贝柳斯（Sibelius）的《塔皮奥》（*Tapiola*），这是一部气势恢弘的交响乐，旨在唤醒人们对芬兰森林的敬仰；具有民族特征的景观还可以通过作曲家来诠释，如德沃夏克、科达依、雅纳切克、斯美塔那、艾尔加和沃恩 · 威廉斯的作品，他们的很多作品曾挖掘出了大量的传统民间音乐的精髓。[24]

19 世纪兴起的民族主义，导致具有民族形象的特殊景观的认同。民族认同感是与这种景观紧密联系在一起的；“甜美法兰西”（la douce France）的诗歌传统既是一个地理概念又是一个历史概念，那是一个井然有序的地方，在那里，河流、农田、果园、葡萄园、小树林和谐相处，平静自然。有时这些民族形象是古老而持久的，并深深地根植于人们的文化意识之中，并延续几个世纪。这些民族形象具有神奇的力量，可以塑造人们至今赖以生存的生活习俗。[25]景观可以通过神话与民族主义紧密联系在一起，正如格拉斯顿伯里（Glastonbury）和廷塔杰尔（Tintagel）等遗迹都是与亚瑟王的传说（Arthurian legend）密切相关一样。

有时，这些景观形象起源于近代。在英格兰，民族认同感与英格兰东南部精耕细作的乡村地区密切相关，但这些地区的形成时间较晚，大部分是在 18 世纪和 19 世纪初，议会圈地活动之后才形成的。尽管如此，人们普遍认为这种景观强调了英格兰历史的连续性。在整个 20 世纪，用理想化的英格兰南部景观来代表英国景观风格是非常重要的，但这不是英格兰现存景观的唯一象征。在英国，不但存在着东、西部的划分，同时也存在着南、北方的划分，这种划分将神秘而神圣的凯尔特人传统与务实的盎格鲁—撒克逊人区分开

遗产与传说：萨默塞特郡格拉斯顿伯里山（Glastonbury Tor）。

来。[26] J·R· 肖特曾强调，在英语中，“country”这个单词具有国家和农村两个含义，这导致国家和农村的形象被融合在一起。理想化的英国农村形象是封闭的田野、教堂和村庄，但也包括农村的房屋和园林。[27] 大地主可能已经失去了他们的一些权力，但没有失去他们的象征。

在英国，持续增长的乡村怀旧情绪给居民的景观观念施加了强大的影响，于是就产生了一个悖论，英国作为工业革命的摇篮和世界上城市化水平最高的国家之一，现在却将自己国家的特征定义为乡村。在英格兰，保护“未受破坏的”（unspoilt）景观得到了广泛的支持，但这样的景观，甚至风景式园林，都很少是在单一的、独特的历史时期建造的，乡村的“早期圈地”景观特别受青睐，即小型的、被篱笆围起来的、形状不规则的田野。斯蒂芬 · 丹尼尔斯（Stephen Daniels）认为，从 19 世纪 80 年代起，英格兰的这一形象变得越来越受欢迎，因为英国已经开始失去对德国和美国的产业优势，随着英格兰北部已不再被描述为“世界工厂”，英国的工业革命开始被视为仅仅是工业发展史上暂短的畸形发展时期。[28] 在 20 世纪的第一个十年中，一批描写令人回味的英国乡村地理特征及乡村社会生活的作品大受欢迎，如作家 H·V· 莫顿（H. V. Morton）的作品。这批怀旧文学还包括一些自传，如弗洛拉 · 汤普森（Flora Thompson）的《雀起乡到烛镇》（*Lark Rise to Candleford*）（1945 年），劳里 · 李（Laurie Lee）的《萝西与苹果酒》（*Cider with Rosie*）（1959 年），还包括小说，如伊夫林 · 沃（Evelyn Waugh）的《故园风雨后》（*Brideshead Revisited*）（1945 年）和詹姆斯 · 赫里奥特（James Herriot）的小说。还有斯特拉 · 吉本斯（Stella Gibbons）的讽刺作品《寒冷舒适的农庄》（*Cold Comfort Farm*，1932 年）。儿童故事也强调了对乡村景观的缅怀，从比阿特丽克斯 · 波特（Beatrix

Potter）的儿童故事，到肯尼思·格雷厄姆（Kenneth Graham）的《杨柳微风》（*The Wind in the Willows*，1908年），再到A·A·米尔尼（A. A. Milne）的《小熊维尼的故事》（*Winnie the Pooh stories*，1926年）。亚瑟·兰塞姆（Arthur Ransome）的作品《燕子和亚马逊》（*Swallows and Amazons*，1930年），将英国湖区描绘成英国中产阶级儿童的一个理想化冒险乐园。

在19世纪末和20世纪初，诗人和作家，如希莱尔·贝洛克（Hilaire Belloc）、托马斯·哈代和拉迪亚德·吉卜林（Rudyard Kipling）等人的作品极大地强化了英国身份的景观核心地区，如威尔德（the Weald）、苏塞克斯丘陵（the Sussex Downs）或韦塞克斯（Wessex）。与文学的联系有助于保护某些类型的景观。哈代的作品《还乡》（*The Return of the Native*，1878年）中描述的爱格敦荒原（Egdon Heath），在英国已家喻户晓。在英国最近推出的旨在保护近10117hm^2（25000英亩）低地荒原的一系列规划中，有一个特别针对爱格敦荒原的保护计划。英国东南部的景观已经受到英国人的特别珍惜，因为这些景观靠近伦敦；还有那些拿破仑和希特勒准备入侵英国的地点，如多佛（Dover）的白崖（the White Cliffs）已经成为世人最为熟知的英国景观标志之一。在19世纪末和20世纪初，埃尔加（Elgar）和沃恩·威廉斯（Vaughan Williams）的音乐，连同人们对英格兰民歌兴趣的复苏，以及人们对乡土建筑风格的重新赏识，都给英国人对景观的看法带来了影响。杂志也同样影响了英国人对景观的看法，如1897年开始出版的杂志《乡村生活》（*Country Life*）。[29] 从20世纪初到20世纪50年代，这些对于英国景观的描述足够接近现代，并容易为人所理解，但它们没有描写第二次世界大战之后景观和社会的重要变化。最近，根据这些书籍改编的电影和电视剧已经加强了这种怀旧情绪，现在的咖啡桌上，已经有关于英国景观及其具体内容（如教堂、乡村住宅和村庄）的书籍。乡村社会作为一个整体，其价值得到了认可，这种价值与乡村庄园的特权世界有很大不同，现在被人们重新定义为“我们的”（整个英国社会的）遗产，而不是“他们的”（庄园继承人的）遗产。

这一理想化的英国景观，以伦敦为中心，具有虚构的庞大结构。这一景观位于“英国”的核心地带，这个“虚构的”英国景观源于英国东南部有限面积的土地，从“康斯特布尔乡村”，经过“莎士比亚乡村”，再到科茨沃尔德（Cotswolds）丘陵。除了这片区域之外，是位于英国北部和西部的高地景观，那里是英国大多数国家公园所在地。[30] 在这个周边区域之内，各个地区之间的景观形象具有巨大的反差，如德文郡、康沃尔和湖区。对于来自英国东南地区，以及来自英格兰北部和威尔士南部工业区的人们来说，这片风景是给他们提供定期安慰的场所。尽管对核心地区的废弃地和工业场址进行了景观美化，或将其改造为遗产中心，但人们对这一地区的评价仍然是很负面的。

“英式村庄”已经成为英格兰景观形象的缩影，被人们普遍认为是真正的英格兰之心。在这种英式村庄中，住宅是以木材为框架，或以科茨沃尔德石材为结构的，茅草覆顶的如画般的村舍，穿过绿地或乡村集市就是教区教堂，这种形象还珍藏在《弓箭手》（*The Archers*）这个安布里奇（Ambridge）的电台节目中。这些数量有限的村庄，经常被用来作为古装剧的背景，这些古装剧包括根据简·奥斯汀（Jane Austen）小说改编的电视剧，也包括根据阿加莎·克里斯蒂（Agatha Christie）的侦探剧。相同的理想化的背景还被画在日历、明信片和巧克力盒上，也被用在旅游杂志的文章里。尽管有保护条例，但是能够维护这种“永恒”氛围的村庄的数量仍然很少。由于近年来景观变化的速率过快，所以现在很难在欧洲找到这样的村庄。英国最近出品的电视连续剧《雷纳德主教》（*Monsignor Reynard*），描述的是1940年纳粹德国占领下的法国，拍摄时，剧组很难找到在过去50年一直没有破坏“历史氛围”的村庄或小城镇。

正如第四章提到的那样，有越来越多的证据表明人们对美国西部边疆地区景观的看法是不准确的，并有些夸大其词，但尽管这样，人们仍然坚持对英国乡村景观的看法。英国乡村仍被城市居民视为野生动物遍地、到处充满鸟语花香的伊甸园，实际上，在现代农业建立这么长时间以来，英国乡村的很多野生动物已经灭绝，很多地方也死气沉沉、毫无生气。英国乡村已经成为生活品质的象征，这种生活品质包括生活的连续性、稳定性以及社区感，这种生活品质即使真的存在，也早已成为过去，但对无所寄托的城市社会来说，仍然渴望这种生活。田园乡村及社区的神话虽然是虚构的，但仍然具有无与伦比的影响力和持久的象征性。今天，“典型的”英国乡村已经成为分裂的居民点，在乡村工作的人口不断减少，而富裕的、有影响力的中等收入阶层居住在生态和视觉上都被破坏的景观中，这是一种不协调的景象。[31]

英格兰的景观意象，也一直受到19世纪景观艺术的强烈影响，尤其是受到约翰·康斯特布尔的影响，他的油画《拖草车》（*Haywain*，1821年）看上去是如此陈腐不堪，以至于有时会惊讶地意识到我们直到最近才把这样的形象作为英国景观和身份的标志。康斯特布尔的作品，在他1837年去世前一直默默无闻，直到半个世纪后，才得到人们的欣赏，并被认为代表了英格兰景观的精髓。在19世纪五六十年代，很多喜爱他作品的人甚至经常搞不清他描绘的景象在哪里。然而，到了19世纪90年代，托马斯·库克专

约翰·康斯特布尔的油画《拖草车》(1821 年),现存于伦敦的英国国家美术馆。

门组织了“康斯特布尔乡村景观”旅游线路。在第一次世界大战期间,《拖草车》的复制品,被作为英国的象征,用于鼓舞在前线战壕中战斗的部队战士的士气。[32]大约从那时起,人们开始认识到,“康斯特布尔的乡村景观”变得越来越脆弱,特别是康斯特布尔笔下的乡村日益破旧和颓废,这种状况一直持续,直到 20 世纪 40 年代,英国国家信托基金(National Trust)收购了康斯特布尔最著名画作中出现的主要建筑。斯图尔山谷(the Stour Valley)中的“康斯特布尔乡村景观”现在被指定为英国杰出的自然美景区(Area of Outstanding Natural Beauty)。

这种理想化的英国景观形象,常被用于广告之中,尤其在食品市场,代表优质健康的形象;这种形象也出现在经典的铁路广告之中;第一次世界大战期间,这种形象作为艺术品,出现在军事测量

爱尔兰民族身份的核心地带：阿兰群岛崎岖的西海岸。

的地图封面上，并出现在招聘海报上。[33] 有时，人们将苏格兰士兵放在画面中，作为英格兰南部景观的前景，大部分人可能会将这种不协调的画面视为法国乡村。

苏格兰、威尔士和爱尔兰的景观形象同样是人为的。在格伦科峡谷（Glencoe）的风景中，通过精心设计，抹去了现代道路，或在前景添加了苏格兰高地（Buachaille Etive Mor）的黑岩村舍（Black Rock Cottage），这种设计延续了19世纪苏格兰景观形象和苏格兰文化的“凯尔特化”（Celtification）趋势。爱尔兰的景观形象是位于遥远的西部崎岖风景区之中的村舍，如阿兰群岛（the Aran Islands）、伯伦（the Burren）和康尼马拉（Connemara）地区，这种景观形象也具有类似的人为性质。然而，苏格兰为了争取独立，与英格兰进行了长期的斗争，但最后被迫与英格兰联盟，所以苏格兰景观形象带有一种失落感，最容易令人觉察的是与詹姆斯党叛乱有关的怀旧、浪漫场景，如格伦芬南（Glenfinnan）和卡洛登（Culloden）。[34]

在20世纪早期，威尔士独特的教育与民族认同感息息相关，所以，在学校教育中，通过欣赏民族风景，以及威尔士的语言、文化和民歌，开展了日益深入的民族认同教育活动。[35]在威尔士，在18世纪后期，旅行作家托马斯·彭南特（Thomas Pennant）曾经提出，在一个具有地区文化差异的国家中，各个地区自己的文化、历史和传说已经与景观交织在一起。20世纪的书籍，如H·V·莫顿（H.V. Morton）的《探索威尔士》（*In Search of Wales*，1932年），继承了这一传统，当代考古学家希里尔·福克斯爵士（Sir Cyril Fox）和地理学家H·J·福列尔（H.J. Fleure）的学术著作，对凯尔特人的威尔士这一形象及其景观进行了强化。莫顿的书以驾车游客为对象，是第一本关于应对威尔士南部煤田景观及问题的旅游书籍。[36]

像苏格兰一样，爱尔兰的民族景观身份，往往把重点放在过去的辉煌上和过去辉煌消失的原因上。爱尔兰的民族景观理念，是在19世纪中后期非常自觉地形成的，在日益高涨的为了实现地方自治和民族独立的政治运动中，爱尔兰一直将英国视为“压迫者”。爱尔兰景观身份的核心一直被认为是西部“未受破坏的”景观，在那里，盖尔语得以幸存，英语化、现代化对乡村的影响是最不显著的。爱尔兰民族景观的形象是，一个具有古老乡村文化的中心地带，在那里，具有新石器时代的巨石墓葬群、具有铁器时代的堡垒和凯尔特人寺院的遗址，强调了对被盎格鲁—诺曼人征服之前的遥远的、独立时代的回忆。[37]

意大利试图创造一个国家景观的自觉行动没有成功，失败的部分原因是缺少一个占主导地位的英雄的历史背景，如美国的西部边疆那样。在意大利统一的后期，意大利物理环境的异质性和人口文化的多样性，是影响创建国家景观的主要障碍。相比之下，在法国，在更地方的层面，区域的多样性关注景观的身份性。在德国，规则的村庄被田野环绕，田野又被森林紧紧包围，这种形象又成为一种理想的展示方式，但仅限于德国的某些地区。[38] 在 19 世纪末和 20 世纪初的时候，德国的森林已经被确认为德国景观精髓中的一个关键因素，森林被人们用斧头大肆破坏。人们普遍认为，德国和英国的民族性格之间有许多非常明显的差异，造成这种差异的根源就是：与英格兰不同，德国仍然拥有大面积的森林。在 20 世纪 30 年代，一个以自然为本的民族主义运动在德国蓬勃发展，这个运动将德国文化与德国的森林遗产紧密联系在一起。因此，纳粹德国在欧洲积极发展林业。与此相对应的是致力于发展雅利安（Aryan）风格的景观和乡村的、农夫的风景，而德国浪漫主义艺术家的作品，如卡斯帕 · 大卫 · 弗里德里希（Caspar David Friedrich）的作品，则分享浪漫主义复兴的成果。[39]

在美国，爱国主义的景观形象，培养景观和国家性之间的特殊关系，显得尤为重要。[40] 在美国和加拿大，没有将与定居的农耕乡村作为理想的景观形象，其中的部分原因可能是这样的乡村达不到当时欧洲文化景观的历史深度，也可能是由于美国在巨大的土地上建立了道路、居民点和单调的格网式边界。这样的景观，往往象征着农业的进步，而不是舒适与美丽。美国景观建设的重点是荒野，荒野景观中有小木屋和夏令营帐篷。从 20 世纪 20 年代起，随着汽车的普及，在荒野开展狩猎、垂钓、划船、露营和背包式旅游，已经发展成为美国的大众娱乐活动方式。

景观的政治意识形态

如果要在景观中表达政治意识，那么在独裁或专制政权体制下应该最明显。在纳粹德国，人们可以清楚地看到景观与政治之间的关系。本来起源于景观的文化，却受到了纳粹决策的影响，与此同时，纳粹的理论家们，有一套根据他们的学说如何操纵景观的计划。中欧的森林景观，赋予纳粹德国制造神话的灵感，纳粹德国发展并利用了这个神话。这个神话要追溯到罗马作家塔西佗（Tacitus），塔西佗声称，与世隔绝的森林栖息地，使得日耳曼人成为血缘最不容易杂交、最纯粹的欧洲人种。这种观点促使纳粹认为日耳曼民族是最纯粹的雅利安种族。1933 年纳粹上台之后，随着赫尔曼 · 戈林（Hermann Goering）成为德国林务官（Reichsforstmeister），森林主题开始入侵德国的艺术与政治。[41] 纳粹异想天开地构思了民族、景观、自然三者之间的奇特关系。他们相信，日耳曼人具有与大自然产生交流的特殊能力，以及景观设计的独特天赋，尽管在纳粹产生之前，德国人的理念是每个种族都与一个特定的景观密切相关。在被德国吞并的东欧领土里，为了使德国移民有宾至如归的感觉，并有助于德国移民热爱和保卫新的领土。那里的景观被赋予更多的日耳曼特征。关于只有德国人才有对大自然的神秘敏感性并与大自然有血缘关系，以及只有德国人才可以行使对环境的保护责任的神话，导致东欧的劣等民族被驱逐。德国人认为，其他民族缺乏与大自然的亲密关系，并且缺乏对景观的敏感性，这使其他民族不适合拥有这片土地，并应该被从这片土地上驱逐出去。纳粹德国的国家社会主义景观设计强调为德国人创造生活空间的具体特征。[42]

20 世纪 30 年代，纳粹德国在德国境内修建的德国式高速汽车专用公路（autobahn），曾被视为法西斯主义意识形态的表现形式之一，也曾被视为现代技术战胜传统景观的一种形式。对于景观美学来说，这两种观点都无法解释这种前所未有的敏感性，也无法解释纳粹德国为什么在德国境内修建的德国式高速汽车专用公路这种做法，这种做法将法西斯主义的意识形态与现代技术融合在一起，并将其扩散到农村地区。德国式高速汽车专用公路的出现，反映了纳粹的政治、现代科技和环保意识三者之间相互作用的复杂关系。第一条德国式高速汽车专用公路开通于 1933 年；到 1939 年，已经建成 3700km（2300 英里）。德国式高速汽车专用公路的概念并不是起源于希特勒，在他上台之前，这种概念就已经形成了。并非像人们有时认为的那样，起初修建德国式高速公路是为纳粹战争机器的机动性服务，实际上它是机动化、工业化和市政利益共同发展的结果。德国式高速公路网络是国家统一的象征，同时创造了新的就业机会并预告了汽车社会的崛起。阿尔温 · 塞弗特（Alwin Seifert，1890 ~ 1972 年），是来自慕尼黑的建筑师及景观设计师。1934 年，他开始组建一个景观设计师团队，他们对公路走向的选择产生影响，并且负责高速公路建设后景观恢复和种植的监督。在纳粹德国的国家环境改革方案中，对德国式高速汽车专用公路进行景观美化被视为第一阶段。景观设计师们赞成将德国式高速汽车专用公路的线路设计为蜿蜒曲折的走向；在高速公路上旅行被设想为体验一系列统一的空间——山谷、盆地和森林。新型公路的设计宗旨强调在这些风景的旁边经过，而不是要把这些风景切开并从风景中间穿过去。对于分车道的种植带，设计师非常认真地进行了树种的选择和搭配。设计的审美传统更青睐 18 世纪的英国风景式园林，而不是纯粹的现代主义工程。[43]

纪念景观与战争景观

从历史早期开始，人们含蓄地将记忆铭刻在景观之中，以保持其延续，还通过修建纪念物的方式来保存这种记忆。19 世纪末和 20 世纪初，纪念的理念在欧美流行开来。在英国，纪念布尔战争期间为国捐躯士兵的纪念物，比无处不在的第一次世界大战阵亡士兵纪念物要早得多。在此之前，雕像一直主要限于矗立在教堂、城市广场和地主的庄园里。为了使现代政治环境合法化，纪念性景观越来越多地反映了国家对自己历史的颂扬和美化。同样，雕像和纪念碑的拆迁，可能象征着领导人或政权的更迭，就像在前苏联那样，随着共产主义的瓦解，斯大林的雕像被移走，或者像在东欧，列宁的雕像被推翻。[44]

尽管如此，人们对纪念景观经常存在争议。这个问题可以在西部前线（the Western Front）上看到。在第一次世界大战期间，特别是后期，纪念活动成了一个有争议的政治问题。在以前的冲突中，更为常见的是纪念国家领导人和民族英雄，如纳尔逊勋爵（Lord Nelson），而不是他们的手下和士兵。在第一次世界大战期间，西部战场前线的士兵伤亡规模史无前例，英国士兵的死亡人数远远超过百万，因为很多士兵来自自治领土和英联邦的其他国家，导致统计阵亡人数的方法五花八门。战场上规定，阵亡战士的遗体不允许遣返回国安葬，但允许在墓地前面附近修建统一的简单墓碑以纪念阵亡将士。到 1930 年，在英国，有 891 个关于西部前线战场阵亡将士的墓地，并有超过 54 万座墓碑。同时也存在关于战场以外的纪念物是否应该修建的争论。英国的最初观点是低调的，认为建造这些墓地和墓碑是不适当的，但当面对来自英联邦自治领域强烈要求纪念阵亡将士的呼吁，英国的观点改变了，并重新修建了伊普尔的梅宁门（Menin Gate）等纪念物。最终，在从敦刻尔克到亚眠的前英国战场上，修建了19座纪念馆，纪念战役期间阵亡的所有将士。[45]

在苏格兰高地，类似有争议的纪念活动发生在更局部的范围。1834年，在苏格兰高地的萨瑟兰，修建了萨瑟兰公爵一世（the first Duke of Sutherland）的巨大雕像，雕像俯瞰整个戈尔斯皮小镇（Golspie）。在19世纪初，萨瑟兰公爵一世曾以"改善"农业的名义，对萨瑟兰地区数以千计的居民和他们的家庭进行了清理。苏格兰高地土地清理活动的非正义性，给当地人造成的财产损失以及土地被剥夺的感觉，时至今日仍记忆犹新，被剥夺仍然是当地人地方感中的重要因素。自1994年以来，搬迁萨瑟兰公爵一世巨大雕像的行动一直在进行之中，一些人认为应该拆除象征前统治者的讨厌雕像，然而，其他的当地人反对推翻雕像，他们认为，雕像现在已经成为一个突出的地标，也为人们提供了一个载体，有助于集中人们的注意力，使人们永远保持对过去受到的不公正的鲜活记忆。[46]苏格兰高地土地清理活动遗留下来的最显著的废墟，是搬迁户从小农场被驱逐后在沿海建立的房屋，但人们对于这些房屋的情感，没有对保护状况更糟糕的小农场的情感那么强烈，这些小农场在地面上的遗迹更难让人理解。在萨瑟兰的斯特拉斯纳弗（Strathnaver），有一个叫罗萨尔（Rosal）的遗址。它作为土地清理前的典型定居点，已经被人们所神话了。因为20世纪60年代，考古学家贺拉斯·法伊鲁斯特（Horace Fairhurst）曾对罗萨尔进行挖掘。现在，罗萨尔已经被作为现代林业种植园中一片单独存在的景观遗迹加以保存。[47]

由于有纪念意义的纪念物可以扮演重要角色，所以它们会随着时间的推移而发生改变。位于格伦芬南的1745年詹姆斯党叛乱的纪念馆，是最独特的苏格兰民族标志之一，被旅游文学广为转载。然而，当1815年最初建成的时候，这里只是一个私人的纪念馆，是由格伦纳拉达尔（Glenalladale）挥霍无度的亚历山大·麦克唐纳（Alexander Macdonald），为纪念麦克唐纳家族在詹姆斯党叛乱中的重要作用而修建的。他在纪念馆建成的那一年去世，该纪念馆也成了他自己的纪念馆。只是在后来的19世纪，一座两层的狩猎小屋被拆除，该纪念馆只遗留了一座单一的纪念塔，同时又在塔上另外修建了一个孤独的苏格兰高地人的雕像，从那时起，该纪念馆才从一座私人纪念馆变成一个公共纪念碑。纪念碑的位置十分重要，在那里能充分观赏湖光山色。位于塔上的特殊位置，显然是被

纪念消失的历史事件：位于苏格兰格伦芬南的纪念詹姆斯党叛乱事件的纪念碑。

设计了用来欣赏如画风景的。从这里可以俯视美丽的尼斯湖，今天，这里几乎是所有游客拍摄风景的绝佳之地。[48]

战场遗址为人们提供了特别有趣的纪念景观。战场是文化遗产的一个组成部分，战场遗址最重要的功能是向人们提供了对过去事件的记忆，而不一定是事实。平等、公正地纪念交战双方的情况相对比较少见。滑铁卢战场博物馆是这种情况的最典型例子，在滑铁卢战场博物馆里，展示的重点几乎全部是关于拿破仑的，几乎没给布吕歇尔（Blücher）和惠灵顿（Wellington）将军留下什么位置。当然，如今滑铁卢战场纪念馆对交战双方的纪念更加均衡了。不仅有建在40m高土堆上的象征拿破仑的雄狮雕像，还有比利时、荷兰、普鲁士和法国皇家卫队纪念本国将士的纪念物。这些纪念物中的一部分是19世纪初建立的，也有1990年才建立起来的。除了这些纪念物，还有关于交战双方个人的纪念杂记，豪格芒（Hougoumont）和拉艾圣（La Haye Sainte）的农庄，以及英荷联军战线推进过程中的战略要地，都被作为历史纪念物加以保存。

工业革命前的欧洲战争，留下了不朽的标志性景观，包括铁器时代的堡垒和中世纪的城堡，这些构成了今天的文化遗产的重要组成部分。然而，对20世纪前的景观产生重要影响的战争一般都是小规模的和短期的，尽管也有冲突规模较大并造成巨大灾难的30年战争。

战场一般局限于相对较小的区域，因此，战场的景观很少会因为交战而发生重大改变。战场面积较小，所以较容易开展纪念活动。在卡洛登和滑铁卢，人们可以在战场遗址上步行，而且自交战以来，战场遗址没有发生什么变化，或已经被小心地恢复了。在班诺克本(Bannockburn)，战场景观和地形已经有了非常明显的改变，但是需要纪念的核心仍然存在于现代郊区之中。葛底斯堡（Gettysburg）已经于1895年变成了面积达2428hm^2(6000英亩)的国家历史公园。如今，公园内有1400多个纪念碑、标志物和纪念馆，以及游客中心和展览中心。

然而，在20世纪发生的第一次世界大战却给景观带来了巨大变化，某些战役甚至能够破坏一个广阔地区的整体景观。在西部前线，官方认定的被战争破坏的地区面积达3337000hm^2（8245727英亩），有620个定居点被彻底摧毁，另有1334个定居点被严重毁坏。长时间的重炮轰击，以及对巨大地下矿山的爆破，改变了地形，也改变了景观。尽管如此，被破坏地区的重建工作明显加快。在第一次世界大战结束之后的3年之内，大部分被战争摧毁的地区完成了战后重建工作。在默尔特摩泽尔（Meurthe-et-Moselle），到1921年，268000hm^{2}土地上的遗留炮弹和铁丝网已被清理干净；来自法国殖民地和东欧的劳动力，甚至包括被遣返之前的德国战俘，他们将所有的战壕填平。被遗弃的土地重新开始种植，村庄、农场和附属建筑被重新规划，到1930年，受战争影响的农村几乎完全恢复。[49] 80年后，虽然空中拍摄的照片上的地面比较清晰，但当人们驾车前往西部前线遗址时，从前战争破坏的蛛丝马迹立即就能映入眼帘。此外，广大地区被成千上万的战争墓地所覆盖。部分西部前线遗址，如凡尔登（Verdun）地区，已经恢复成为具有战壕和防空洞的旅游景点。在第二次世界大战期间，很多战役是在移动过程中进行的，这种移动性造成没有长期固定的战场，但同时战争造成的破坏却传播得更广泛，特别是随着对城市大规模轰炸的升级，最终导致原子弹被投放到广岛和长崎。

对战场遗址的解释，因为与民族认同感的构建密切相关，所以被统治阶层的社会精英所接管。这种解释战争遗址的方式有可能是带有偏见的，这在阿拉莫（Alamo）的例子中得到了体现。在得克萨斯人争取独立期间，于1836年在阿拉莫（原来的圣安东尼奥·德·瓦莱罗传教站，the mission of San Antonio de Valero）发生了一场著名的攻防战役。19世纪末，阿拉莫战场遗址遭到了严重破坏，今天的阿拉莫是一个现代化的旅游景区，受到精心管理，供大众消费。阿拉莫传教站已经被恢复，恢复工作以展示教堂的外立面为主，而这只是原本一个更大、更复杂的建筑物的一部分。现在对阿拉莫战场遗址的介绍，强调的是盎格鲁人，而不是拉丁美洲人在得州独立中的作用，反映了后来得克萨斯社会统治者的意识，而不是1836年阿拉莫驻军的实际组成。今天的阿拉莫已经成为一个旅游热点，以及通往附近商业中心的通道。[50]

对很多第二次世界大战期间军事行动遗留下来的景观进行研究和保护是最近的事。在英国，军事遗址包括数以千计的碉堡和炮台，也包括数百个战时机场和大面积的海防工事。自1945年第二次世界大战结束以来，许多二战军事遗址已经消失，但仍然有一些被保存下来，它们被视为对景观作出了独特的贡献。随着军队人数的精简和装备技术的精良与复杂，现代军事战争对现实生活的冲击比过去大为减少，但仍会对景观产生一定的影响。在英国，射击场占用了国家公园很大面积的土地，如达特穆尔和诺森伯兰地区，同时，也占用了一些杰出的自然美景区的土地，如北奔宁（the North Pennines）自然美景区，并减少了普通民众的游览。矛盾的是，这些射击场在减少普通民众来访的同时，却有效保护了一些具有历史和生态价值的景观。在英国高地地区，军用飞机的低空飞行带来了噪声污染，干扰了居民的生活，从而引发了争议。

景观与规划

在英国，大规模景观规划的时间早于20世纪。议会圈地和建设风景式园林就是明显的例证（见第三章），但这种大型景观规划活动，并不是全国性的统一规划而带来的结果。庄园改善活动可以追溯到18世纪，当时的庄园主希望能为子孙后代保护好景观。庄园主们很清楚，庄园改善活动所带来的好处，只能由他们的儿子甚至孙子全部继承。华兹华斯在他的《湖区指南》（1810年）中，就表达了保护景观的早期愿望，他认为湖区应被视为“国家财产的一个类型”；威廉·吉尔平在更早的时候评论说，对于廷特恩修道院这样的遗址所有者来说，他们只是后人财产的监护人。在18世纪，虽然人们有掌控景观变化的愿望（见第三章），但这没有影响为了保护特殊景观及区域而希望景观变化的速度能慢下来的愿望。华兹华斯对拟建一条到温德米尔的铁路所发表的负面评论，曾被广为传播，但没有取得效果。然而，华兹华斯阐述的观点为后来湖区的保护管理论者提供了有力的武器，他的观点得到了约翰·罗斯金的大力支持，并被佳能·罗恩斯利（Canon Rawnsley）广为宣传。佳能·罗恩斯利是国家信托基金的创始人之一，他成功地阻止了其他将铁路延伸到湖区中心的计划。在19世纪后期，保护景观及景观中要素的愿望，不是政府推动的，而是由少数受过教育和有影响力的中上阶层人士推动的。

在20世纪二三十年代的英国，随着人们对景观发生的许多不可取的变化的日益关切，越来越多的人注意到景观变化的步伐正在加速。这种情形导致英国创办了全国性的景观保护组织，如1926年成立的英格兰乡村保护委员会（the Council for the Preservation of Rural England），同时也创办了更多的地方层次

难看的开发：爱丁堡南部卡洛普斯（Carlops）附近的牧人小屋和棚屋（chalets and shanties）景观。

的景观保护团体，像1934年成立的“湖区之友”（the Friends of the Lake District）。英格兰乡村保护委员会的建立主要得力于规划师帕特里克·阿伯克龙比（Patrick Abercrombie）的努力，相比之下，该委员会对景观改变规划的创造性尝试关注得较多，而对传统景观的保守性保护关注得较少。[51] 英格兰乡村保护委员会认为，19世纪对景观保护放任不管的态度，毁掉了英国的城镇，而20世纪对景观保护同样放任不管的态度，已经威胁到了英国的农村。认为必须避免景观管理的混乱和效率低下的状况，至少在一段时间里，对法西斯德国和意大利在景观规划方面的某些做法表示了赞赏。郊区扩展的规模空前，它所引起的景观变化是人们最为关注的，在海边度假胜地周边和其他地区建设的平房和小屋，也被人们视为眼中钉。在第一次世界大战和第二次世界大战之间的20世纪30年代，英国建设了400多万间房屋，每年开发建设的房地产面积约 20235hm^2（50000 英亩）。有些人喜欢两次战争期间的英国郊区的简朴住宅，相比同一时期巴黎周围蔓延的私人楼阁，英国的景观肯定远没有那么混乱。[52] 经过几十年的停滞，第二次世界大战给英国乡村带来了重大的变化：260 万 hm^2（650 万英亩）的土地被复耕，拖拉机的数量从 1939 年的 56000 台增加到 1946 年的 203000 台。[53]

在 20 世纪，特别是自第二次世界大战以来，景观变化的速率以及控制、阻止甚至改变景观变化的愿望，已经导致越来越多的政府通过规划政策对景观进行干预。这种干预包括创建保护景观区，在景观保护区内，景观或多或少地会受到一定程度的保护，与土地利用相关的法规和限制也会得到更普遍的应用。美国从 19 世纪下半叶开始建立国家公园（national parks）。虽然建立国家公园的阿迪朗达克（the Adirondacks）、卡茨基尔（the Catskills）和白山（the White Mountains）等地区，比较靠近美国东北部的快速城市化地区，但在 19 世纪初期，这些地区的风景就曾被人们所欣赏并受到重视，这主要是由于欧洲探险者和定居者向西迁移，发现了北美大陆某些最引人注目的自然奇观所造成的（见第四章）。保护风景名胜和喷泉、温泉等自然奇观的愿望，促使美国于 1872 年将黄石指定为世界上第一个国家公园，尽管早在 1864 年，美国总统亚伯拉罕 · 林肯就已经批准保护约塞米蒂山谷，以供加利福尼亚州市民作为休闲之用。19 世纪末，美国在西部地区，设立了红杉（Sequoia）和雷尼尔山（Mount Rainier）等其他国家公园。建立国家公园的初衷是维护自然环境，但很快，通过国家历史公园的建设来保护历史文化的意义就变得十分明显。在美国及其他地方，国家公园机构已经成为创建文化遗产的有利工具，他们建立了以欧洲为中心的地方形象的霸权，牺牲了土著人的景观形象。[54] 美国国家公园信奉的是盎格鲁—撒克逊新教徒（White Anglo-Saxon Protestant，WASP）的景观理念。约塞米蒂作为荒野型国家公园的景观形象是欧洲人创建的，他们忽略了由印第安人创造并精心管理的牧场景观和开敞林地景观。一些独特景观是印第安人为了增加猎物密度而创造的。[55]

美国国家公园运动的领袖人物之一是约翰·缪尔（John Muir）。约翰1838年出生于苏格兰，1849年与他的家人一起移民到美国。在经历了各种不同的职业生涯之后，从1867年起，他开始了自己的流浪生活，虽然他的内心最终仍属于峰峦起伏的谢拉山脉（the Sierras），但流浪生活使他的足迹曾遍布美国西部和世界其他许多地方。从1874年起，他成为一个成功的职业作家，向世人描述他的旅行生涯并阐述他的自然主义哲学理念，鼓励人们参观他热爱的国家。他引导公众关注由于无限制的开发对美国西部景观造成的破坏，带头宣传并组织保护约塞米蒂国家公园和谢拉山脉的活动。在美国创建约塞米蒂、大峡谷、红杉、雷尼尔山和化石森林等国家公园的过程中，约翰·缪尔起到了推动作用。在约翰·缪尔的景观理念中，“只要是野生的自然景观就没有丑陋的”。他关于“每个人都像需要面包一样需要美景、游玩和祈祷的场所，在那里自然能够治疗身心并给予人力量”的评论，对后来其他国家创建国家公园的活动，起到了激励作用。

1885年，加拿大建立了落基山（现班夫，Banff）国家公园。之后南非也建立了国家公园。20世纪初，一些国家相继建立了国家公园，1909年，阿根廷、墨西哥和瑞典建立了国家公园，1914年瑞士建立了国家公园，1917年西班牙也建立了国家公园。在欧洲的部分地区，建立国家公园的思路可能与美国没有什么不同，都是在人口稀少并不断减少的高原地区。兰萨罗特（Lanzarote）岛上的第曼法亚（Timanfaya）国家公园就是一个很好的例子，在那里，最新的火山地貌环境被以沙漠的形式保存下来，只有非常有限的游客具有访问权限。保护历史景观一直是建立国家公园的理由，如 1976 年建立的克朗代克国家历史公园（the Klondike National Historic Park）和 1973 年在挪威西北司匹兹（Spitzbergen）建立的 17 世纪捕鲸场国家公园。

英国是不可能按照美国的模式创建国家公园的。在英国的高地地区，人类定居的历史及其影响可以回溯到大约 5000 ~ 6000 年之前。英国几乎没有真正的荒野地区；西部高原地区的人口稀少，只是一个相对较新的现象，是随着 19 世纪的土地清理运动而产生的。在英国，土地利用模式和土地所有权形式是复杂的，同时，国家公园所在地内居住着大量的人口，如达特穆尔和湖区。无论采取何种方式进行建设，英国的国家公园与美国的黄石或约塞米蒂国家公园都是截然不同的。与保护景观相比，保护野生动物相对容易，因为保护野生动物涉及的场地面积往往相对较小，同时在保护野生动物方面要求采取科学的客观标准，而对于景观的评价和保护来说，其标准往往更主观。因此，在英格兰和威尔士，风景秀丽的地区被划定为国家公园或杰出的自然美景区，在这些地区，没有像“具有特殊科学价值的场地”（Sites of Special Scientific Interest）保护野生动物那样，给予相应程度的保护。[56] 对某些种类栖息地的保护，很快出现了制度化的趋势。“古代林地”被定义为自从 17 世纪以来就在同一地点持续存在的林地，这一定义并没有得到林务官的广泛认可，但到了 20 世纪 80 年代，随着人们对这种林地独特性质理解的逐步加深，这个定义不仅得到了明确的认可，而且“古代林地”还受到了全面的保护和认真的管理。[57]

尽管如此，国家公园的状况并没有在政府干预的情况下更安全，例如，20 世纪 70 年代修建的 A66 公路，被升级为通往坎布里亚西部工业区的 M6 高速公路，高速公路从湖区国家公园的中心穿过。同样，埃克斯穆尔国家公园管理处，也无法防止私人土地所有者开垦公园内数千英亩生长石楠的荒野。不过，目前在英格兰和威尔士，将景观认定为国家公园被视为一种最高级别的保护措施，创建国家公园的目的是从整体上为可持续的乡村管理提供模式。

20 世纪 20 年代中后期，在英格兰乡村保护委员会（the CPRE）的带领下，英国开始朝着建设国家公园的道路前进。20 世纪 30 年代，国家公园建设的势头很好，在被第二次世界大战延误了一段时期之后，1949 年，《国家公园和乡村土地使用法案》（*National Parks and Access to the Countryside Act*）获得通过，国家公园的建设活动重新开始。从 1951 ~ 1956 年，在英格兰和威尔士，总共划定了十座国家公园，1989 年，又增加了诺福克湖区国家公园。划定这些国家公园的目的，第一是保护迷人的自然风光，第二是增加游客的数量，第三是提高公园内社区的经济发展水平和社会生活质量。1995 年修订的《环境法》（*The Environment Act*）强调，有必要保护和增加国家公园内的自然美景、野生动物和文化遗产，同时强调，要把关注的目标从单纯的风景，转向文化景观和当地的社会。前十座国家公园都位于英格兰北部和西部相对偏远的高原地区，或在威尔士，但忽略了划定区域的原始目标，如南方丘陵（the South Downs），因为那里靠近伦敦，并被视为不够荒野。目前，在纪念 1949 年法案获得通过 50 周年之后，新森林（the New Forest）即将被划定为新的国家公园，同时，南方丘陵的保护规划也已被制定。

在许多方面，国家公园背后的三个基本目标是不相容的。风景保护与接待更多来访者是冲突的，如为来访者改善道路并提供停车场；另外，风景保护与为当地社区提供就业机会也是有冲突的，如采石等行业破坏了景观视觉美学。1974 年，桑福德委员会（the Sandford Committee）确定了一个原则，在保护、可达性和宜人性三者发生冲突的情况下，应优先考虑景观保护的问题。对于英格兰和威尔士的国家公园来说，与原来的设想相比，其获得的权力少得可怜，资金也是捉襟见肘。总的来说，英国战后规划的一个基本特征是，对农村土地利用进行有限的控制，这给了农民和林中居民相当大的自由来决定如何对待景观。微薄的财政资金，使国家公园除了购买规模很小的土地之外，不能购买其他任何东西。因此，国家公园管理部门只能是试图劝说私人土地所有者采取景观友好的管理方式，而不是要求他们这样做。

在英格兰和威尔士的其他地区，都在土地上确定了需要保护的景观品质。从 20 世纪 50 年代中期开始，有 37 个地区被指定为杰出的自然美景区，其面积达到农村地区总面积的 15%，这些杰出的自然美景区的面积大小不等，从锡利群岛（the Isles of Scilly）的 16km^2（6 平方英里），到科茨沃尔德（the Cotswolds）的 2038km^2（787 平方英里）。杰出的自然美景区（AONBs）比国家公园小，野生资源也较少，但景观特色较突出。在更大程度上，杰出的自然美景区中的景观是人类活动形成的。在一定限制条件下，杰出的自然美景区在开展户外游憩活动和游客进入方面，往往具有更多机会，如兰开夏郡的鲍兰森林（the Forest of Bowland）景区那样。指定为杰出的自然美景区的隐含目的是为了保护景观，而游憩只是一个不太重要的目标。遗存的海岸景观是另一类被指定的受保护景观，这类景观占英国海岸线的 33%。此外，很多地区被列为“具有特殊科学价值的场所”，从小型的栖息地到面积广阔的石楠沼泽，但是，从国家自然保护协会（the Nature Conservancy）

到近来的英格兰自然保护协会（English Nature），只有有限的权力对保护区进行干预，那里的土地所有者们蔑视这种保护，同时对自己土地的管理表现得麻木不仁。

苏格兰没有创建国家公园的部分原因来自于既得利益者的反对，既得利益者包括林业委员会（the Forestry Commission）、苏格兰国民信托基金（the National Trust for Scotland）以及私人土地所有者。此外，虽然早在1927年苏格兰农村就曾想创建黑水晶国家公园，但在20世纪的五六十年代，苏格兰农村并没有对过去的错误感到足够的压力。在苏格兰，目前仅存的景观保护指定类型只有国家风景名胜区（the National Scenic Area）。在苏格兰，共有49个国家风景名胜区，占苏格兰国土面积的约12.7%。与英格兰相比，这些国家风景名胜区的保护状况更加令人担忧。各种各样的集约开发，如大规模的林业和滑雪设施，已经对一些最好的国家风景名胜区产生了影响。最具讽刺意义的是，虽然现在世界上大多数国家都已经建立了国家公园，但约翰·缪尔的诞生地苏格兰却没有，对于开展国家公园运动来说，约翰·缪尔是绝对的第一人，比任何人都早。自从苏格兰议会重建以来，苏格兰已经恢复创建国家公园的计划。2002年，罗蒙湖与特罗萨克斯山地区（the Trossachs）已经被指定为苏格兰国家公园，同时黑水晶地区也被规划为国家公园。当然还有更多的规划蓝图，包括创建苏格兰高地西北部的本尼维斯（Ben Nevis）、格伦科国家公园，以及创建涵盖苏格兰西部沿海地区及其岛屿的海洋国家公园的设想。在苏格兰，也有1446个“具有特殊科学价值的地区”（SSSI），占全国土地面积的11.6%，包括称为亚瑟王宝座（Arthur's Seat）的火山遗址，巴斯罗克岩洞（the Bass Rock）以及芬加尔山洞（Fingal's Cave）等。苏格兰还有71座规模更小的国家级自然保护区（National Nature Reserves），占全国土地面积的 1.4%，另外还有四个区域性公园（regional parks），包括爱丁堡附近的彭特兰丘陵（the Pentland Hills）公园。

像英格兰一样，法国也分为两个层次进行景观保护，包括 6 座国家公园和 32 座区域性自然公园（regional nature parks）。法国创建国家公园体系的时间晚于英国，第一座国家公园芳纳斯（Vanoise）创建于 1963 年。其他的几个国家公园建立在阿尔卑斯山脉、比利牛斯山脉和塞文山脉的山区。最后建立的国家公园位于低山区，该区域内有较多的居民，相比以前的法国国家公园，这个国家公园中的景观受到人类活动的影响更强烈。法国的区域性自然公园，像英国杰出的自然美景区一样，更加均衡地分布在巴黎盆地以及人口较稀少的偏远地区。在西班牙，进行景观保护的时间较早，早在 1917 年，就引入了类似的国家公园和国家自然保护区（Natural Areas of National Interest）的两级保护制度。

20 世纪下半叶，国家公园在世界各地遍地开花，但普遍建立在以前的殖民地区。殖民地管理者的景观理念，往往对如何管理殖民公园具有强大的影响力。坦桑尼亚的塞伦盖蒂（Serengeti）国家公园提供了一个很好的例子。塞伦盖蒂的面积约 14743km^2（5692 平方英里），是欧洲人在 19 世纪末发现的。1929 年被指定为禁猎区，1951 年升格为国家公园。塞伦盖蒂被指定为禁猎区并升格为国家公园，更多的是考虑其独特的野生动物资源和复杂的生态系统，而不仅仅是其景观，但欧洲的景观形象仍然对它产生了深刻的影响。特别是，根据一则广告，塞伦盖蒂被视为非洲的伊甸园，被视为“地球上生命的摇篮以及大群野生动物自由迁徙的圣地”，这个广告强烈地影响了自然资源保护者，他们认为在塞伦盖蒂，非洲人只能被视为另一种需要保护的野生物种。也许是因为塞伦盖蒂接近最著名的早期人类化石发现地之一的奥杜瓦伊峡谷（Olduvai Gorge），所以早期的保护者认为这一地区应像英国的风景式园林那样，尽可能地减少居住。虽然在很长一段时间内，塞伦盖蒂是在人类的影响下发展的，但公园的管理人员认为，塞伦盖蒂的马赛人（Maasai）只是新迁入者，他们只有保持"传统的"生活方式，其存在才是可以容忍的。"传统的"生活方式指的是不耕种，只以小型狩猎为生。不幸的是，欧洲人对非洲传统生活方式的看法是基于不准确的刻板印象。在指定的公园里，马赛人没有发言权，他们很快就发现自己陷入困境，因为公园管理人员反对马赛人焚烧正在生长的植被和农作物的做法，但这种做法却是马赛人传统经济的一部分。对马赛人来说，这些限制似乎太武断了，因为公园外鼓励用现金购买农作物的商业性农业生产活动。[58]

在俄罗斯联邦边界的阿尔泰山脉地区、蒙古以及中国，由于缺乏资源和发展压力，有时建立新的国家公园的努力会受到阻碍。与此同时，现有的公园正经历来自人类和环境的一系列压力，有时，气候变化和海平面上升等类似的环境压力会对人类活动造成间接的影响。2000年，许多美国国家公园因雷击遭受了严重的森林火灾，因为管理政策的原因，森林火灾的后果更加严重。在过去的几十年里，管理政策一直将森林火灾视为森林生态系统的自然干扰。湿地地区在环境压力面前尤为脆弱。在佛罗里达州，大沼泽地区（the Everglades）目前正面临海平面上升和当地经济发展的双重压力，二者都影响了水的管理。在西班牙瓜达尔基维尔河口（the Guadalquivir）的克托多纳纳（Coto Donana）国家公园，国家管理部门与当地管理部门曾发生冲突，当地管理部门曾试图在国家公园的边缘地区发展旅游、工业和灌溉业，而国家管理部门曾试图阻止当地管理部门的做法。

第二次世界大战结束时，英国的农民被视为农村的监护人，农民们在很大程度上享受了1947年通过的《城乡规划法》(*Town and Country Planning Act*)为他们提供的豁免。在几十年萧条之后农业重新开始盈利，以及新技术和现代化学肥料的使用，使得有可能出现大规模的农业和农村的现代化。在英格兰东部地区，由于土壤的风力侵蚀问题日趋严重，使得耕地变成草原景观几乎是必然的结果。另一个问题是大面积的白垩丘陵地（chalk downlands）正在被耕种，而原来的白垩丘陵地是常年被草坪所覆盖的。第二次世界大战前，航空考古学家的先驱拍摄记录了铁器时代"凯尔特"田地系统（"Celtic" field systems）的广袤景观，这些景观现在已经被深度耕种严重破坏。

20世纪70年代以来，关于乡村监护人——农民的负面报道越来越多，同时，景观变化与农业综合企业的密切关系，也变得清晰起来。[59]土地休耕计划（the Set Aside scheme）的目的是至少将一部分不用于农业生产，但土地休耕计划在扭转景观变化方面只取得了部分成功。最近，人们又提出了乡村守护计划（the Countryside Stewardship Scheme)，该计划鼓励农民采用更环保的农业耕种技术。从1991年起，乡村守护计划为保护、恢复景观或景观特征，提高景观的公众可达性提供经费。随着对具有考古价值的乡村历史遗迹保护的加强，在英国，出现了对濒临灭绝的景观进行重点保护的计划，对诸如低地石楠灌丛、钙质草地、低地草甸和湿地沼泽等具有较高价值的景观进行重点保护。维护树篱也一直是该计划的重要组成部分。然而，由于资金的限制，在英格兰，只有约2%的树篱得到维护。在20世纪的五六十年代，在政府财政补贴的支持下，山地畜牧业出现了较大的繁荣，但到20世纪的七八十年代，环境出现了恶化。这导致牧场饲养过量，同时，随着劳动力成本的上升以及非家庭劳动力的几近绝迹，维修山地石墙、修复附属建筑以及保护其他山地景观的行为减少了。环境敏感地区保护计划（the Environmentally Sensitive Areas scheme）让山区农民成为了兼职的乡村守护者。根据环境敏感地区保护计划，高地的农民可以签订合约，签订合约的农民的职责包括：保护石墙、维修户外谷仓、管理农场林地和湿地、恢复多花草甸，并减少养殖规模。鉴于当前的山地畜牧业完全缺乏盈利能力，特别是随着2001年口蹄疫的爆发，放牧密度可能减少，山地畜牧业缺乏盈利能力的趋势很可能会继续下去。

在欧洲，近年来的景观变化已经对欧盟的立法产生了重大的影响，特别是对大规模支持生产过剩的欧盟共同农业政策（Common Agricultural Policy，CAP）产生了重要的影响。1992年，欧盟对共同农业政策进行了改革，旨在减少农产品过剩和改善农村环境。尽管从低地到高地地区，牛羊养殖状况出现了一些转变，可能已经在高地地区开始解决过度放牧问题，但总体来说，欧盟共同农业政策未能阻止集约型耕作和牲畜养殖的日益增长。虽然这种变化的速度可能会下降，但作为集约型农业的后果，有价值的景观特征仍在不断丧失。总体而言，随着农田规模的扩大和现代农场建筑标准化设计的激增，景观的品质和地方的特征仍在继续恶化。从1983～1994年，在英格兰，有26200km（16280英里）长的树篱遭到损毁，尽管其速率正在下降，这一期间只恢复了5190km（3225英里）的树篱。目前，人们已经认识到，景观需要在环境导向授权（environmentally-oriented grants）的帮助下，由农民来管理，但现有计划只是在弥补景观变化产生的问题，而不是从根本上解决这些问题。

根据2000议程（Agenda 2000），对欧盟共同农业政策进行了修改。目前，欧盟共同农业政策强调：环保措施的重点是保护欧洲的乡村景观，意识到数百年来农业在塑造欧洲乡村景观方面的影响。在欧盟，已经签署了大约 135 万份农业合同，涉及 1/6 的农民。这些合同涉及更加粗放的农业生产、有机农业和休耕计划，也与保护树篱、林地等景观特征密切相关。

第二次世界大战以后，在英国，景观的变化已经普遍成为个别案例，没有统一规律可言。法国的特征是在较大尺度上开展综合性乡村规划。在 20 世纪 60 ~ 80 年代之间，由国家财政和私营部门共同出资的混合经济制度公司（mixed economy companies），承担了一些雄心勃勃的计划。这方面的一个例子是罗纳河的渠化工程，通过该工程可使罗纳河通航大型机动驳船。河道水位的提高，还为水力发电提供了水源。此外，河道渠化工程还可以使河水灌溉朗格多克（Languedoc）农田，鼓励农民从无利可图的葡萄酒酿造转向为本地提供蔬菜和水果——滨海旅游度假区的系列规划培育了本地的市场。[60] 在西班牙，景观的大规模改造也与大江大河的截流密切相关，其目的是为了水力发电和农田灌溉。[61]

对于英格兰和威尔士来说，1947 年出台的《城乡规划法》和 1949 年出台的《国家公园和乡村土地使用法》，使景观评价成为地方政府和中央政府的法定职责。由此发展出两种研究风格。第一种方法试图通过权重，对景观特征的存在和强度进行量化分析。[62] 这种方法因其主观性而遭到批评。第二种方法是用照片替代景观，并由专家小组对景观照片进行评估。这种方法不可避免地存在确保摄影质量统一的问题，同时人们也怀疑专家和非专家的意见是否能一致。爱德华 · 潘宁 · 罗赛尔（Edward Penning-Rowsell）确定了与景观评价相关的四个主要目标：第一，景观保存（landscape preservation），即界定具有特殊价值的地区，例如苏格兰的具有特殊科学价值的地区以及国家风景名胜区；第二，景观保护（landscape protection）；第三，游憩政策（recreation policy）；第四，景观改善（landscape improvement），也就是迁移或改造现有的不良景观。[63]但目前没有哪一项技术被认为适合所有的四类政策区。

景观评价包括对两个或两个以上的景观在视觉质量方面进行比较评估。早期的评估计划是单纯定性的，后来让位给由大卫·林顿（David Linton）开发的定量评估系统。在这种系统中，通过对景观的打分及排序进行视觉质量评价，得正分的要素包括地形的起伏程度、土地覆被的多样性以及水体的存在等，而平坦的地势、城镇和工业景观的存在则要打负分。[64]20 世纪 70 年代，这些评估系统通过吸收大量研究成果而更加完善。作为地方政府的改革成果，这些系统在文化要素和自然景观的评估中得以执行。然而，许多评估系统的重点都放在景观的生态和风景特征上，而不是景观的历史意义。[65]最近，英国乡村委员会开展了国家景观特征的评估工作，它平衡和综合了景观在地形和文化方面的特征，并形成了英国景观特征地图，其重点放在最近的景观变化以及适合的未来管理政策上。[66]目前，英格兰遗产委员会（English Heritage）正在全国范围内，支持县级层面的历史景观的特征勘察。在这次勘察中，特有的田地格局、聚落形态以及其他景观特征，都将被更新并绘制成专题地图。在更大的尺度上，欧盟倡导的景观评估计划也正在进行中，其目的是区分不同的历史景观。目前，历史景观已被视为国家资产，它对于国家的认同感和个人的地方归属感来说，是十分重要的。

旅游与休闲景观

如果说 20 世纪是景观规划的时代，那么也可以说，20 世纪是景观前所未有的、深受旅游和休闲产业迅速增长影响的时代。19 世纪中后期，由于交通的改善，特别是铁路网络的迅速蔓延，极大地拓展了旅游市场。20 世纪初，旅游市场从只针对少量的土地所有者和专业人士，以前所未有的速度迅速扩大到普通大众。在 19 世纪和 20 世纪初，许多英国工薪阶层的旅游目的地主要是海滨度假胜地，并且集中于伦敦附近和靠近北部工业城镇沿海地区的景观。在 18 世纪，海边的游泳沙滩曾被视为对人类怀有敌意的、没有吸引力的景观，那里曾被视为沉船的安息地，而不是游憩场所。然而，从 19 世纪初开始，随着中产阶级不断去海边研究地质、古生物学和自然历史，同时开展素描、沉思和康体活动，去海边旅行成为时尚。在 20 世纪上半叶，在很多沿海地区及其他旅游场所，如在诺福克湖区，人工建造了由小木屋、大篷车和平房所构成的景观，通常没有适当的服务设施并缺少必要的道路通行条件，这种周末旅游的欲望与活动常常被谴责为庸俗的、丑陋的。[67]然而，到 19 世纪末，其他类型的乡村景观，已经开始受到大规模旅游业的影响。19 世纪中后期，随着登山运动的普及，以及开始在山区建立疗养地，如在阿尔卑斯山区建立的巴达盖斯坦（Bad Gastein)、巴达伊舍(Bad Ischl）和圣莫里茨（St Moritz）疗养地，以及在比利牛斯山脉建立的巴涅尔德吕松（Bagnères de Luchon）疗养地，这些活动已经开始影响如今位置仍很偏远的山谷地区的经济。[68]滑雪运动的蓬勃开展创造了一批新型度假胜地。达沃斯（Davos）的人口也从 1860 年的约 1700 人扩展到 1930 年的 11164 人。然而，直到第二次世界大战之后，随着与假日旅游相关的背包旅游和廉价包机旅游等大众旅游的发展，旅游业对欧洲山区景观的影响才真正地急剧增加。滑雪热潮在结束了许多山谷人口外移的同时，也导致了高山度假的快速发展。20 世纪 60 年代，在阿尔卑斯山脉的福拉尔贝格

(Vorarlberg)、蒂罗尔州（Tyrol）和萨尔茨堡（Salzburg）地区，人口增加了百分之十到二十，主要原因就是旅游业的快速发展。但这样的成果却是以牺牲环境为代价的。旅游度假地和基础设施的建设，以及伴随而来的林地砍伐，已经极大地改变了许多山区的景观特征，同时也导致了土壤侵蚀和较高的雪崩风险。类似的情况也出现在阿尔卑斯山脉东部地区。

如果说滑雪运动的发展对欧洲高山峡谷的影响是巨大的，那么，大众旅游对地中海沿岸附近地区的影响，就可以说是给某些地方的景观带来了创伤。从 20 世纪 60 年代开始，沿着西班牙“木香”(costas) 地区和巴利阿里群岛（the Balearic Islands）开始进行不受控制的、丑陋的旅游开发，导致交通拥堵问题、清洁淡水供应问题和废物处理问题日趋严重，沿海地带的环境和景观被破坏。类似的旅游开发问题，在地中海沿岸、葡萄牙和加那利群岛海岸反复出现，蔓延成灾。这些地区的旅游景观开发活动已经严重地影响了当地的景观和野生动物，如影响西班牙克托多纳纳国家公园的沿海湿地。在某些情况下，旅游开发是受到较多控制的，也是有序的，就像在罗纳河三角洲与西班牙边境之间的朗格多克沿岸地区进行的开发。它将一个空无人烟、充满沼气的潟湖，转变为经过精心规划的度假地和游艇码头，其中的建筑，如拉格兰德莫特（La Grande Motte）有时是引人注目的。[69]

在 19 世纪后期的英国，乘火车旅游从中产阶级的追求变成了大众的娱乐活动。到 19 世纪 60 年代，观光火车使来自兰开夏郡工业区的工人可以到湖区进行一日游活动，同时，观光火车也开通了从谢菲尔德直达英格兰山峰地区（the Peak District）的专线。随着人们对进入英格兰北部高地和苏格兰高地关注度的逐步加强，19 世纪后期出现了抵制进入乡村的运动，与此同时，在英格兰南部也出现了平民百姓要求保护伦敦周围圈地运动遗址的活动，并要求将其作为工薪阶层的休闲娱乐场所：1865 年，成立了英国下院保存协会（the Commons Preservation Society）。在 1918 ~ 1939 年之间，英国的户外游憩活动得到迅猛发展，同时也影响了人们对景观的看法。乡村游憩活动对身心健康的好处受到重视，在培养良好市民的意识方面的好处也受到重视，这特别是在青年旅馆的规则、纪律和简单的家具中得以体现。[70] 铁路服务的延伸以及后来公共汽车服务的普及，再加上中产阶级普遍拥有小汽车，使得到 20 世纪 30 年代，户外游憩活动越来越受欢迎，特别是通过步行或骑自行车进行户外游憩活动，同时还可以开展露营、钓鱼以及在更有限的范围内进行攀岩登山等活动。在英格兰的山峰地区，抵制进入乡村和试图进入乡村的冲突最尖锐，在那里，土地所有者们试图阻止从曼彻斯特和谢菲尔德等城市的工人阶级进入松鸡荒原旅游。1932 年发生在金德斯考特（Kinder Scout）的公众入侵事件是这类冲突中最著名的，这些冲突对于不断深入的创建国家公园运动产生了重大的影响。在 1918 ~ 1939 年这一时期，人们也见证了童子军运动（the Scout and Guide movement）、青年旅馆协会（the Youth Hostels Association，1930 年）以及漫步者协会（the Ramblers' Association，1935 年）的崛起，它们在廉价进入乡村、以负责任的态度开展乡村游憩活动方面起到了推动作用。不过，在未开垦的高地乡村地区"漫游的权力"（right to roam），已成为整个 20 世纪运动的主题，但直至 2000 年才成为法律。关于进入农村的讨论仍然像一个世纪以前一样充满对抗性，人们分成两组进行讨论：对抗的双方分别是城市和乡村，土地所有者和漫步者。

更具有吸引力、更丰富多彩的地形测量图，成为帮助人们重新发现乡村历史的先头部队。通过地图来阅读和理解景观，被童子军、漫步者协会等组织视为基本技能。1918 ~ 1939 年是两次世界大战之间的和平时期，这段时间被视为绘制地形测量图的繁荣时期，特别是出现了一英寸比一英里系列地图的高潮。一个人的地图知识素养被看做是一项技能，是区分城市漫步者与乡下人的标志，在 J·M·W· 塔克（J. M. W. Tucker）的著名作品《徒步旅行》（*Hiking*，创作于 1936 年，现存于泰恩河畔纽卡斯尔的莱恩艺术画廊）中，展示了三个穿着适宜步行服装的女孩，在地形测量图的帮助下，在科茨沃尔德景观中对自己所在的位置进行定位。正如巴茨福德在《如何了解这个国家》（*How to See the Country*，1945 ~ 1946 年）中所叙述的那样，"带着你选择的地区的地形测量图，你就成为这个乡村地区的主人：它象征性地出现在你的面前"[71]。英国地形测量旅游地图测绘的重点地区是科茨沃尔德地区、山峰地区和克莱德河口（Firth of Clyde）地区，或者与文学有关的地区，如彭斯和斯科特笔下的乡村，这些地区都具有明确的新用户群体。[72] 地形测量图在学校使用量的增加，以及对景观变化的日益关注，尤其是对农业萎缩的担忧，导致达德利纪念基金（Dudley Stamp）在 20 世纪 30 年代，整合并绘制了英国第一份 6 英寸比 1 英里（1∶10560）的土地利用地图，而田野地图主要是由学童完成的。[73]

第二次世界大战结束以来，随着小汽车拥有量的提高以及高速公路网络的蔓延，导致乡村游憩产业进一步人幅增长。山峰地区国家公园和湖区国家公园每年各吸引约 1200 万至 1400 万人次的游客，在这个过程中，随着山地自行车和悬挂滑翔式跳伞运动的逐步发展，游憩活动的范围也已大大增加。利用乡村开展游憩活动产生的冲突也已经开始升温，尤其是在国家公园里，散步者与骑山地自行车和机动车及四轮驱动车的驾驶者为了争夺同一条线路已经开始出现竞争。以水面为基础的游憩活动之间的冲突更加激烈。坎布里安郡的大部分湖泊，已经对使用动力的船只禁航。最近的一项具有里程碑意义的决定是，在温德米尔（Windermere），航行速度被限制在时速 16km（10 英里）以内，这一措施将有效地结束那里的滑水运动。赞成进入乡村的观点以及在游客身上赚钱的效应，改变了争论的氛围，这种氛围已经导致景观内土地所有者的态度发生了某些显著的改变。例如，国家林业委员会虽然在成立初期对创建森林公园有兴趣，但从 20 世纪 60 年代起，国家林业委员会已经果断地转向鼓励公众进入公园并开展游憩活动，所以，如位于湖区的格雷兹代尔（Grizedale）森林的游客中心已经成为主要的旅游景点。

随着人们的富裕程度、空闲时间以及社会流动性的日益增加，休闲活动（leisure）在增加很多新颖、独特要素的同时，已经成为影响现代景观的重要因素。旅游和休闲之间的区别并不清晰，但休闲可以被视为家庭可及范围内的活动，而旅游指的是时间较长的旅行以及居住地点的临时改变，但旅游和休闲这两类活动可以使用同样的服务设施。一系列的室外体育活动对景观产生了重大的影响，但或许没有哪一项运动像高尔夫一样，产生了如此广泛而特殊的影响；一个 18 洞的高尔夫球场的占地面积平均约 $100hm^2$（247 英亩）。高尔夫球场占用的土地主要在城郊地区或靠近人口中心的乡村地区。主题公园（theme parks）也很重要，虽然数量较少，但占地面积却相当大。现在人们休闲的一项重要活动是购物，同时购物地点已经逐渐从拥挤的城市中心直接转向城市边缘地区，在那里，土地成本较低、租金便宜、停车免费，同时进出高速公路也很方便。在 20 世纪六七十年代，法国人的小汽车拥有率比英国人高，所以法国人率先在欧洲建立城郊购物中心，但欧洲的其他国家，包括英国在内，在这方面已经迎头赶上。在盖茨黑德（Gateshead）的地铁中心（the Metro Centre）和曼彻斯特附近的特拉福德中心（the Trafford Centre），是英国人将美国的大型购物中心（shopping mall）理念引进英国的产物。英国郊区发展的特点稍有不同：强调体育及零售设施的发展，如博尔顿附近的米德尔中心（Middlebrook Centre）。

与休闲相关的另一个主要景观要素是私家花园（private garden），但私家花园一直以来没有受到重视。尽管每一个私家花园的面积较小，但英国私家花园的合计面积仍然覆盖较大的范围，并且与园艺产业相联系。私家花园对景观仍然产生额外的直接或间接影响，例如，为了装饰假山石，毁坏了石灰石的路面；为了给花园提供堆积肥料，破坏了低地地区产生泥炭的藓类植物。私家花园向普通百姓提供了一个改变自己景观品位的机会。虽然在郊区完成了一些大型维多利亚式别墅花园的工作，但人们对现代花园的象征性并没有多少兴趣，对花园流行变化所产生的景观影响也关注甚少[74]，尽管生长迅速的利兰柏（Leyland cypress）树篱已经产生了不良的影响，如导致邻里纠纷案件的产生。随着上述农业景观的转型，私家花园作为鸟类的栖息地，正在变得越来越重要，因为在现代农耕方式的影响下，耕地上画眉的数量正在稳步减少。[75]

从前的景观特征已经孕育出了很多休闲景观。在英国，早已失去了任何商业作用的运河，已经成为休闲活动的重点，尤其是可以在其中进行划船和钓鱼，因为许多沿海港口的航运业和捕鱼业已经衰落。多余的铁路线已转化为人行道和自行车道。闲置的棉纺厂已经被改造成为一系列的零售网点，同时荒废的农场已变成附带咖啡馆和迷你动物园的工艺品中心。

景观与遗产

景观是一种可销售和可消费的商品——游客成群结队地到访，游客带着印有景观的明信片、照片和纪念品回家。与此同时，景观也是一种可以利用的资源，但人们必须以可持续发展的方式对其进行保护，以造福自己和子孙后代。不断增长的遗产行业（heritage industry），把历史和景观变成商品，作为现代娱乐消费的一部分。人们对保存景观及其特征方面的关心与对遗产的兴趣已经重叠在一起了。景观是文化遗产的核心要素。正如我们所看到的，景观有助于人们建立民族认同感。景观加深了人们对过去的认识。作为旅游产业的重要支柱，景观突显了区域和地方的特色，并提升了人们的生活质量，大卫·洛文塔尔（David Lowenthal）曾评论说："从延续生命的意义上来说，人们对过去的意识是必不可少的。没有过去的意识，人们会失去所有的连续感，会失去对所有因果关系的顾虑，会失去对自己身份的所有了解"[76]。大卫·洛文塔尔还声称：

> "过去无处不在。我们周围所有事物的特征，包括我们自己和我们的思想，都或多或少地具有可以识别的前因。遗迹、历史和人们的记忆中都充满了人类的经历。每个特定的过去痕迹最终都会灭亡，但作为一个整体，过去的痕迹是不朽的。无论是名垂青史还是遗臭万年，无论是受到关注还是被忽视，过去的痕迹无处不在。"[77]

在英国这样历史悠久的国家，保存有很多遗产。的确，英国被形容为一个拥有太多过去的国家。英国目前已有超过50万座建筑被列为具有历史意义的重要建筑物，已有8000多个地段被指定为历史文物遗产保存区域。按照人们的意愿，对景观变化进行限制或完全阻止，其效果在近年来已经被人们越来越清晰地认识了。在未来，它很有可能会破坏赐予我们景观遗产的历史进程，创造出没有生气的地方。这些地方尽管是精心保护的，但却像化石一般。据观察，没有变化可能是最具破坏性的变化。

就像“景观”一样，“遗产”也是出了名的难以界定。最近，英国遗产委员会将遗产描述为“人们认为足够重要，并且希望传给子孙后代的来自于过去的特征”。从更现实的视角，遗产被认为是“当代对过去的利用”[78]。为了现代人的目的，现代社会创造了其所需的遗产并对其进行管理。但最具讽刺意味的是，遗产曾被现代人视为同以往的任何东西一样，可以进行商业化包装以赚取利润。[79] 例如，在过去的 20 年里，爱尔兰的景观已经从以农业景观为主越来越多地转化为以旅游景观为主，其中，遗产中心、历史步道（historic trails）和游客中心的数量较大。到爱尔兰共和国的海外游客人数，从 1991 年的 350 万上升到 1997 年的 500 万。[80]

然而，保存景观要素的愿望只是人们最近的想法。在维多利亚时代之前，人们保护历史遗产的想法仅仅是因为历史遗产是古老的，如果历史遗产不再具有原来的使用功能或者不能转化为其他的使用功能，那么再对其进行保护，就会有很多人感到奇怪或震惊。然而，在 19 世纪中后期，城镇景观和乡村景观的变化速率，尤其是铁路建设，摧毁了许多历史建筑，使人们维护建筑物、遗址和景观的意识得到加强。在保护景观方面英国绝不是处于领先地位，意大利和希腊是最先开始考虑保护景观的国家。19 世纪晚期，英国开始立法对巨石阵等遗迹进行保护，同时，开始对著名的历史古迹逐县地建立档案。从 20 世纪 70 年代开始，英格兰、威尔士和苏格兰的皇家古代和历史纪念物委员会（Royal Commissions on Ancient and

Historical Monuments），逐渐开始转向关注更广泛的历史遗迹，而不再仅仅只是教堂、古堡和庄园这些主要的早期遗产；开始转向关注景观，而不再仅仅只是关注私人遗址，特别是土地利用发生大规模变化的边缘地区，例如造林活动对景观构成的威胁。对于苏格兰皇家委员会来说，其职责包括对土地清理前的居民点及相应景观进行绘图，其覆盖范围从佩思郡到萨瑟兰和斯凯（Skye）地区。[81]

无论是在全球范围还是局部地区，人们关于景观遗产的性质都可能存在争议，同时，随着时间的推移，热点也可以转变。这种情形，从联合国教科文组织对世界遗产认定过程中的不断变化，就能明显地看出来。目前全球已经约有630个地点获此殊荣。这些世界遗产大多具有文化特征，侧重历史文化名城、宫殿和教堂的同时，在世界各地的比例不一。在美国，超过一半的世界遗产是国家公园，侧重具有独特地貌的景观，从大峡谷到卡尔斯巴德洞穴（Carlsbad Caverns）。在澳大利亚，几乎所有世界遗产都属于这一类。相反，在意大利，世界遗产大部分属于历史悠久的城市中心、居住地和教堂。曾有批评认为，世界遗产指定的范围过于狭窄，绝大多数集中在纪念物和建筑方面。荷兰的情况有些例外，被指定的世界遗产包括铁桥峡谷（the Ironbridge Gorge）和贝姆斯特圩田（the Beemster Polder）。最近，人们试图扩大世界遗产的遴选范围，以英国为例，人们试图将工业和海洋领域的遗产纳入其中。最近，南威尔士的布雷那冯工业景观（the Blaenavon industrial landscape）被列入世界遗产名录，因为它反映了这样的事实，即开始于英国的工业化进程曾经直接或间接地改变了世界各地的景观和社会。同样，英国在殖民方面的影响也在世界遗产名录中得到反映，如百慕大圣乔治的防御工事。目前，世界遗产提名的重点已经开始转向重要的自然栖息地，如苏格兰凯斯内斯和凯恩戈姆地区的流动乡村（Flow Country of Caithness and the Cairngorms）；开始转向重要的地质遗产，如多塞特和东德文郡的海岸；开始转向有世界意义的重要文化景观，如英格兰的湖区和新森林地区。

遗产往往是一个自上而下的、反映社会精英意识和包含统治阶级传统的概念：遗产往往指的是教堂和城堡，而不是农舍和牛棚，遗产往往代表的是支持现有权力格局的保守力量。遗产在很大程度上仍是由中产阶级来消费。然而，虽然遗产可以用这种方式来加以利用，但是，这种利用方式是可以被质疑并可以从根本上进行颠覆的，而且人们对待遗产的态度可能会随着时间而改变。尽管英国国家信托基金更侧重广泛的社会问题，如在威尔士边境的艾尔迪戈（Erddig），它关注基层公务员的生活问题，但是，作为英国景观主要标志的乡村住宅和园林，展示了将“他们的”遗产变成“我们的”遗产的方式。

如果遗产被放置在特殊的社会或知识背景下，那么，遗产具有特殊的时代性，同时其含义也会随着时间的推移而变化。同样，在任何时期，特定的社会群体，都可以用明显不同的方式，诠释遗产的性质。在任何一种情况下，遗产都是一个有争议的知识领域。所以，在同一时间，遗产既是旅游景点又是人们敬仰的圣地，例如巴黎圣母院。英国的巨石阵（Stonehenge）就是能很好地说明人们对景观遗产的本质产生争议的例子。杰克塔 · 霍克斯（Jacquetta Hawkes）曾经写道，每个时代的人都有对巨石阵应有价值和他们所期望的价值的不同认识。20 世纪 80 年代中后期，英国在开发巨石阵方面出现了冲突，冲突的一方是“为国家”管理该遗址的国家信托基金，该基金拥有巨石阵周围的部分土地，另一方是“新时代”（New Age）的游客，他们想要在夏至日游览巨石阵。虽然德鲁伊教团员的要求不比其他游客强烈，但他们被允许每一年或两年单独访问巨石阵，而其他普通公众的访问则被完全禁止。警察阻止游客进入该地区并禁止游客野营的新闻报道已经有两三年了。即使在正常情况下，为了防止石头损坏和变质，前往巨石阵的游客也不准接近遗址，虽然巨石阵是公有财产，理应为全体公民服务。[82] 1999 年 6 月，400 多名示威者拆除了围墙并占领了该遗址。2000 年，在高等法院裁决在巨石阵遗址周围设置禁区是非法行为之后，夏至日来巨石阵活动对德鲁伊教团员、新时代的旅客和其他旅客重新开放。夏至日到巨石阵参观的人数超过 6000，游客中既有嬉皮士也有雅皮士，既有德鲁伊教成员也有女巫。

大部分对景观变化进行开发和管理的规划及立法机构，已经将开发管理的重点放在独立的遗迹上，如列入保护清单的纪念物和建筑物，保护区、公园或战场等小面积遗迹，而不再将开发管理的重点放在规模较大的景观上。这种做法存在仅保留少数重要遗址，缺乏保护其背景的危险，与此同时，这种做法将丢失周边景观的地方特色以及丰富的多样性。在科茨沃尔德，这种情形已经非常明显，在那里，保护的重点是村庄和小集镇，而现代农业已经极大地改变了村庄和小集镇之间的乡村景观。

在英格兰，国家信托基金成立于 1895 年，其职责包括购买确保公众可以进入观光的土地并防止对土地进行不适当的开发，特别是它购买了坎布里亚郡一些较大湖泊周边的土地。1907 年，国家信托基金被授予法人地位，其拥有的土地是不可分割的。今天，国家信托基金已拥有英格兰和威尔士 1% 以上的土地，其中超过 25% 的土地位于关键的景观地区，如湖区国家公园的核心山区。信托基金的工作得到生态环境保护先驱们的资助，如比阿特丽克斯·波特（Beatrix Potter），她用儿童作品的收益，购买了湖区大量的山区绵羊农场，特别是在河谷源头等敏感的地区。根据她的意愿，这些农场要么被完全捐赠给国家信托基金，要么在遗嘱中遗赠给国家信托基金。随着乡村庄园遗产税的不断提高，直到20世纪30年代，国家信托基金才逐渐获得越来越多的乡村庄园及其园林，这种行为导致国家信托基金给人一种豪宅保管人的流行形象。

显然，遗产的热点在不断变化，更具讽刺意味的是越来越广泛的商业化的现象，如铁桥峡谷内工业博物馆或游客中心的出现。毫不奇怪，作为工业革命的发源地，英国当然也是开发工业景观作为遗产的先驱。20世纪60年代中后期，通过开发旅游业，将科尔布鲁克代尔地区（Coalbrookdale area）从工业废弃地重新变成有活力的地区，使德福（Telford）新城给人一种认同感，并促使该地区的经济复苏。[83] 在20世纪60年代和70年代初，工业用地，因被视为有损市容而被拆除、回收并进行美化，如在阿尔卑斯威根地区煤矿遗留下来的煤矸石堆积场，以及斯旺西山谷（Swansea Valley）低地遗留的铜冶炼景观。当时，工业考古学被认为是少数人的兴趣，但现在，这一时期幸存下来的工业场址常常被改造为工业遗产的旅游点。20世纪60年代，英国政府为了降低国有铁路的成本，关闭了连接运行私人蒸汽火车的铁路支线，这一措施私下被称为比彻之斧（the Beeching axe），后来这些被关闭的铁路支线又重新开放，从这一现象可以看出人们对工业景观态度的转变。工业景观被开发为遗产的现象已经从英国蔓延到欧洲的其他地方，并蔓延到了美国。

罗伯特·休伊森（Robert Hewison）将遗产行业视为用过去拯救现在。[84] 最近，英国似乎每个星期都在开放新的遗产，但有迹象表明，随着遗产吸引物的过度供应，目前可能已经达到饱和，而且部分游客的闲暇时间变少了，因为一些新开的遗迹正在想方设法吸引足够多的游客。在英国，汽油价格上涨以及越来越多的休闲时

保存了某类民族遗产：瑞士的拜伦博格博物馆（Ballenberg）。

乌克兰基辅的民俗博物馆。

间被挤占，可能是来遗产景点参观的人数趋于稳定的重要影响因素。也许更成功的反而是低调的、资本不太密集的遗产项目，如克莱兹上游（upper Clydesdale）格林诺洽（Glenochar）的景观小径（landscape trail），在那里，比加博物馆信托基金（the Biggar Museums Trust）挖掘出的17世纪的强化农舍（bastle）和相关的农业定居点，形成了一个供游客免费自助游览的小径的核心。

遗产行业甚至在露天博物馆中创建了属于自己的历史，这种综合景观对普通民众来说似乎是真实的，但它的设计目的是为了操纵观众的感知。威尔德和丘陵博物馆的乡村生活馆（the Weald and Downland Museum of Rural Life），以及类似的瑞士拜伦博格博物馆，都在单一遗址范围内建造了一系列可进入的文化景观。这些文化景观往往由表达特定叙述故事的一系列舞台布景所组成，与此同时，让游客意识不到它展示的只是一个杜撰的故事，而不是原来的现实。这些故事常常集中于一个特定的开发主题上。例如，美国弗吉尼亚州的露天博物馆，特别是詹姆斯敦（Jamestown）、约克敦（Yorktown）的露天博物馆，威廉斯堡的殖民地博物馆（Colonial Williamsburg）和士丹顿（Staunton）的美国边疆文化博物馆（Museum of American Frontier Culture），纪念和诠释了美国的过去，但在侧重弘扬“进步”与“发展”的同时，却没有消除美国起家的神话。这些博物馆通过展览的主题说明，在景观中展现了具体的历史事件。

相对于真实的、混合的历史景观来说，这些精心设计过的景观是简化的文本。这些景观的线性叙述，倾向于凝固时间，并经常将前工业化时期的文化遗产进行拼接，营造一种对已消失的黄金时代的历史缅怀之情。对建筑物及周边环境的展现不会引起任何有关过去的争论。景观是用来维持过去特定的画面，而不是用来质疑过去的，呈现了一种看上去简单、健康、以社区为基础的过去。这样的博物馆向观众展示的并不是真实的过去。这样的博物馆提供的图片不仅是不完整的，而且是在误导观众，这种人造景观不容易适应学术上或大众口味方面的变化，所以，它们不是灵活地展示过去的方式。在这样的博物馆工作的人员都极不情愿承认，他们展示的知识不过是历史上发生的偶然事件。[85]

制图与遥感

19 世纪，尽管大英帝国的海外扩张很迅猛，但在海外领土测绘方面的进展却相对缓慢。正是由于 1745 年发生的詹姆斯党叛乱事件突显了英国缺乏苏格兰的详细地图，才导致英国地形测量局的最终成立。在布尔战争期间，缺乏精确的南非地图，突显了进行更广泛、更精确测绘的需要。在非洲，地图绘制与发展经济成为同义词：地图绘制既被视为在自己的权利范围内发展的手段，又被视为进一步促进经济转变的一种方式。不过，到了 20 世纪，英国在非洲的殖民地中，由于不同的政治环境，在各个殖民地中，存在着地图绘制进展方面的显著差别。例如，在斯威士兰，早期的草绘地图被 1901 ~ 1904 年的官方测绘地图所取代，官方地图的比例尺是 1 ：148752；1932 年的官方测绘地图的比例尺是 1 ： 59000。[86] 不过，直到第二次世界大战，地图绘制的总体成就仍然是很有限的。1946 年，英国殖民部（the Colonial Office）成立了殖民地测绘局（the Directorate of Colonial Survey，即后来的海外测绘局），根据航空照片以及地面测绘，对英国的殖民地进行了现代测绘。1946 年该局的目标是十年之内绘制 2330910km^2（900000 平方英里）的地图，首先从黄金海岸开始，再逐步转向绘制乌干达、肯尼亚和坦噶尼喀湖的地图。对于这些测绘活动来说，建立地面控制点往往是相当困难的，但到 20 世纪 70 年代初，测绘工作转向了环境更加恶劣的英国在南极的领土。[87]

在 20 世纪，测绘领域的最大成果无疑是遥感技术的进步。在第一次世界大战爆发的最初几个月，就已经可以利用飞机定位部队的位置了；最重要的技术进步是给航行器配备照相装置，并能够带回生成的图像供专家仔细研究。有些飞行员意识到，在空中鸟瞰，特别是在巴勒斯坦上空盘旋，可以得到遗址的新照片，同时也可以发现以前未识别的遗址。第一次世界大战结束之后，这一工作的爱好者如 O·G·S· 克劳福德（O. G. S. Crawford），开发出了航空考古技术，并成为一门独立的专业。通过航空照片，人们不仅可以从空中更清晰地欣赏景观格局的特征，而且还可以通过阴影、土壤、农作物的标志，发现遗址和在地面上几乎看不到，或不能完全看到的东西，如在英格兰南部的白垩丘陵地带发现了大面积的史前“凯尔特”田野的格局。第二次世界大战结束之后，摄影测绘技术发展迅速，并开始成为新型制图技术的中流砥柱。英国海外测绘局在绘制冈比亚、肯尼亚等地的地图时，越来越多地以航空测绘为主，以减少地面控制点，因为那里的大部分地形很难进入。

从 20 世纪 70 年代开始，随着轨道卫星成像系统的进步，如 Landsat 地球资源卫星的发射，“远程”遥感的范围达到了一个新的层面。遥感使用了假彩色成像系统，以使植被覆盖和土地利用的对比更加明显。从太空观察地球广大区域的能力，使人们对景观的脆弱性产生了新的认识，如热带雨林被破坏和沙漠扩张的趋势，在这一过程中，使我们对整个星球的脆弱性有了新的视角。[88] 从 20 世纪 80 年代开始，越来越精确的 Landsat 卫星遥感影像使得人们对森林砍伐的数量进行了重新估量，结果是数量大幅上升。[89] 如今，计算机成像系统能让人在历史景观中畅游，如根据发掘数据对考古遗址进行三维重建。计算机成像系统也可以创建未来的景观，例如，根据一般或特殊的管理战略及保护战略的应用；计算机可以在理论上模拟未来的情景，如环境敏感地区。[90]

虚构与幻想的景观

我们已经看到，露天博物馆通过景观创建了它们自己的叙述过去的方式。有时，这种叙述方式包括开发一系列现有的真正遗址，如在铁桥地区出现的情况。但是，这种开发方式也包括在为特定目的的建造的新场地上，对建筑物和构筑物的重新组装，如威尔德和丘陵博物馆，及达勒姆公司建造的春风明媚露天博物馆（the Beamish open-air museum in Co.Durham）。露天博物馆只是创建一个完完全全的梦幻景观的第一步，正如美国人于 1971 年在佛罗里达州的奥兰多创建了迪斯尼世界（Disney World），1985 又在加利福尼亚州创建了迪斯尼乐园（Disneyland），进而于 1992 年在巴黎附近创建了欧洲迪斯尼。梦幻景观也越来越多地来自电脑游戏。近年来，电脑游戏使用的景观图像质量有了显著的提高，所以真实的景观模型得以展现，如葛底斯堡战场，或西线战场上索普威斯骆驼飞行员（Sopwith Camel pilot）的视野。虽然依据真实的图像数量较少，但在《恺撒王》（*Caesar*）和《法老王》（*Pharoah*）等游戏中，地中海或尼罗河谷的景观图片却表现得同样强大，在游戏中，玩家可以建立虚拟的古代帝国和梦幻般的古代城市。这类的战略游戏，以及像《文明》一类的游戏，通过对相应景观的塑造，突出了征服和镇压的特殊意识形态，但在这个过程中，也可能强化了文化陈规和种族形象。

因为人们对景观的感知是如此个人化，所以，在这本书里，我们一直在讨论虚幻的和真实的景观。但是，我们也深受作者刻意创造的虚拟景观的影响。从童年起，《百亩森林》（*Hundred Acre Wood*）、《河岸》（*The Riverbank*）以及《野树林》（*The Wild Wood*）等童话故事，就一直在潜移默化地影响我们对英格兰乡村的看法。其他的完全幻想的景观，也对我们产生过重大影响，这些成系列的幻想景观实现了内在风格的一致性和连贯性。《碟形世界》（*Discworld*）、《歌门鬼城》（*Gormenghast*）或《中土世界》（*Middle Earth*）中的景观，都与地球行星的景观有关。中土世界里的气候和植被格局与欧洲的相一致，尽管海岸线完全不同。在这方面，J·R·R· 托尔金（J. R. R. Tolkien）一直遵循着长期以来建立的传统，即创造想象中的、但又完全让人信服的，同时具有自己特色的景观和地理条件的土地，如 1904 年康拉德（Conrad）在《诺斯托罗莫》（*Nostromo*）中创造的 Costaguana。许多科幻小说都将极端条件下的陆地景观作为场景，例如，土地再一次被更厚的冰雪所覆盖，或由于全球变暖的结果，被冰盖融化形成的洪水所淹没。但是，其他世界的景观同样引人注目。像弗兰克 · 赫伯特（Frank Herbert）《沙丘》（*Dune*，1965 年）中的景观，是推向极致的陆地景观。另一方面，就像 J·K· 罗琳（J. K. Rowling）的《哈利 · 波特》小说所描述的那样，发生在熟悉的完全世俗景观中的那些充满神秘、精彩绝伦的故事，也可能是吸引人的。

结论：新千年的景观

在这本书里，我们对过去五个世纪中，英国、欧洲及更广阔世界的景观和景观感知变化的方式进行了探索。人们可能过分强调了景观变化对景观连续性的损害。这是因为，相比连续景观中不引人注目的过程，景观变化往往更具有争议性、趣味性，同时也被记录得更加全面。景观的变化是不可避免的，但在当代背景下，景观的变化需要得到理解、规划和控制。正如我们所看到的，景观变化不仅只涉及物理方面的改变。人们看待景观的方式，在过去已经发生了改变，在未来将会继续发生变化。可以预见，未来的景观变化将会朝着好的方向改变，至少在未来二三十年如此，例如放缓郊区开发速度所带来的影响。其他方面的变化，可能取决于未来的发展趋势或政府的政策，但这些因素更难预测。某些景观变化，将完全出乎人们的意料，如 2001 年英国爆发的口蹄疫对高地农业景观的影响。2001 年发生在美国的“9 · 11”恐怖袭击事件，也可能直接或间接地对景观造成影响。

但这些不能抹杀景观连续性的重要意义，因为它为个人和社会提供了地方感，以及我们不知源自何方的历史感和地理感。正如最后一章强调的那样，近几十年来，在全球范围内景观变化的步伐已经大大加快。我们生活在一个全球化进程日益重要的世界里——这意味着在更大的空间尺度上进行经济、社会、文化和政治方面的联系，它远远超过了单个国家或大陆之间的联系。但与此同时，全球化本身也创造了相应的需求，即对地方主义（localism），以及维持它们独特性、连续性的场所（place）及景观的需求。至于在 21 世纪，这些影响将在多大程度上稳定或改变推动景观变化的作用力，和景观趋同的作用力，是一个值得探索的、充满吸引力的话题。

各章参考书目

第一章　景观与历史

1 G. Rose, *Feminism and Geography* (Cambridge, 1993), p. 28.
2 A. R. H. Baker and G. Biger, 'Introduction: An Ideology of Landscape', *Ideology and Landscape in Historical Perspective*, ed. Alan Baker and G. Biger (Cambridge, 1992), pp. 1–14.
3 J. Appleton, *The Experience of Landscape* (London, 1975), p. 15.
4 S. Seymour, 'Historical Geographies of Landscape', in *Modern Historical Geographies*, ed. B. Graham and C. Nash (London, 2000), p. 214.
5 B. Bender, *Landscape: Politics and Responsibility* (Oxford, 1992), p. 21.
6 B. Bender, *Stonehenge: Making Space* (Oxford, 1998), pp. 30–32.
7 *Ibid.*
8 D. W. Meinig, *The Interpretation of Ordinary Landscapes* (Oxford, 1979), p. 10.
9 Y.-F. Tuan, *Landscapes of Fear* (Minnesota, 1979), p. 25.
10 D. W. Meinig, 'The Beholding Eye: Ten Versions of the Same Scene', *Landscape Architecture*, LXVI (1976), pp. 47–54.
11 J. W. Watson, 'Geography: A Discipline in Distance', *Scottish Geographical Magazine*, LXXI (1955), pp. 1–13.
12 H. Brookfield, 'On the Environment as Perceived', in *Progress in Geography, I*, ed. C. Board *et al.* (London, 1969), pp. 51–80.
13 C. Dellheim, 'Imagining England: Victorian Views of the North', *Northern History*, XXIII (1987), pp. 216–30.
14 D. C. D Pocock, 'The Novelist's Image of the North', *Transactions of the Institute of British Geographers*, n.s., IV (1979), pp. 62–76.
15 D. Lowenthal and H. Prince, 'The English Landscape', *Geographical Review*, LIV (1964), pp. 309–46.
16 P. Howard, *Landscapes: The Artists' Vision* (London, 1991).
17 M. Shoard, 'The Lure of the Moors', in *Valued Environments*, ed. J. R. Gold and J. Burgess (London, 1982), pp. 59–73.
18 J. Darvill, 'The Historic Environment, Historic Landscapes, and Space–Time–Action Models in Landscape Archaeology', in *The*

Archaeology of Landscape, ed. P. Ucko and R. Layton (London, 1999), pp. 104–18.
19 J. R. Hunn, *Reconstruction and Measurement in Landscape Change: A Study of Six Parishes in the St Albans Area*, British Archaeological Reports, British Series, CCXXXVI (Oxford, 1994).
20 Bender, *Landscape*, p. 15.
21 P. Coones, 'One Landscape or Many? A Geographical Perspective', *Landscape History*, VII (1985), pp. 5–13.
22 H. Morphy, 'Colonialism, History and the Construction of Place: The Politics of Land in Northern Australia', in *Landscape: Politics and Perspectives*, ed. B. Bender (Oxford, 1992), pp. 205–44.
23 D. Cosgrove, *Social Formation and Symbolic Landscape* (London, 1984), p. 12.
24 J. B. Harley, 'Maps, Knowledge and Power', in *The Iconography of Landscape*, ed. D. Cosgrove and S. Daniels (Cambridge, 1988), pp. 277–312.
25 P. Claval, 'European Rural Societies and Landscapes and the Challenge of Urbanization and Industrialization in the Nineteenth Century', *Geografiska Annaler*, LXX/B (1988), pp. 27–38.
26 R. Muir, *Approaches to Landscape* (London, 1999), pp. 2–12.
27 B. K. Roberts, 'Landscape Archaeology', in *Landscape and Culture*, ed. J. Wagstaff (Oxford, 1987), pp. 26–37.
28 Muir, *Approaches to Landscape*, pp. 99–114.
29 A. E. Trueman, *Geology and Scenery in England and Wales* (London, 1949).
30 W. R. Mead, 'The Study of Field Boundaries', *Geographische Zeitschrift*, LIV (1966), pp. 114–24.
31 Roberts, 'Landscape Archaeology', pp. 26–37.
32 J. Thomas, 'The Politics of Vision and the Archaeology of Landscape', in *Landscape: Politics and Perspectives*, ed. B. Bender (Oxford, 1992), pp. 19–45.
33 G. Fairclough, 'Protecting Time and Space: Understanding Historic Landscape for Conservation in England', in *The Archaeology of Landscape*, ed. P. Ucko and R. Layton (London, 1999), pp. 119–34.
34 W. G. Hoskins, *The Making of the English Landscape* (London, 1955).
35 Cosgrove and Daniels, *Iconography*, p. 24.
36 Bender, *Stonehenge*, pp. 28–9.
37 Hoskins, *English Landscape*, p. 298.
38 M. Conzen, *The Making of the American Landscape* (London, 1990).
39 H. C. Darby, *Domesday England* (Cambridge, 1977).
40 R. A. Dodgshon, *The European Past: Social Evolution and Spatial Order*

(London, 1987), pp. 6–9.
41 J. F. Hart, *The Rural Landscape* (London, 1998), p. 56.
42 A. R. H. Baker, 'Historical Geography and the Study of the European Rural Landscape', *Geografiska Annaler*, LXX/B (1988), pp. 5–15.
43 J. Benes and M. Zvelbil, 'A Historical Interactive Landscape in the Heart of Europe: The Case of Bohemia', in *The Archaeology of Landscape*, ed. P. Ucko and R. Layton (London, 1999), pp. 73–93.
44 M. Williams, *Americans and their Forests: A Historical Geography* (Cambridge, 1989).
45 W. J. T. Mitchell, 'Imperial Landscape', in *Landscape and Power*, ed. W. J. T. Mitchell (Chicago, 1994), pp. 5–30.
46 J. Darvill, 'The Historic Environment, Historic Landscapes, and Space–Time Action Models in Landscape Archaeology', in *The Archaeology of Landscape*, ed. P. Ucko and R. Layton (London, 1999), pp. 104–18.
47 G. Fairclough, 'Protecting Time and Space: Understanding Historic Landscape for Conservation in England', in *The Archaeology of Landscape*, ed. P. Ucko and R. Layton (London, 1999), pp. 119–34.
48 T. Ingold, 'The Temporality of Landscape', *World Archaeology*, XXV (1993), pp. 152–74.
49 H. C. Darby, 'The Regional Geography of Thomas Hardy's Wessex', *Geographical Review*, XXXVIII (1948), pp. 426–43.
50 R. A. Butlin, *Historical Geography: Through the Gates of Space and Time* (London, 1993), pp. 132–33.
51 S. Schama, *Landscape and Memory* (London, 1995), p. 16.
52 P. Cloke, P. Milbourne and C. Thomas. 'The English National Forest: Local Reactions to Plans for Re-negotiated Nature–Society Relationships in the Countryside', *Transactions of the Institute of British Geographers*, n.s., XXI (1996), pp. 552–71.
53 J. Appleton, *The Experience of Landscape* (London, 1975).
54 G. H. Orians, 'An Ecological and Evolutionary Approach to Landscape Aesthetics', in *Landscape Meaning and Values*, ed. E. C. Penning-Rowsell and D. Lowenthal (London, 1986), pp. 3–25.
55 Cosgrove, *Social Formation and Symbolic Landscape*, pp. 10–12.
56 P. Coones, 'One Landscape or Many? A Geographical Perspective', *Landscape History*, VII (1985), pp. 5–13.
57 Mitchell, 'Imperial Landscape', p. 132.
58 Orians, 'Landscape Aesthetics', pp. 3–25.
59 Hart, *Rural Landscape*, p. 18.
60 D. Cosgrove, 'Prospect, Perspective and the Evolution of the Landscape Idea', *Transactions of the Institute of British Geographers*, n.s.,

x (1985), pp. 45–62.
61 Cosgrove, *Social Formation and Symbolic Landscape*, p. 35.
62 D. Cosgrove and S. Daniels, 'Introduction', in *The Iconography of Landscape*, ed. D. Cosgrove and S. Daniels (Cambridge, 1988), p. 16.
63 Baker and Biger, 'Ideology of Landscape', pp. 1–14.
64 Rose, *Feminism and Geography*, p. 28.
65 J. Barrell, 'The Public Prospect and the Private View: The Politics of Taste in Eighteenth-Century Britain', in *Reading Landscape: Country–City–Capital* (Manchester, 1990), pp. 9–40.
66 M. Domosh, 'Towards a Feminist Historiography of Geography', *Transactions of the Institute of British Geographers*, n.s., XVIII (1991), pp. 95–105.
67 M. Andrews, *Landscape and Western Art* (Oxford, 1999), p. 85.
68 *Ibid.*
69 J. Berger, *Ways of Seeing* (London, 1972), p. 120.
70 J. B. Harley, 'Maps, Knowledge and Power', in *The Iconography of Landscape*, ed. D. Cosgrove and S. Daniels (Cambridge, 1988), pp. 277–312.
71 A. Godlewska, 'Map, Text and Image: The Mentality of Enlightened Conquerors: A New Look at the Description de l'Egypte', *Transactions of the Institute of British Geographers*, n.s., xx (1995), pp. 5–28.
72 Cosgrove, *Social Formation and Symbolic Landscape*, p. 72.
73 Hoskins, *English Landscape*, p. 20.
74 I. G. Simmons, *An Environmental History of Great Britain* (Edinburgh, 2001), pp. 23–50.
75 T. Williamson, 'The Rural Landscape: 1500–1900, the Neglected Centuries', in *Landscape: The Richest Historical Record*, ed. D. Hooke, Society for Landscape Studies Monograph (Birmingham, 2001), pp. 109–17.

第二章　早期的现代景观

1 R. A. Dodgshon, *The European Past: Social Evolution and Spatial Order* (London, 1987), p. 76.
2 P. Atkins, I. Simmons and B. Roberts, *People, Land and Time* (London, 1998), pp. 64–7.
3 M. Williams, 'Dark Ages and Dark Areas: Global Deforestation in the Deep Past', *Journal of Historical Geography*, XXVI (2000), pp. 28–46.
4 F. Braudel, *The Identity of France* (London, 1988), p. 126.
5 J. Thirsk, *England's Agricultural Regions and Agrarian History, 1500–1750* (London, 1987).

6 D. Hooke, 'The Appreciation of Landscape History', in *Landscapes: The Richest Historical Record*, ed. D. Hooke, Society for Landscape Studies Monograph (Birmingham, 2001), pp. 43–55.
7 H. Prince, 'Regional Contrasts in Agrarian Structures', in *Themes in the Historical Geography of France*, ed. H. Clout (London, 1977), pp. 162–5.
8 O. Rackham, *The History of the Countryside* (London, 1986), pp. 4–5.
9 M. Turner, *English Parliamentary Enclosure* (Folkestone, 1980).
10 T. Williamson, 'Exploring Regional Landscapes: Woodland and Champion in Southern and Eastern England', *Landscape History*, x (1988), pp. 5–13.
11 Prince, 'Regional Contrasts', pp. 162–5.
12 B. K. Roberts, 'Rural Settlements in Europe, 500–1500', in *An Historical Geography of Europe*, ed. R. A. Butlin and R. A. Dodgshon (Oxford, 1998), pp. 73–100.
13 J. R. McNeill, *The Mountains of the Mediterranean* (Cambridge, 1992), p. 15.
14 X. de Planhol, *An Historical Geography of France* (Cambridge, 1994), p. 223.
15 A. R. H. Baker and R. A. Butlin, *Studies of Field Systems in the British Isles* (Cambridge, 1973).
16 R. A. Dodgshon, *Land and Society in Early Scotland* (Oxford, 1981), pp. 188–91.
17 I. D. Whyte, 'Rural Europe since 1500: Areas of Retardation and Tradition', in *An Historical Geography of Europe*, ed. R. A. Dodgshon and R. A. Butlin (Oxford, 1998), pp. 243–58.
18 P. D. A. Harvey, *Maps in Tudor England* (London, 1993), p. 99.
19 G. Meirion-Jones, 'Vernacular Architecture and the Peasant House', in *Themes in the Historical Geography of France*, ed. H. D. Clout (Cambridge, 1977), pp. 343–406.
20 G. Meirion-Jones, *The Vernacular Architecture of Brittany: An Essay in Historical Geography* (Edinburgh, 1982), p. 41.
21 M. W. Beresford and J. G. Hurst, *Wharram Percy, Deserted Medieval Village* (London, 1990), pp. 35–41.
22 W. G. Hoskins, *The Making of the English Landscape* (London, 1955), pp. 155–6; S. Denyer, *Traditional Buildings and Life in the Lake District* (London, 1991), pp. 11–18.
23 Roberts, 'Rural Settlements', pp. 73–100.
24 Williams, 'Dark Ages', pp. 28–46.
25 McNeill, *Mountains of the Mediterranean*, p. 154.
26 De Planhol, *Historical Geography*, p. 232.
27 Dodgshon, *European Past*; N. J. G. Pounds, *An Historical Geography of*

Europe, 1500–1840 (Cambridge, 1979), p. 212.

28 M. L. Parry, *Climatic Change, Agriculture and Settlement* (Folkestone, 1978); J. M. Grove, *The Little Ice Age* (London, 1990).

29 Grove, *Little Ice Age*.

30 M. Widgren, 'Is Landscape History Possible? Or, How Can We Study the Desertion of Farms?', in *The Archaeology of Landscape*, ed. P. Ucko and R. Layton (London, 1999), pp. 96–103.

31 H. Lamb, *Climate, History and the Modern World* (London, 1982), p.207.

32 H. Lamb, *Climate: Past, Present and Future*, I (London, 1972), pp. 153–4.

33 Parry, *Climatic Change*, pp. 83–6.

34 E. Le Roy Laduric, *Times of Feast, Times of Famine: A History of Climate from the Year 1000* (London, 1971), pp. 128–75.

35 Grove, *Little Ice Age*, pp. 64–107.

36 Grove, *Little Ice Age*, p. 232.

37 *Royal Commission on the Ancient and Historical Monuments of Scotland, East Dumfriesshire: Archaeological Landscape* (Edinburgh, 1997), pp. 85–7.

38 Grove, *Little Ice Age*.

39 Roberts, *Rural Settlements*, pp. 94–5.

40 B. H. Slicher van Bath, *The Agrarian History of Western Europe, AD 500–1850* (London, 1963), pp. 132–6.

41 A. B. Appleby, *Famine in Tudor and Stuart England* (Liverpool, 1978).

42 Dodgshon, *Land and Society*, pp. 176–84.

43 J. Yelling, 'Agriculture, 1500–1730', in *An Historical Geography of England*, ed. R. A. Dodgshon and R. A. Butlin (London, 1978), pp. 151–73.

44 R. A. Butlin, *The Transformation of Rural England c. 1580–1800* (Oxford, 1982); J. R. Wordie, 'The Chronology of English Enclosure, 1500–1914', *Economic History Review*, XXXVI (1983), pp. 483–505.

45 I. Wallerstein, *The Modern World System: Capitalist Agriculture and the Origins of the European World Economy in the Sixteenth Century* (London, 1974).

46 A. M. Lambert, *The Making of the Dutch Landscape* (London, 1985).

47 Quoted in R. A. Butlin 'Drainage and Land Use in the Fenlands and Fen-edge of North East Cambridgeshire in the Seventeenth and Eighteenth Centuries', in *Water Engineering and Landscape*, ed. D. Cosgrove and G. Petts (London, 1990), pp. 54–76.

48 Pounds, *Historical Geography*.

49 O. Rackham, *The History of the Countryside* (London, 1986), pp. 109–13.

50 McNeill, *Mountains of the Mediterranean*, p. 223.

51 R. H. Grove, *Green Imperialism: Colonial Expansion, Tropical Island Edens and the Origins of Environmentalism, 1600–1860* (Cambridge, 1995),

p. 158.
52 McNeill, *Mountains of the Mediterranean*, p. 69.
53 M.Bowden, *Furness Iron* (London, 2000).
54 McNeill, *Mountains of the Mediterranean*, p. 72.
55 Rackham, *History of the Countryside*, p. 111.
56 I. D. Whyte, *Agriculture and Society in Seventeenth-Century Scotland* (Edinburgh, 1979), pp. 119–22.
57 T. Williamson, *The Norfolk Broads: A Landscape History* (Manchester, 1997).
58 Lambert, *Dutch Landscape*.
59 G. Whittington and J. Jarvis, 'Kilconquhar Loch, Fife: An Historical and Palynological Investigation', *Proceedings of the Society of Antiquaries of Scotland*, CXVI (1986), pp. 413–28.
60 Whyte, *Seventeenth-Century Scotland*, p. 209.
61 M. Airs, *The Buildings of Britain: Tudor and Jacobean* (London, 1982), p. 11.
62 Airs, *Buildings of Britain*, pp. 41–2.
63 Hoskins, *English Landscape*, pp. 157–8.
64 J. G. Dunbar, *The Historic Architecture of Scotland* (London, 1966).
65 Hoskins, *English Landscape*, pp. 138–9.
66 J. R. Short, *Imagined Country: Environment, Culture and Society* (London, 1991), p. 85.
67 A. C. Kitchener, 'Extinctions, Introductions and Colonisations of Scottish Mammals and Birds since the Last Ice Age', in *Species History in Scotland*, ed. R. A. Lambert (Edinburgh, 1998), pp. 63–92.
68 Rackham, *History of the Countryside*, pp. 32–6.
69 E. Weber, *Peasants into Frenchmen: The Modernization of Rural France, 1870–1914* (London, 1977), p. 22.
70 J. Black, *The British Abroad: The Grand Tour in the Eighteenth Century* (London, 1992).
71 F. Braudel, *The Mediterranean and the Mediterranean World in the Age of Philip II* (London, 1975), pp. 178–9.
72 Harvey, *Maps and Tudor England*, p. 37.
73 D. Cosgrove, *Social Formation and Symbolic Landscape* (London, 1984), p. 32.
74 S. Bendall, 'Interpreting Maps of the Rural Landscape: An Example from Late Sixteenth-Century Buckinghamshire', *Rural History*, IV (1993), pp. 107–21.
75 M. Andrews, *Landscape and Western Art* (Oxford, 1999), pp. 79–85.
76 W. Ravenhill, 'Mapping a United Kingdom', *History Today*, XXXV/10 (1985), pp. 27–33.

77 Bendall, 'Interpreting Maps', p. 55.
78 S. Tyacke, *English Map-Making, 1590–1650* (London, 1983), p. 46.
79 D. Buisseret, *Monarchs, Ministers and Maps* (Chicago, 1992).
80 J. C. Stone, 'Timothy Pont and the First Topographical Survey of Scotland, c. 1583–1596', *Scottish Geographical Magazine*, LXXXXIX (1983), pp. 161–8.
81 J. Chandler, 'The Discovery of Landscape', in *Landscape: The Richest Historical Record*, ed. D. Hooke, Society for Landscape Studies Monograph (Birmingham, 2001), pp. 33–41.
82 Cosgrove, *Symbolic Landscape*, p. 58.
83 Cosgrove, *Symbolic Landscape*, p. 58.
84 Andrews, *Western Art*, pp. 47–9.
85 D. Cosgrove and S. Daniels, eds, *The Iconography of Landscape* (Cambridge, 1988) p. 19.
86 Cosgrove and Daniels, *Iconography*, p. 19.
87 A. J. Adams, 'Competing Communities in the Great Bog of Europe: Identity and Seventeenth-Century Dutch Landscape Painting', in *Landscape and Power*, ed. W. J. T. Mitchell (Chicago, 1994), pp. 35–76.
88 M. MacCarthy-Morragh, *The Munster Plantation: English Migration to Southern Ireland, 1583–1641* (Oxford, 1986).
89 M. Percival-Maxwell, *The Scottish Migration to Ulster in the Reign of James I* (London, 1973).
90 D. Worster, 'The Vulnerable Earth', in *The Ends of the Earth: Perspectives on Modern Environmental History*, ed. D. Worster (Oxford, 1988), pp. 3–20.
91 J. W. Watson and T. O'Riordan, *The American Environment: Perceptions and Policies* (London, 1976), p. 76.
92 D. Lowenthal, 'The American Scene', *Geographical Review*, LVIII (1968), pp. 61–88.
93 L. A. Newson, 'The Population of the Amazon Basin in 1492: A View from the Equadorian Headwaters', *Transactions of the Institute of British Geographers*, n.s., XXI (1996), pp. 5–26.
94 P. Coates, *Nature: Western Attitudes since Ancient Times* (London, 1998), p. 131.
95 Coates, *Nature*.
96 C. M. Cowell, 'Presettlement Piedmont Forests: Patterns of Composition and Disturbance in Central Georgia', *Annals of the Association of American Geographers*, LXXXXV (1995), pp. 65–84.
97 W. Bryson, *A Walk in the Woods* (London, 1997), p. 203.
98 M. Williams, *Americans and their Forests: A Historical Geography* (Cambridge, 1989), p. 47.
99 *Ibid.*

100 M. Conzen, *The Making of the American Landscape* (London, 1990), p. 225.
101 Hart, *Rural Landscape*, p. 89.
102 Conzen, *American Landscape*, p. 232.
103 *Ibid.*
104 Hart, *Rural Landscape*, p. 56.
105 *Ibid.*
106 Grove, *Green Imperialism*, p. 162.
107 T. Musgrave and W. Musgrave, *An Empire of Plants* (London, 2000).
108 L. Pulsipher, 'Seventeenth-Century Montserrat: An Environmental Impact Statement', *Historical Geography Research Group Research Series*, XVII (London, 1986).
109 *Ibid.*

第三章　启蒙运动，如画景观和浪漫景观

1 M. Andrews, *The Search for the Picturesque* (London, 1989), p. 152.
2 D. Defoe, *A Tour Through the Whole Island of Great Britain*, Penguin Edition (London, 1971), pp. 487–8.
3 Defoe, *Tour*, p. 550.
4 Defoe, *Tour*, p. 660.
5 Defoe, *Tour*, p. 460.
6 T. C. Smout, *Nature Contested: Environmental History in Scotland and Northern England since 1600* (Edinburgh, 2000), pp. 16–17.
7 F. Braudel, *The Mediterranean and the Mediterranean World in the Age of Philip II* (London, 1975), I, pp. 25–47.
8 A. J. L. Winchester, *The Harvest of the Hills: Rural Life in Northern England and the Scottish Borders, 1400–1700* (Edinburgh, 2000), pp. 3–4.
9 M. E. Burkett, *Read's Point of View: Paintings of the Cumbrian Countryside: Matthias Read, 1669–1747* (Kendal, 1995).
10 Andrews, *Picturesque*, pp. 132–4.
11 H. Prince, 'Art and Agrarian Change, 1710–1815', in *The Iconography of Landscape*, ed. D. Cosgrove and S. Daniels (Cambridge, 1988), pp. 98–119.
12 J. Barrell, *The Dark Side of the Landscape: The Rural Poor in English Painting, 1730–1840* (Cambridge, 1980).
13 Prince, 'Art and Agrarian Change'.
14 A. Bermingham, *Landscape and Ideology: The English Rustic Tradition, 1740–1860* (Berkeley, 1987), p. 56.
15 G. Rose, *Feminism and Geography* (Cambridge, 1993), p. 72.
16 Smout, *Nature Contested*, p. 20.
17 M. Turner, *English Parliamentary Enclosure* (Folkestone, 1980), p. 5.

18 M. Overton, *Agricultural Revolution in England: The Transformation of the Agrarian Economy, 1500–1850* (Cambridge, 1996), p. 190.
19 J. Chapman, 'Enclosure Commissioners as Landscape Planners', *Landscape History*, xv (1993), pp. 51–5.
20 Quoted in R. Williams, *The Country and the City* (London, 1973), p. 136.
21 O. Rackham, *The History of the Countryside* (London, 1986), p. 190.
22 Bermingham, *Landscape and Ideology*, p. 121.
23 I. H. Adams, 'The Agents of Agricultural Change', in *The Making of the Scottish Countryside*, ed. M. L. Parry and T. R. Slater (London, 1981), pp. 155–76.
24 I. D. Whyte and K. A. Whyte, *The Changing Scottish Landscape, 1500–1800* (London, 1991), pp. 126–50.
25 T. C. Smout, *A History of the Scottish People, 1560–1830* (London, 1972), pp. 287–94.
26 D. G. Lockhart, 'The Planned Villages', in *The Making of the Scottish Countryside*, ed. M. L. Parry and T. R. Slater (London, 1981), pp. 249–70.
27 I. H. Adams, *The Making of Urban Scotland* (London, 1978), p. 46.
28 L. Proudfoot, 'Property Ownership and Urban and Village Improvement in Provincial Ireland ca.1700–1845', *Institute of British Geographers Historical Geography Research Series*, xxxiii (1997).
29 F. H. A. Aalen, K. Whelan and M. Stout, eds, *Atlas of the Irish Rural Landscape* (Cork, 1997), p. 54.
30 A. D. M. Phillips, *The Underdraining of Farmland in England during the Nineteenth Century* (Cambridge, 1989).
31 Rackham, *History of the Countryside*, pp. 91–106.
32 S. Seymour, 'Landed Estates, the "Spirit of Planning" and Woodland Management in Later Georgian Britain: A Case Study from the Dukeries, Nottinghamshire', in *European Woods and Forests: Studies in Cultural History*, ed. C. Watkins (London, 1998), pp. 115–34.
33 D. Worster, 'The Vulnerable Earth', in *The Ends of the Earth: Perspectives on Modern Environmental History*, ed. D. Worster (Cambridge, 1988), pp. 3–20.
34 M. Reed, *The Georgian Triumph, 1700–1830* (London, 1984), pp. 247–54.
35 N. Everett, *The Tory View of Landscape* (New York, 1994).
36 T. Williamson, *Polite Landscape: Gardens and Society in Eighteenth-Century England* (Stroud, 1998).
37 Reed, *Georgian Triumph*, pp. 247–9.
38 T. Williamson, 'The Archaeology of the Landscape Park', *British Archaeological Reports*, British Series, cclxviii (1998).

39 I. G. Lindsay and M. Cosh, *Inveraray and the Dukes of Argyll* (Edinburgh, 1972).
40 Reed, *Georgian Triumph*, p. 248.
41 Everett, *Tory View*.
42 Williamson, *Archaeology of the Landscape Park*, p. 10.
43 Williamson, *Archaeology of the Landscape Park*, p. 32.
44 Williamson, *Polite Landscape*, p. 55.
45 Bermingham, *Landscape and Ideology*, p. 142.
46 Seymour, 'Landed Estates', pp. 115–34.
47 R. Muir, *The Lost Villages of Britain* (London, 1982), pp. 215–18.
48 Williamson, *Polite Landscape*, p. 96.
49 S. Daniels, 'The Political Iconography of Woodland in Later Georgian England', in *The Iconography of Landscape*, ed. D. Cosgrove and S. Daniels (Cambridge, 1988), pp. 43–82.
50 Whyte and Whyte, *Changing Scottish Landscape*, p. 163.
51 Aalen, Whelan and Stout, *Irish Rural Landscape*, p. 87.
52 L. A. Clarkson, *Proto-Industrialization: The First Phase of Industrialization?* (London, 1985).
53 B. Trinder, *The Making of the Industrial Landscape* (London, 1982), p. 76.
54 Whyte and Whyte, *Changing Scottish Landscape*, p. 221.
55 J. M. Lindsay, 'The Iron Industry in the Highlands: Charcoal Blast Furnaces', *Scottish Historical Review*, LVI (1977), pp. 49–63.
56 B. Bailey, *The Industrial Heritage of Britain* (London, 1982), p. 177.
57 P. J. C. Ransom, *The Archaeology of the Transport Revolution, 1750–1850* (Tadworth, 1984), pp. 21–3.
58 J. Langton, *Geographical Change and Industrial Revolution: Coalmining in South West Lancashire, 1590–1799* (Cambridge, 1979).
59 Ransom, *Transport Revolution*, pp. 36–72.
60 J. Black, *The British Abroad: The Grand Tour in the Eighteenth Century* (London, 1992).
61 Burkett, *Read's Point of View*.
62 Barrell, *Dark Side of the Landscape*, p. 48.
63 Bermingham, *Landscape and Ideology*, p. 110.
64 Turner, *Parliamentary Enclosure*, p. 124.
65 Overton, *Agricultural Revolution*.
66 Bermingham, *Landscape and Ideology*, p. 105.
67 S. Schama, *Landscape and Memory* (London, 1995), pp. 466–71.
68 G. Whittington and A. Gibson, 'The Military Survey of Scotland, 1747–1755: A Critique', *Institute of British Geographers Historical Geography Research Series*, XVIII (1986).
69 R. J. Dabundo, *Encyclopaedia of Romanticism: Culture in Britain*,

1780s–1830s (London, 1994).
70 Whyte and Whyte, Changing Sco*ttish Landscape*, pp. 189–95.
71 P. Hindle, *Maps for Historians* (London, 1998), p. 62.
72 Adams, 'Agents of Agricultural Change', p. 167.
73 J. W. Konvitz, *Cartography in France, 1660–1848: Science, Engineering and Statecraft* (Chicago, 1987); J. W. Konvitz, 'The Nation State, Paris and Cartography in Eighteenth- and Nineteenth-century France', *Journal of Historical Geography*, XVI (1990), pp. 3–16.
74 J. F. Hart, *The Rural Landscape* (London, 1998), p. 232.
75 R. H. Grove, *Green Imperialism: Colonial Expansion, Tropical Island Edens and the Origins of Environmentalism 1600–1860* (Cambridge, 1995), p. 253.
76 S. Copley, 'Gilpin on the Wye: Tourists, Tintern Abbey and the Picturesque', in *Prospects for the Nation: Recent Essays in British Landscape, 1750–1880*, ed. M. Rosenthal, C. Payne and S. Wilcox (New York, 1997), pp. 133–56.
77 C. P. Barbier, *Samuel Rogers and William Gilpin: Their Friendship and Correspondence* (Oxford, 1959), p. 10.
78 M. Andrews, *The Search for the Picturesque* (London, 1989), p. 173.
79 Bermingham, *Landscape and Ideology*, p. 94.
80 Andrews, *Picturesque*, p. 64.
81 A. Howkins, 'Land, Locality, People, Landscape: The Nineteenth-Century Countryside', in *Prospects for the Nation: Recent Essays in British Landscape, 1750–1880*, ed. M. Rosenthal, C. Payne and S. Wilcox (New York, 1997), pp. 97–114.
82 N. Nicholson, *The Lakers: The Adventures of the First Tourists* (London, 1955), p. 45.
83 Bermingham, *Landscape and Ideology*, p. 7.
84 M. Bunce, *The Countryside Ideal: Anglo-American Images of Landscape* (London, 1994).
85 Schama, *Landscape and Memory*, pp. 411–14.
86 C. E. Searle, 'Customary Tenants and the Economy of the Cumbrian Commons', *Northern History*, XXIX (1993), pp. 126–53.
87 I. D. Whyte, 'William Wordsworth's Guide to the Lakes and the Geographical Tradition', *Area*, XXXII (2000), pp. 101–6.
88 A. I. Macinnes, Clanship, *Commerce and the House of Stuart, 1603–1788* (East Linton, 1996).
89 P. Womack, *Improvement and Romance: Constructing the Myths of the Highlands* (London, 1989), p.95.
90 *Ibid.*
91 Smout, *Nature Contested*, pp. 37–46.
92 J. Vernon, 'Border Crossing: Cornwall and the English (Imagi)nation',

in *Imagining Nations*, ed. ed. G. Cubitt (Manchester, 1998), pp. 153–72.
93 R. J. Chorley, A. J. Dunn and R. P. Beckinsale, *The History of the Study of Landforms; or, the Development of Geomorphology, I* (London, 1964), pp. 193–205.
94 Whyte, 'Wordsworth's Guide'.
95 R. J. Evans. 'An Autumn of German Romanticism', *History Today*, XLIV/10 (1994), pp. 9–12.
96 Daniels, 'Iconography of Woodland'.
97 C. Whatley, 'How Tame Were the Scottish Lowlanders during the Eighteenth Century?', in *Conflict and Stability in Scottish Society, 1700–1850*, ed. T. M. Devine (Edinburgh, 1990), pp. 22–3.
98 Schama, *Landscape and Memory*, pp. 170–74.
99 Daniels, 'Iconography of Woodland'.

第四章　工业景观和帝国景观

1 B. Trinder, *The Making of the Industrial Landscape* (London, 1982), pp. 87–92.
2 M. Jones, 'The Rise, Decline and Extinction of Coppice Wood Management in South-West Yorkshire', in *European Woods and Forests: Studies in Cultural History*, ed. C. Watkins (London, 1998), pp. 55–71; J. Tsouvalis-Gerber, 'Making the Invisible Visible: Ancient Woodlands, British Forest Policy and the Social Construction of Reality', in *ibid.*, pp. 215–29.
3 S. Pollard, *Peaceful Conquest: The Industrialization of Europe, 1760–1970* (Oxford, 1981).
4 R. Hardington, 'The Neuroses of the Railway', *History Today*, XLIV/7 (1994), pp. 15–21.
5 R. A. Dodgshon, 'Strategies of Farming in the Western Highlands and Islands of Scotland prior to Crofting and the Clearances', *Economic History Review*, XLVI (1993), pp. 679–701.
6 A. J. Youngson, *After the Forty-Five* (Edinburgh, 1973), p. 152.
7 *Ibid.*
8 R. Hingley, *Medieval or Later Rural Settlement in Scotland* (Edinburgh, 1993).
9 E. Richards, *A History of the Highland Clearances, I* (London, 1982), pp. 316–58.
10 W. Orr, Deer Forests, *Landlords and Crofters: The Western Highlands in Victorian and Edwardian Times* (Edinburgh, 1982); D Turnock, *Patterns of Highland Development* (London, 1970).
11 F. H. A. Aalen, K. Whelan and M. Stout, eds, *Atlas of the Irish Rural*

Landscape (Cork, 1997), p. 104.

12 J. R. McNeill, *The Mountains of the Mediterranean* (Cambridge, 1992).

13 E. Lichtenberger, *The Eastern Alps* (Oxford, 1975).

14 S. Schama, *Landscape and Memory* (London, 1995), pp. 24–31.

15 W. R. Mead, *An Historical Geography of Scandinavia* (London, 1981).

16 D. Turnock, *Patterns of Highland Development* (London, 1970).

17 McNeill, *Mountains of the Mediterranean*.

18 R. Price, *An Economic History of Modern France, 1739–1914* (London, 1981).

19 H. D. Clout, 'Retreat of Settlement', in *Themes in the Historical Geography of France*, ed. H. D. Clout (London, 1977), pp. 107–28.

20 R. Millward, *Scandinavian Lands* (London, 1964), p. 63.

21 M. Berg, 'Representations of Early Industrial Towns: Turner and his Contemporaries', in *Prospects For the Nation: Recent Essays in British Landscape, 1750–1880*, ed. M. Rosenthal, C Payne and S. Wilcox (New Haven, 1997), pp. 115–37.

22 D. Fraser, '"Fields of radiance": The Scientific and Industrial Scenes of Joseph Wright', in *The Iconography of Landscape*, ed. D. Cosgrove and S. Daniels (Cambridge, 1988), pp. 119–41.

23 E. K. Helsinger. 'Land and National Representation in Britain', in *Prospects for the Nation: Recent Essays in British Landscape, 1750–1850*, ed. M. Rosenthal, C. Payne and S. Wilcox (London, 1994), pp. 13–26.

24 D. Cosgrove and S. Daniels, eds, *The Iconography of Landscape* (Cambridge, 1988), p. 45.

25 M. Bunce, *The Countryside Ideal: Anglo-American Images of Landscape* (London, 1994), p. 85.

26 T. R. Pringle, 'The Privation of History" Landseer, Victoria and the Highland Myth', in *The Iconography of Landscape*, ed. D. Cosgrove and S. Daniels (Cambridge, 1988), pp. 142–61.

27 *Ibid.*

28 S. Adams, *The World of the Impressionists* (London, 2000); W. Gaunt, *The Impressionists* (London, 1985).

29 Bunce, *Countryside Ideal*, p. 182.

30 J. R. Ryan, 'Imperial Landscapes: Photography, Geography and British Overseas Exploration, 1858–1872', in *Geography and Imperialism, 1820–1940*, ed. M. Bell, R. Butlin and M. Heffernan (Manchester, 1995), pp. 53–79.

31 D. C. D. Pocock, 'Place and the Novelist', *Transactions of the Institute of British Geographers*, n.s., VI (1981), pp. 337–47.

32 Pocock, 'Place and the Novelist', pp. 337–47.

33 J. Barrell, *The Dark Side of the Landscape: The Rural Poor in English*

Painting, 1730–1840 (Cambridge, 1982), pp. 352–3.
34 Pocock, 'Place and the Novelist', pp. 337–47.
35 G. Whittington, 'The Regionalisation of Lewis Grassic Gibbon', *Scottish Geographical Magazine*, LXXXX (1974), pp. 74–85; G. Whittington, 'Agriculture and Society in Lowland Scotland, 1750–1870', in *An Historical Geography of Scotland*, ed. G. Whittington and I. D. Whyte (London, 1983), pp. 148–52.
36 A. W. Crosby, *Ecological Imperialism: The Biological Expansion of Europe, 900–1900* (Cambridge, 1986), p. 38.
37 R.H. Grove, *Green Imperialism: Colonial Expansion, Tropical Island Edens and the Origins of Environmentalism, 1600–1860* (Cambridge, 1995), pp. 70–79.
38 E. Said, *Orientalism* (London, 1978).
39 A. Godlewska, 'Map, Text and Image: The Mentality of Enlightened Conquerors. A New Look at the Description de l'Egypte', *Transactions of the Institute of British Geographers*, n.s., xx (1995), pp. 5–28.
40 D. Gregory, 'Between the Book and the Lamp: Imaginative Geographies of Egypt, 1849–1850', *Transactions of the Institute of British Geographers*, n.s., xx (1995), pp. 29–57.
41 E. Grant, 'The Sphinx in the North: Egyptian Influences on Landscape Architecture and Interior Design in Eighteenth- and Nineteenth-Century Scotland', in *The Iconography of Landscape*, ed. D. Cosgrove and S. Daniels (Cambridge, 1988), pp. 236–53.
42 J. M. Mackenzie, *Imperialism and Popular Culture* (Manchester, 1986).
43 A. Godlewska, 'Napoleon's Geographers (1797–1815): Imperialists and Soldiers of Modernity', in *Geography and Empire*, ed. A. Godlewska and N. Smith (Oxford, 1994), pp. 31–54.
44 R. Oliver, *Ordnance Survey Maps: A Concise Guide for Historians* (London, 1993), p. 10.
45 J. H. Andrews, *A Paper Landscape: The Ordnance Survey in Nineteenth-Century Ireland* (Oxford, 1975).
46 C. W. J. Withers, 'Authorizing Landscape: "Authority", Naming and the Ordnance Survey's Mapping of the Scottish Highlands in the Nineteenth Century', *Journal of Historical Geography*, XXVI (2000), pp. 532–54.
47 F. Spufford, *I May Be Some Time* (London, 1996).
48 M. Heffernan, 'Bringing the Desert to Bloom: French Ambitions in the Sahara Desert during the Late Nineteenth Century – The Strange Case of "La Mer Interieure"', in *Water, Engineering and Landscape: Water Control and Landscape Formation in the Modern World*, ed. D. Cosgrove and G. Petts (London, 1990), pp. 94–114.
49 T. E. Saarinen, *Perception of the Drought Hazard on the Great Plains*

(Chicago, 1966).

50 D. Worster, 'The Vulnerable Earth', in *The Ends of the Earth: Perspectives on Modern Environmental History*, ed. D. Worster (Oxford, 1988), pp. 3–20.

51 A. Chadha, 'The Anatomy of Dispossession: A Study in the Displacement of the Tribals from their Traditional Landscape in the Marmada Valley due to the Sardar Sarovar Project', in *The Archaeology of Landscape*, ed. P. Ucko and R. Layton (London, 1999), pp. 146–58.

52 R. P. Tucker, 'The Depletion of India's Forests under British Imperialism: Planters, Forests and Peasants in Assam and Kerala', in *The Ends of the Earth: Perspectives on Modern Environmental History*, ed. D. Worster (Cambridge, 1988), pp. 118–40.

53 T. Musgrave and W. Musgrave, *An Empire of Plants* (London, 2000), p. 65.

54 J. T. Kenny, 'Climate, Race and Imperial Authority – The Symbolic Landscape of the British Hill Station in India', *Annals of the Association of American Geographers*, LXXXV (1995), pp. 694–714.

55 C. Gordon and C. Gordon, 'Gardens of the Raj', *History Today*, XLVI/7 (1996), pp. 22–9.

56 G. Wynn, 'Re-mapping Tutira: Contours in the Environmental History of New Zealand', *Journal of Historical Geography*, XXIII (1997), pp. 418–46.

57 M. Roche, 'The Land We Have, We Must Hold: Soil Erosion and Soil Conservation in Late Nineteenth-Century and Early Twentieth-Century New Zealand', *Journal of Historical Geography*, XXIII (1997), pp. 442–58.

58 M. Williams, *The Making of the South Australian Landscape* (London, 1974).

59 W. Bryson, *Down Under* (London, 2000), p. 103.

60 G. McEwan, 'Paradise or Pandemonium? West African Landscapes in the Travel Accounts of Victorian Women', *Journal of Historical Geography*, XXII (1996), pp. 68–83.

61 R. G. David, *The Arctic in British Imagination, 1818–1914* (Manchester, 2000).

62 Spufford, *I May Be Some Time*.

63 R. L. Gerlach, 'A Contrast in Old World Ideology: German and Scotch-Irish in the Ozarks', in *Ideology and Landscape in Historical Perspective*, ed. A. Baker and G. Biger (Cambridge, 1992), pp. 289–302.

64 J. F. Hart, *The Rural Landscape* (London, 1998).

65 *Ibid*.

66 D. Lowenthal, 'The Place of the Past in the American Landscape', in

Geographies of the Mind, ed. D. Lowenthal and M. J. Bowden (New York, 1976), pp. 89–117.
67 P. Coates, *Nature: Western Attitudes since Ancient Times* (London, 1998).
68 J. Appleton, *The Experience of Landscape* (London, 1975).
69 S. Daniels, *Fields of Vision: Landscape and Identity in Europe and the United States* (Princeton, 1993).
70 D. Lowenthal, 'The American Scene', *Geographical Review*, LVIII (1968), pp. 61–8.
71 J. L. Allen, 'Geographical Knowledge and American Images of the Louisiana Territory', *Western Historical Quarterly*, II (1971), pp. 151–70.
72 M. J. Bowden, 'The Great American Desert in the American Mind: The Historiography of a Geographical Notion', in *Geographies of the Mind*, ed. D. Lowenthal and M. J. Bowden (New York, 1976), pp. 119–47.
73 D. W. Meinig, *The Interpretation of Ordinary Landscapes* (Oxford, 1979), p. 62.
74 J. R. Shortridge, 'The Vernacular Middle West', *Annals of the Association of American Geographers*, LXXV (1985), pp. 48–57.
75 G. Rose, 'Place and Identity: A Sense of Place', in *A Place in the World?*, ed. D. Massey and P. Jess (London, 1995), pp. 87–132.
76 Worster, *Ends of the Earth*, p. 10.
77 H. W. Prince, 'A Marshland Chronicle, 1830–1960: From Artificial Drainage to Outdoor Recreation in Central Wisconsin', *Journal of Historical Geography*, XXI (1995), pp. 3–22.
78 Allen, 'Louisiana Territory', pp. 151–70.

第五章 现代景观和后现代景观

1 A. Chadha, 'The Anatomy of Dispossession: A Study in the Displacement of the Tribals from their Traditional Landscape in the Marmada Valley due to the Sardar Sarovar Project', in *The Archaeology of Landscape*, ed. P. Ucko and R. Layton (London, 1999), pp. 146–58.
2 D. Worster, 'The Vulnerable Earth', in *The Ends of the Earth: Perspectives on Modern Environmental History*, ed. D. Worster (Oxford, 1988), pp. 3–20.
3 C. Park, *Tropical Rainforests* (London, 1992), pp. 33–6.
4 J. F. Hart, *The Rural Landscape* (London, 1998), p. 232.
5 M. Williams, 'Dark Ages and Dark Areas: Global Deforestation in the Deep Past', *Journal of Historical Geography*, XXVI (2000), pp. 28–46.
6 M. Shoard, *The Theft of the Countryside* (London, 1980), pp. 34–97.
7 P. Gruffudd, '"Uncivil Engineering": Nature, Nationalism and Hydro-

electrics in North Wales', in *Water, Engineering and Landscape*, ed. D. Cosgrove and G. Petts (London, 1990), pp. 159–73.
8 N. Fairbrother, *New Lives, New Landscapes* (London, 1970).
9 D. Cosgrove, B. Roscoe and S. Ryorof, 'Landscape and Identity at Ladybower Reservoir and Rutland Water', *Transactions of the Institute of British Geographers*, n.s., XXVI (1996), pp. 534–51.
10 T. C. Smout, *Nature Contested: Environmental History in Scotland and Northern England since 1600* (Edinburgh, 2000), pp. 90–115.
11 T. C. Smout, *Scottish Woodland History* (Edinburgh, 1997), p. 52.
12 D. Cannadine, *G. M. Trevelyan: A Life in History* (London, 1992), p. 256.
13 Smout, *Nature Contested*, pp. 59–60.
14 M. Atherden, *Upland Britain: A Natural History* (Manchester, 1992), pp. 124–35.
15 P. Cloke, P. Milbourne and C. Thomas, 'The English National Forest: Local Reactions to Plans for Renegotiated Nature–Society Relationships in the Countryside', *Transactions of the Institute of British Geographers*, n.s., XXI (1996), pp. 552–71.
16 E. R. Boquete, 'The Expansion of the Forest and the Defence of Nature: The Work of Forest Engineers in Spain, 1900–36', in *European Woods and Forests: Studies in Cultural History*, ed. C. Watkins (London, 1998), pp. 181–90.
17 F. H. A. Aalen, K. Whelan and M. Stout, *Atlas of the Irish Rural Landscape* (Cork, 1997), p. 89.
18 J. Ardagh, *France in the New Century* (London, 1999), p. 344.
19 E. Hobsbawm, *Nations and Nationalism since 1780: Programme, Myth, Reality* (Cambridge, 1990); L. Colley, *Britons: Forging the Nation* (London, 1992).
20 B. Graham, 'The Past in Europe's Present: Diversity, Identity and the Construction of Place', in *Modern Europe: Place Culture and Identity*, ed. B. Graham (London, 1998), pp. 19–52.
21 S. Daniels, 'Mapping National Identities: The Culture of Cartography with Particular Reference to Ordnance Survey', in *Imagining Nations*, ed. G. Cubitt (Manchester, 1998), pp. 112–31.
22 G. Cubitt, 'Introduction', in *Imagining Nations*, ed. G. Cubitt (Manchester, 1998), pp. 1–20.
23 J. Agnew, 'European Landscape and Identity', in *Modern Europe: Place, Culture and Identity*, ed. B. Graham (London, 1998), pp. 213–35.
24 A. Leyshon, D. Matless and G. Revill. 'The Place of Music', *Transactions of the Institute of British Geographers*, n.s., XX (1995), pp. 423–33; S. J. Smith, 'Soundscape', *Area*, XXVI (1994), pp. 232–40.
25 S. Schama, *Landscape and Memory* (London, 1995), pp. 3–22.

26 D. Matless, *Landscape and Englishness* (London, 1998), p. 48.
27 J. R. Short, *Imagined Countryside: Environment, Culture and Society* (London, 1991).
28 S. Daniels, *Fields of Vision: Landscape and Identity in Europe and the United States* (Princeton, 1993), p. 132.
29 G. Rose, 'Place and Identity: A Sense of Place', in *A Place in the World?*, ed. D. Massey and P. Jess (London, 1995), pp. 87–132.
30 D. Cosgrove, 'Landscape and Myths: Gods and Humans', in *Landscape: Politics and Perspectives*, ed. B. Bender (Oxford, 1993), pp. 281–305.
31 D. W. Meinig, *The Interpretation of Ordinary Landscapes* (Oxford, 1979), p. 143.
32 S. Daniels, 'The Making of Constable Country, 1880–1940', *Landscape Research*, XII (1991), pp. 9–17.
33 G. L. Mosse, *Fallen Soldiers: Reshaping the Memory of the World Wars* (London, 1990).
34 D. Lowenthal, 'British National Identity and the English Landscape', *Rural History*, II (1991), pp. 205–30.
35 P. Gruffudd, 'The Countryside as Educator: Schools, Rurality and Citizenship in Inter-War Wales', *Journal of Historical Geography*, XXII (1996), pp. 412–33.
36 P. Gruffudd, D. T. Herbert and A. Piccini, 'In Search of Wales: Travel Writings and Narratives of Difference, 1918–50', *Journal of Historical Geography*, XXVI (2000), pp. 589–604.
37 B. Graham, 'Heritage Conservation and Revisionist Nationalism in Ireland', in *Building a New Heritage: Tourism, Culture and Identity in the New Europe*, ed. G. J. Ashworth and P. J. Larkham (London, 1994), pp. 135–58.
38 J. Agnew, 'European Landscape and Identity', in *Modern Europe: Place, Culture and Identity*, ed. B. Graham (London, 1998), pp. 213–35.
39 P. Coates, *Nature: Western Attitudes since Ancient Times* (London, 1998).
40 *Ibid.*
41 Schama, *Landscape and Memory*, pp. 67–70.
42 G. Groening, 'The Feeling for Landscape: A German Example', *Landscape Research*, XVII (1992), pp. 108–15; Schama, *Landscape and Memory*, pp. 68–74.
43 W. H. Rollins, 'Whose Landscape? Technology, Fascism and Environmentalism on the National Socialist Autobahn', *Annals of the Association of American Geographers*, LXXXV (1995), pp. 494–520.
44 N. C. Johnson, 'Sculpting Heroic Histories: Celebrating the Centenary of the 1798 Rebellion in Ireland', *Transactions of the Institute of British Geographers*, n.s., XIX (1994), pp. 78–93.

45 M. Heffernan, 'Forever England: The Western Front and the Politics of Remembrance in Britain', *Ecumene*, II (1995), pp. 293–325.
46 C. W. J. Withers 'Place, Meaning, Monument: Memoralising the Past in Contemporary Highland Society', *Ecumene*, III (1996), pp. 325–44.
47 P. Basu, 'Sites of Memory – Sources of Identity: Landscape Narratives of the Sutherland Clearances', in *Townships to Farmsteads: Rural Settlement Studies in Scotland, England and Wales*, ed. J. Atkinson, A. Banks and G. MacGregor, *British Archaeological Reports*, British Series, CCLXXXXIII (2000), pp. 225–36.
48 N. Cameron, 'Rustic Folly to Romantic Folly: The Glenfinnan Monument Re-assessed', *Proceedings of the Society of Antiquaries of Scotland*, CXXIX (1999), pp. 882–907.
49 H. Clout, 'War and Recovery in the Countryside of North Eastern France: The Example of Meurthe-et-Moselle', *Journal of Historical Geography*, XXXIII (1997), pp. 164–86.
50 D. de Olivier, 'Historical Presentation and Identity: The Alamo and the Production of a Consumer Landscape', *Antopode*, XXVIII (1996), pp. 1–23.
51 Matless, *Landscape and Englishness*, p. 98.
52 I. B. Thompson, *The Paris Basin* (Oxford, 1973), p. 25.
53 Matless, *Landscape and Englishness*, p. 142.
54 B. Graham, G. J. Ashworth and J. E. Tunbridge, *A Geography of Heritage* (London, 2000), p. 13.
55 Coates, *Nature*, p. 336.
56 Smout, *Nature Contested*, pp. 26–7.
57 J. Tsouvalis-Gerber, 'Making the Invisible Visible: Ancient Woodlands, British Forest Policy and the Social Construction of Reality', in *European Woods and Forests: Studies in Cultural History*, ed. C. Watkins (London, 1998), pp. 215–29.
58 R. P. Neuman, 'Ways of Seeing Africa: Colonial Recasting of African Society and Landscape in the Serengeti National Park', *Ecumene*, II (1995), pp. 149–69.
59 Shoard, *Theft of the Countryside*.
60 I. B. Thompson, *The Lower Rhône and Marseilles* (Oxford, 1975), p. 26.
61 J. Naylon, *Andalusia* (Oxford, 1975), pp. 24–7.
62 D. L. Linton, 'The Assessment of Scenery as a Natural Resource', *Scottish Geographical Magazine*, LXXXIV (1968), pp. 219–38.
63 E. Penning-Rowsell, *Alternative Approaches to Landscape Evaluation* (Enfield, 1973).
64 Linton, 'Assessment of Scenery'.
65 G. Fairclough, 'Protecting Time and Space: Understanding Historic Landscape for Conservation in England', in *The Archaeology of*

Landscape, ed. P. Ucko and R. Layton (London, 1999), pp. 119–34.
66 Countryside Commission, *Countryside Character: The Character of England's Natural and Man-made Landscape, II: The North West* (Cheltenham, 1998).
67 Matless, *Landscape and Englishness*, p. 92.
68 P. Viazzo, *Upland Communities: Environment, Population and Social Changes in the Alps since the Sixteenth Century* (Cambridge, 1989).
69 Thompson, *Lower Rhône*, pp. 32–3.
70 D. Matless, '"The Art of Right Living": Landscape and Citizenship, 1918–39', in *Mapping the Subject: Geographies of Cultural Transformation*, ed. S. Pile and N. Thrift (London, 1995), pp. 93–122.
71 Daniels, 'Mapping National Identities'.
72 J. P. Browne, *Map Cover Art: A Pictorial History of Ordnance Survey Cover Illustrations* (London, 1990); Daniels, 'Mapping National Identities'.
73 R. Preston, '"The Scenery of the Torrid Zone": Imagined Travels and the Culture of Exotics in Nineteenth Century British Gardens', in *Imperial Cities: Landscape, Display and Identity*, ed. F. Driver and D. Gilbert (Manchester, 1999), pp. 194–214.
74 C. Taylor, 'The Plus Fours in the Wardrobe: A Personal View of Landscape History', in *Landscape: The Richest Historical Record*, ed. D. Hooke, Society for Landscape Studies Monograph (Birmingham, 2001), pp. 157–62.
75 *Ibid.*
76 D. Lowenthal, 'Past Time, Present Place', *Geographical Review*, LXV (1975), p. 136.
77 *Ibid.*
78 Graham, *Modern Europe*, p. 2.
79 R. Hewison, *The Heritage Industry: Britain in a Climate of Decline* (London, 1987).
80 N. O. Johnson, 'Historical Geographies of the Present', in *Modern Historical Geographies*, ed. B. Graham and C. Nash (London, 2000), pp. 251–72.
81 Royal Commission on the Ancient and Historical Monuments of Scotland, *Strath of Kildonan: An Archaeological Survey* (Edinburgh, 1993); *East Dumfriesshire: An Archaeological Landscape* (Edinburgh, 1997).
82 C. Chippendale, P. Devereux, P. Fowler and T. Sebastian, eds, *Who Owns Stonehenge?* (London, 1990).
83 S. Daniels, *Fields of Vision: Landscape and Identity in Europe and the United States* (Princeton, 1993), p. 145.
84 Hewison, *Heritage Industry*.

85 S. F. Mills, 'Landscape Simulation and the Open-Air Museum', *Landscapes*, I (2000), pp. 80–95.
86 J. C. Stone, 'The Cartography of Colonialism and Decolonisation: The Case of Swaziland', in *Geography and Imperialism*, ed. M. Bell, R. Butlin and M. Heffernan (Manchester, 1995), pp. 298–324.
87 A. Macdonald, *Mapping the World: A History of the Directorate of Overseas Surveys, 1946–1985* (London, 1996).
88 Worster, *Ends of the Earth*.
89 Park, *Tropical Rainforests*, p. 37.
90 I. A. Simpson, D. Parsisson, N. Hancey and C. U. Bullock, 'Envisioning Future Landscapes in the Environmentally Sensitive Areas of Scotland', *Transactions of the Institute of British Geographers*, n.s., XXII (1997), pp. 307–20.

参考书目

Aalen, F. H. A., Whelan, K., and Stout, M., eds, *Atlas of the Irish Rural Landscape* (Cork, 1997)

Adams, A. J., 'Competing Communities in the Great Bog of Europe: Identity and Seventeenth-Century Dutch Landscape Painting', in *Landscape and Power*, ed. W. J. T. Mitchell (Chicago, 1994), pp. 35–76

Adams, Ian. H., *The Making of Urban Scotland* (London, 1978)

—, 'The Agents of Agricultural Change', in *The Making of the Scottish Countryside*, ed. Martin L. Parry and Terry R. Slater (London, 1981), pp. 155–76

Adams, S., *The World of the Impressionists* (London, 2000)

Agnew, J., 'European Landscape and Identity', in *Modern Europe Place, Culture and Identity*, ed. B. Graham (London, 1998), pp. 213–35

Airs, M., *The Buildings of Britain: Tudor and Jacobean* (London, 1982)

Allen, J. L., 'Geographical Knowledge and American Images of the Louisiana Territory', *Western Historical Quarterly*, II (1971), pp. 151–70

Andrews, J. H., *A Paper Landscape: The Ordnance Survey in Nineteenth-Century Ireland* (Oxford, 1975)

Andrews, Malcolm, *The Search for the Picturesque* (London, 1989)

—, *Landscape and Western Art* (Oxford, 1999)

Appleby, Andrew B., *Famine in Tudor and Stuart England* (Liverpool, 1978)

Appleton, Jay, *The Experience of Landscape* (London, 1975)

Ardagh, John, *France in the New Century* (London, 1999)

Atherden, Margaret, *Upland Britain: A Natural History* (Manchester, 1992)

Atkins, P., Simmons, Ian, and Roberts, Brian, *People, Land and Time* (London, 1998)

Bailey, B., *The Industrial Heritage of Britain* (London, 1982)

Baker, Alan, and Biger, G., 'Introduction: An Ideology of Landscape', in *Ideology and Landscape in Historical Perspective*, ed. Alan Baker and G. Biger (Cambridge, 1992), pp. 1–14

Baker, Alan R. H., 'Historical Geography and the Study of the European Rural Landscape', *Geografiska Annaler*, LXX/B (1988), pp. 5–15

—, and Butlin, Robin A., *Studies of Field Systems in the British Isles* (Cambridge, 1973)

Barbier, C. P., *Samuel Rogers and William Gilpin: Their Friendship and Correspondence* (Oxford, 1959)

Barrell, J., 'Geographies of Hardy's Wessex', *Journal of Historical Geography*, VIII (1982), pp. 347–61

—, *The Dark Side of the Landscape: The Rural Poor in English Painting, 1730–1840* (Cambridge, 1980)

—, 'The Public Prospect and the Private View: The Politics of Taste in Eighteenth-Century Britain', in *Reading Landscape: Country–City–Capital*, ed. S. Pugh (Manchester, 1990), pp. 9–40

Basu, P., 'Sites of Memory – Sources of Identity: Landscape Narratives of the Sutherland Clearances', in *Townships to Farmsteads. Rural Settlement Studies in Scotland, England and Wales*, ed. John A. Atkinson, Ian Banks and G. Macgregor, *British Archaeological Reports*, British Series, CCXCIII (Oxford, 2000), pp. 225–36

Bendall, S., 'Interpreting Maps of the Rural Landscape: An Example from Late Sixteenth-Century Buckinghamshire', *Rural History*, IV (1993), pp. 107–21

Bender, Barbara, *Landscape: Politics and Responsibility* (Oxford, 1992)

—, *Stonehenge: Making Space* (Oxford, 1998)

Benes, J., and Zvelebil, M., 'A Historical interactive Landscape in the Heart of Europe: The Case of Bohemia', in *The Archaeology of Landscape*, ed. P. Ucko and R. Layton (London, 1999), pp. 73–93

Beresford, Maurice W., and Hurst, John G., *Wharram Percy, Deserted Medieval Village* (London, 1990)

Berg, M., 'Representations of Early industrial Towns: Turner and his Contemporaries', in *Prospects for the Nation: Recent Essays in British Landscape, 1750–1880*, ed. Michael Rosenthal, Christiana Payne and Scott Wilcox (New Haven, 1997), pp. 115–37

Berger, J., *Ways of Seeing* (London, 1972)

Bermingham, A., *Landscape and Ideology: The English Rustic Tradition, 1740–1860* (Berkeley, 1987)

Berglund, B. E., ed., *The Cultural Landscape During 6,000 Years in Southern Sweden: The Ystad Project*, Ecological Bulletins, XLI (1991)

Black, Jeremy, *The British Abroad: The Grand Tour in the Eighteenth Century* (London, 1992)

Boquete, E. R., 'The Expansion of the Forest and the Defence of Nature: The Work of Forest Engineers in Spain, 1900–36', in *European Woods and Forests: Studies in Cultural History*, ed. Charles Watkins (London, 1998), pp. 181–90

Bowden, M. J., 'The Great American Desert in the American Mind: The Historiography of a Geographical Notion', in *Geographies of the Mind*,

ed. David Lowenthal and M. J. Bowden (New York, 1976), pp. 119–47
—, 'The Invention of American Tradition', *Journal of Historical Geography*, XVIII (1992), pp. 3–26
Bowden, Mark, *Furness Iron* (London, 2000)
Braudel, Fernand, *The Mediterranean and the Mediterranean World in the Age of Philip II* (London, 1975)
—, *The Identity of France* (London, 1988)
Brookfield, Harold, 'On the Environment as Perceived', in *Progress in Geography, I*, ed. C. Board *et al.* (London, 1969), pp. 51–80
Browne, J. P., *Map Cover Art: A Pictorial History of Ordnance Survey Cover Illustrations* (London, 1990)
Bryson, William, *A Walk in the Woods* (London, 1997)
—, *Down Under* (London, 2000)
Buisseret, D., *Monarchs, Ministers and Maps* (Chicago, 1992)
Bunce, M., *The Countryside Ideal: Anglo-American Images of Landscape* (London, 1994)
Burkett, M. E., *Read's Point of View: Paintings of the Cumbrian Countryside: Mathias Read, 1669–1747* (Kendal, 1995)
Butlin, Robin A., *The Transformation of Rural England c. 1580–1800* (Oxford, 1982)
—, 'Drainage and Land Use in the Fenlands and Fen-Edge of North East Cambridgeshire in the Seventeenth and Eighteenth Centuries', in *Water, Engineering and Landscape: Water Control and Landscape Formation in the Modern World*, ed. Denis Cosgrove and Geoffrey Petts (London, 1990), pp. 54–76
—, *Historical Geography: Through the Gates of Space and Time* (London, 1993)
Cameron, N., 'Rustic Folly to Romantic Folly: The Glenfinnan Monument Re-Assessed', *Proceedings of the Society of Antiquaries of Scotland*, CXXIX (1999), pp. 882–907
Cannadine, D., *G. M. Trevelyan: A Life in History* (London, 1992)
Chadha, A., 'The Anatomy of Dispossession: A Study in the Displacement of the Tribals from their Traditional Landscape in the Marmada Valley due to the Sardar Sarovar Project', in *The Archaeology of Landscape*, ed. P. Ucko and R. Layton (London, 1999), pp. 146–58
Chandler, John, 'The Discovery of Landscape', in *Landscape: The Richest Historical Record*, ed. D. Hooke, Society for Landscape Studies Monograph (Birmingham, 2001), pp. 133–41
Chapman, John, 'Enclosure Commissioners as Landscape Planners', *Landscape History*, XV (1993), pp. 51–5
Chippendale, C., Devereux, P., Fowler, P., Jones, R., and Sebastian, T., eds, *Who Owns Stonehenge?* (London, 1990)

Chorley, Richard J., Dunn, A. J., and Beckinsale, R. P., *The History of the Study of Landforms; or, the Development of Geomorphology* (London, 1964)
Clark, Kenneth, *Landscape into Art* (London, 1949)
Clarkson, Leslie A., *Proto-Industrialization: The First Phase of Industrialization?* (London, 1985)
Claval, Paul, 'European Rural Societies and Landscapes and the Challenge of Urbanization and Industrialization in the Nineteenth Century', *Geografiska Annaler*, LXX/B (1988), pp. 27–38
Cloke, Paul, Milbourne, P., and Thomas, C., 'The English National Forest: Local Reactions to Plans for Renegotiated Nature–Society Relationships in the Countryside', *Transactions of the Institute of British Geographers*, n.s., XXI (1996), pp. 552–71
Clout, Hugh D., *The Franco-Belgian Border Region* (Oxford, 1975)
—, 'Retreat of Rural Settlement', in *Themes in the Historical Geography of France*, ed. Hugh D. Clout (London, 1977), pp. 107–28
—, 'War and Recovery in the Countryside of North Eastern France: The Example of Meurthe-Et-Moselle', *Journal of Historical Geography*, XXXIII (1997), pp. 164–86
Coates, P., *Nature: Western Attitudes since Ancient Times* (London, 1998)
Colley, Linda, *Britons: Forging the Nation* (London, 1992)
Conzen, Michael, *The Making of the American Landscape* (London, 1990)
Coones, Paul, 'One Landscape or Many? A Geographical Perspective', *Landscape History*, VII (1985), pp. 5–13
Copley, S., 'Gilpin on the Wye: Tourists, Tintern Abbey and the Picturesque', in *Prospects for the Nation: Recent Essays in British Landscape, 1750–1880*, ed. Michael Rosenthal, Christiana Payne and Scott Wilcox (New Haven, 1997), pp. 133–56
Cosgrove, Denis, *Social Formation and Symbolic Landscape* (London, 1984)
—, 'Prospect, Perspective and the Evolution of the Landscape Idea', *Transactions of the institute of British Geographers*, n.s., X (1985), pp. 45–62
—, 'The Geometry of Landscape: Practical and Speculative Arts in the Sixteenth-Century Venetian Land Territories', in *The Iconography of Landscape*, ed. Denis Cosgrove and Stephen Daniels (Cambridge, 1988), pp. 254–76
—, 'Landscape and Myths: Gods and Humans', in *Landscape: Politics and Perspective*, ed. B. Bender (Oxford, 1993), pp. 281–305
Cosgrove, Denis, and Daniels, Stephen, eds, *The Iconography of Landscape* (Cambridge, 1988)
Cosgrove, Denis, and Petts, Geoffrey, eds, *Water, Engineering and Landscape: Water Control and Landscape Formation in the Modern World* (London, 1990)

Cosgrove, Denis, Roscoe, B., and Ryorof, S., 'Landscape and Identity at Ladybower Reservoir and Rutland Water', *Transactions of the Institute of British Geographers*, n.s., XXVI (1996), pp. 534–51
Countryside Commission, *Countryside Character: The Character of England's Natural and Man-Made Landscape, II: The North West* (Cheltenham, 1998)
Cowell, C. M., 'Presettlement Piedmont Forests: Patterns of Composition and Disturbance in Central Georgia', *Annals of the Association of American Geographers*, LXXXV (1995), pp. 65–84
Crosby, A. W., *Ecological Imperialism: The Biological Expansion of Europe, 900–1900* (Cambridge, 1986)
Cubitt, Geoffrey, ed., *Imagining Nations* (Manchester, 1998)
Dabundo, R. J., *Encyclopaedia of Romanticism: Culture in Britain, 1780s–1830s* (London, 1994)
Daiches, David, and Flower, J., *Literary Landscapes of the British Isles: A Narrative Atlas* (London, 1979)
Daniels, Stephen, 'The Political Iconography of Woodland in Later Georgian England', in *The Iconography of Landscape*, ed. Denis Cosgrove and Stephen Daniels (Cambridge, 1988), pp. 43–82
—, 'The Implications of Industry: Turner and Leeds, 1816', in *Reading Landscape: Country–City–Capital*, ed. S. Pugh (Manchester, 1990), pp. 66–80
—, 'The Making of Constable Country, 1880–1940', *Landscape Research*, XII (1991), pp. 9–17
—, *Fields of Vision: Landscape and Identity in Europe and the United States* (Princeton, 1993)
—, 'Mapping National Identities: The Culture of Cartography with Particular Reference to the Ordnance Survey', in *Imagining Nations*, ed. G. Cubitt (Manchester, 1998), pp. 112–31
—, Seymour, Susanne, and Watkins, Charles, 'Border Country: The Politics of the Picturesque in the Middle Wye Valley', in *Prospects for the Nation: Recent Essays in British Landscape, 1750–1880*, ed. Michael Rosenthal, Christiana Payne and Scott Wilcox (New Haven, 1997), pp. 157–82
Darby, H. C., 'The Regional Geography of Thomas Hardy's Wessex', *Geographical Review*, XXXVIII (1948), pp. 426–43
—, *Domesday England* (Cambridge, 1977)
Darvill, J., 'The Historic Environment, Historic Landscapes, and Space–Time–Action Models in Landscape Archaeology', in *The Archaeology of Landscape*, ed. P. Ucko and R. Layton (London, 1999), pp. 104–18
David, Robert G., *The Arctic in British Imagination, 1818–1914* (Manchester, 2000)

Delheim C., 'Imagining England: Victorian Views of the North', *Northern History*, XXIII (1987), pp. 216–30
Denyer, S., *Traditional Buildings and Life in the Lake District* (London, 1991)
De Olivier, D., 'Historical Presentation and Identity: The Alamo and the Production of a Consumer Landscape', *Antipode*, XXVIII (1996), pp. 1–23
De Planhol, Xavier, *An Historical Geography of France* (Cambridge, 1994)
Dodgshon, Robert A., *Land and Society in Early Scotland* (Oxford, 1981)
Dodgshon, Robert A., *The European Past: Social Evolution and Spatial Order* (London, 1987)
—, 'Strategies of Farming in the Western Highlands and Islands of Scotland prior to Crofting and the Clearances', *Economic History Review*, XLVI (1993), pp. 679–701
Domosh, Mona, 'Towards a Feminist Historiography of Geography', *Transactions of the Institute of British Geographers*, n.s., XVIII (1991), pp. 95–105
Dunbar, John G., *The Historic Architecture of Scotland* (London, 1966)
Evans, R. J., 'An Autumn of German Romanticism', *History Today*, XLIV/10 (1994), pp. 9–12
Everett, N., *The Tory View of Landscape* (New York, 1994)
Fairbrother, Nan, *New Lives, New Landscapes* (London, 1970)
Fairclough, G., 'Protecting Time and Space: Understanding Historic Landscape for Conservation in England', in *The Archaeology of Landscape*, ed. P. Ucko and R. Layton (London, 1999), pp. 119–34
Fraser, D., '"Fields of Radience": The Scientific and Industrial Scenes of Joseph Wright', in *The Iconography of Landscape*, ed. Denis Cosgrove and Stephen Daniels (Cambridge, 1988), pp. 119–41
Gaunt, W., *The Impressionists* (London, 1985)
Gerlach, R. L., 'A Contrast in Old World Ideology: German and Scotch-Irish in the Ozarks', in *Ideology and Landscape in Historical Perspective*, ed. Alan Baker and G. Biger (Cambridge, 1992), pp. 289–302
Godlewska, Anne, 'Napoleon's Geographers (1797–1815): Imperialists and Soldiers of Modernity', in *Geography and Empire*, ed. Anne Godlewska and N. Smith (Oxford, 1994), pp. 31–54
—, 'Map, Text and Image. The Mentality of Enlightened Conquerors: A New Look at the Description de L'Egypte', *Transactions of the Institute of British Geographers*, n.s., XX (1995), pp. 5–28
Gordon, C., and Gordon, C., 'Gardens of the Raj', *History Today*, XLVI/7 (1996), pp. 22–9
Graham, Brian, 'Heritage Conservation and Revisionalist Nationalism in Ireland', in *Building a New Heritage: Tourism, Culture and Identity in the New Europe*, ed. G. J. Ashworth and P. J. Larkham (London, 1994), pp. 135–58

—, 'The Past in Europe's Present: Diversity, Identity and the Construction of Place', in *Modern Europe: Place, Culture and Identity*, ed. B. Graham (London, 1998), pp. 19–52
—, Ashworth, G. J., and Tunbridge, J. E., *A Geography of Heritage* (London, 2000)
Grant, E., 'The Sphinx in the North: Egyptian influences on Landscape Architecture and Interior Design in Eighteenth- and Nineteenth-Century Scotland', in *The Iconography of Landscape*, ed. Denis Cosgrove and Stephen Daniels (Cambridge, 1988), pp. 236–53
Gregory, Derek. 'Between the Book and the Lamp: Imaginative Geographies of Egypt, 1849–1850', *Transactions of the Institute of British Geographers*, n.s., xx (1995), pp. 29–57
Groening, G., 'The Feeling for Landscape: A German Example', *Landscape Research*, xvii (1992), pp. 108–15
Grove, Jean M., *The Little Ice Age* (London, 1990)
Grove, R. H., *Green Imperialism: Colonial Expansion, Tropical Island Edens and The Origins of Environmentalism, 1600–1860* (Cambridge, 1995)
Gruffudd, Piers, '"Uncivil Engineering": Nature, Nationalism and Hydro Electrics in North Wales', in *Water, Engineering and Landscape: Water Control and Landscape Formation in the Modern World*, ed. Denis Cosgrove and Geoffrey Petts (London, 1990), pp. 159–73
—, 'The Countryside as Educator: Schools, Rurality and Citizenship in Inter-War Wales', *Journal of Historical Geography*, xxii (1996), pp. 412–33
—, Herbert, David T., and Piccini, A., 'In Search of Wales: Travel Writings and Narratives of Difference, 1918–50', *Journal of Historical Geography*, xxvi (2000), pp. 589–604
Hardington, R., 'The Neuroses of the Railway', *History Today*, xliv/7 (1994), pp. 15–21
Harley, J. Brian, 'Maps, Knowledge and Power', in *The Iconography of Landscape*, ed. Denis Cosgrove and Stephen Daniels (Cambridge, 1988), pp. 277–312
Hart, John Fraser, *The Rural Landscape* (London, 1998)
Harvey, P. D. A., *The History of Topographic Maps* (London, 1980)
—, *Maps in Tudor England* (London, 1993)
Heffernan, Michael, 'The Parisian Poor and the Colonisation of Algeria during the Second Republic', *French History*, iii (1989), pp. 377–403
—, 'Bringing the Desert to Bloom: French Ambitions in the Sahara Desert during the Late Nineteenth Century – The Strange Case of "La Mer Interieure"', in *Water, Engineering and Landscape: Water Control and Landscape Formation in the Modern World*, ed. Denis Cosgrove and Geoffrey Petts (London, 1990), pp. 94–114

—, 'Forever England: The Western Front and the Politics of Remembrance in Britain', *Ecumene*, II (1995), pp. 293–325

Helsinger, E. K., 'Land and National Representation in Britain', in *Prospects for the Nation: Recent Essays in British Landscape, 1750–1880*, ed. Michael Rosenthal, Christiana Payne and Scott Wilcox (London, 1997), pp. 13–26

Hewison, Robert, *The Heritage Industry: Britain in a Climate of Decline* (London, 1987)

Hindle, Paul, *Maps for Historians* (London, 1988)

Hingley, Richard, ed., *Medieval or Later Rural Settlement in Scotland* (Edinburgh, 1993)

Hobsbawm, Eric, *Nations and Nationalism since 1780: Programme, Myth, Reality* (Cambridge, 1990)

Hooke, Della, 'The Appreciation of Landscape History', in *Landscape: The Richest Historical Record*, ed. D. Hooke, Society For Landscape Studies Monograph (Birmingham, 2001), pp. 43–55

Hoskins, William G., *The Making of the English Landscape* (London, 1955)

Houston, J. M., *The West Mediterranean World* (London, 1964)

Howard, Peter, *Landscapes: The Artists' Vision* (London, 1991)

Howkins, Alun, 'Land, Locality, People, Landscape: The Nineteenth-Century Countryside', in *Prospects for the Nation: Recent Essays in British Landscape, 1750–1880*, ed. Michael Rosenthal, Christiana Payne and Scott Wilcox (New Haven, 1997), pp. 97–114

Hunn, J. R., Reconstruction and Measurement in *Landscape Change: A Study of Six Parishes in the St Albans Area*, British Archaeological Reports, British Series, CCXXXVI (Oxford, 1994)

Ingold, T., 'The Temporality of Landscape', *World Archaeology*, XXV (1993), pp. 152–74

Jeffrey, I., *The British Landscape, 1920–1950* (London, 1984)

Johnson, N. C., 'Sculpting Heroic Histories: Celebrating the Centenary of the 1798 Rebellion in Ireland', *Transactions of the Institute of British Geographers*, n.s., XIX (1994), pp. 78–93

Johnson, N. O., 'Historical Geographies of the Present', in *Modern Historical Geographies*, ed. B. Graham and C. Nash (London, 2000), pp. 251–72

Jones, M., 'The Rise, Decline and Extinction of Coppice Wood Management in South-West Yorkshire', in *European Woods and Forests: Studies in Cultural History*, ed. Charles Watkins (London, 1998), pp. 55–71

Kenny, J. T., 'Climate, Race and Imperial Authority: The Symbolic Landscape of the British Hill Station in India', *Annals of the Association of American Geographers*, LXXXV (1995), pp. 694–714

Kitchener, A. C., 'Extinctions, Introductions and Colonisations of Scottish Mammals and Birds since the Last Ice Age', in *Species History in Scotland*, ed. R. A. Lambert (Edinburgh, 1998), pp. 63–92

Konvitz, J. W., *Cartography in France, 1660–1848: Science, Engineering and Statecraft* (Chicago, 1987)
—, 'The Nation-State, Paris and Cartography in Eighteenth- and Nineteenth-Century France', *Journal of Historical Geography*, XVI (1990), pp. 3–16
Lamb, Hubert, *Climate: Present, Past and Future* (London, 1972)
—, *Climate, History and the Modern World* (London, 1982)
Lambert, Audrey M., *The Making of the Dutch Landscape* (London, 1985)
Langton, John, *Geographical Change and Industrial Revolution: Coalmining in South West Lancashire, 1590–1799* (Cambridge, 1979)
Le Roy Ladurie, Emmanuel, *Times of Feast, Times of Famine: A History of Climate from the Year 1000* (London, 1971)
Leyshon, A., Matless, David, and Revill, G., 'The Place of Music', *Transactions of the Institute of British Geographers*, n.s., XX (1995), pp. 432–33
Lichtenberger, E., *The Eastern Alps* (Oxford, 1975)
Lindsay, I. G., and Cosh, M., *Inveraray and the Dukes of Argyll* (Edinburgh, 1972)
Lindsay, James M., 'The Iron Industry in the Highlands: Charcoal Blast Furnaces', *Scottish Historical Review*, LVI (1977), pp. 49–63
Linton, David L., 'The Assessment of Scenery as a Natural Resource', *Scottish Geographical Magazine*, LXXXIV (1968), pp. 219–38
Lockhart, Douglas G., 'The Planned Villages', in *The Making of the Scottish Countryside*, ed. Martin L. Parry and Terry R. Slater (London, 1981), pp. 249–70
Lowenthal, David, and Prince, Hugh, 'The English Landscape', *Geographical Review*, LIV (1964), pp. 309–46
—, 'The American Scene', *Geographical Review*, LVIII (1968), pp. 61–8
—, 'Past Time, Present Place', *Geographical Review*, LXV (1975), pp. 124–36
—, 'The Place of the Past in the American Landscape', in *Geographies of the Mind*, ed. David Lowenthal and M. J. Bowden (New York, 1976), pp. 89–117
—, 'British National Identity and The English Landscape', *Rural History*, II (1991), pp. 205–30
MacCarthy-Morrogh, M., *The Munster Plantation: English Migration to Southern Ireland, 1583–1641* (Oxford, 1986)
Macdonald, A., *Mapping The World: A History of the Directorate of Overseas Surveys, 1946–1985* (London, 1996)
McEwan, G., 'Paradise or Pandemonium? West African Landscapes in the Travel Accounts of Victorian Women', *Journal of Historical Geography*, XXII (1996), pp. 68–83
Macinnes, Allan I., *Clanship, Commerce and the House of Stuart, 1603–1788* (East Linton, 1966)

Mackenzie, John M., *Imperialism and Popular Culture* (Manchester, 1986)
McNeill, J. R., *The Mountains of the Mediterranean* (Cambridge, 1992)
Matless, David, '"The Art of Right Living": Landscape and Citizenship, 1918–39', in *Mapping The Subject: Geographies of Cultural Transformation*, ed. S. Pile and N. Thrift (London, 1995), pp. 93–122
—, *Landscape and Englishness* (London, 1998)
Mead, William R., 'The Study of Field Boundaries', *Geographische Zeitschrift*, LIV (1966), pp. 114–24
—, *An Historical Geography of Scandinavia* (London, 1981)
Meinig, D. W., 'The Beholding Eye: Ten Versions of the Same Scene', *Landscape Architecture*, LVI (1976), pp. 47–54
—, *The Interpretation of Ordinary Landscapes* (Oxford, 1979)
Meirion-Jones, G. I., 'Vernacular Architecture and the Peasant House', in *Themes in the Historical Geography of France*, ed. H. D. Clout (Cambridge, 1977), pp. 343–406
—, *The Vernacular Architecture of Brittany: An Essay in Historical Geography* (Edinburgh, 1982)
Mills, S. F., 'Landscape Simulation and the Open-Air Museum', *Landscapes*, I (2000), pp. 80–95
Millward, R., *Scandinavian Lands* (London, 1964)
Mitchell, W. J. T., 'Imperial Landscape', in *Landscape and Power*, ed. W. J. T. Mitchell (Chicago, 1994), pp. 5–30
Morphy, H., 'Colonialism, History and the Construction of Place: The Politics of Land in Northern Australia', in *Landscape: Politics and Perspective*, ed. B. Bender (Oxford, 1993), pp. 205–44
Mosse, G. L., *Fallen Soldiers: Reshaping the Memory of the World Wars* (London, 1990)
Muir, Richard, *The Lost Villages of Britain* (London, 1982)
—, *Approaches to Landscape* (London, 1999)
Musgrave T., and Musgrave, W., *An Empire of Plants* (London, 2000)
Naylon, J., *Andalusia* (Oxford, 1975)
Neuman, R. P., 'Ways of Seeing Africa: Colonial Recasting of African Society and Landscape in the Serengeti National Park', *Ecumene*, (1995), pp. 149–69
Newson, L. A., 'The Population of the Amazon Basin in 1492: A View from the Equadorian Headwaters', *Transactions of the Institute of British Geographers*, n.s., XXI (1996), pp. 5–26
Nicholson, Norman, *The Lakers: The Adventures of the First Tourists* (London, 1955)
Oliver, R., *Ordnance Survey Maps: A Concise Guide for Historians* (London, 1993)

Orians, G. H., 'An Ecological and Evolutionary Approach to Landscape Aesthetics', in *Landscape Meaning and Values*, ed. Edward C. Penning Rowsell and David Lowenthal (London, 1986), pp. 3–25
Orr, William, Deer Forests, *Landlords and Crofters: The Western Highlands in Victorian and Edwardian Times* (Edinburgh, 1982)
Overton, Mark, *Agricultural Revolution in England: The Transformation of the Agrarian Economy, 1500–1850* (Cambridge, 1996)
Park, Christopher, *Tropical Rainforests* (London, 1992)
Parry, Martin L., *Climatic Change, Agriculture and Settlement* (Folkestone, 1978)
—, and Slater, Terry R., eds., *The Making of the Scottish Countryside* (London, 1981)
Penning-Rowsell, Edward, *Alternative Approaches to Landscape Evaluation* (Enfield, 1973)
—, and Lowenthal, David, *Landscape Meaning and Values* (London, 1986)
Percival-Maxwell, M., *The Scottish Migration to Ulster in the Reign of James I* (London, 1973)
Phillips, A. D. M., *The Underdraining of Farmland in England during the Nineteenth Century* (Cambridge, 1989)
Pocock, D. C. D., 'The Novelist's Image of the North', *Transactions of the Institute of British Geographers*, n.s., IV (1979), pp. 62–76
—, 'Place and the Novelist', *Transactions of the Institute of British Geographers*, n.s., VI (1981), pp. 337–47
Pollard, S., *Peaceful Conquest: The Industrialization of Europe, 1760–1970* (Oxford, 1981)
Pounds, Norman J. G., *An Historical Geography of Europe, 1500–1840* (Cambridge, 1979)
Preston, R., '"The Scenery of the Torrid Zone": Imagined Travels and the Culture of Exotics in Nineteenth-Century British Gardens', in *Imperial Cities: Landscape, Display and Identity*, ed. F. Driver and D. Gilbert (Manchester, 1999), pp, 194–214
Price, R., *An Economic History of Modern France, 1739–1914* (London, 1981)
Prince, Hugh, 'Regional Contrasts in Agrarian Structures' in *Themes in the Historical Geography of France*, ed. H. D. Clout (London, 1977), pp. 43–55
—, 'Art and Agrarian Change, 1710–1815', in *The Iconography of Landscape*, ed. Denis Cosgrove and Stephen Daniels (Cambridge, 1988), pp. 98–119
Prince, Hugh W., 'A Marshland Chronicle, 1830–1960; from Artificial Drainage to Outdoor Recreation in Central Wisconsin', *Journal of Historical Geography*, XXI (1995), pp. 3–22
Pringle, T. R., 'The Privation of History: Landseer, Victoria and the Highland Myth', in *The Iconography of Landscape*, ed. D. Cosgrove and S.

Daniels (Cambridge, 1988), pp. 142–61
Proudfoot, Lindsay, 'Property Ownership and Urban and Village Improvement in Provincial Ireland ca. 1700–1845', *Institute of British Geographers*, Historical Geography Research Series, XXXIII (1997)
Pulsipher, Lydia, 'Seventeenth-Century Montserrat: An Environmental Impact Statement', *Historical Geography Research Group Research Series*, XVII (1986)
Rackham, Oliver, *The History of the Countryside* (London, 1986)
—, *Trees and Woodland in the British Landscape* (London, 1996)
Ransom, P. J. C., *The Archaeology of the Transport Revolution, 1750–1850* (Tadworth, 1984)
Ravenhill, William, 'Mapping a United Kingdom', *History Today*, XXXV/10 (1985), pp. 27–33
Reed, Michael, *The Georgian Triumph, 1700–1830* (London, 1984)
Richards, E., *A History of the Highland Clearances, I* (London, 1982)
Roberts, Brian K., 'Landscape Archaeology', in *Landscape and Culture*, ed. John M. Wagstaff (Oxford, 1987), pp. 26–37
—, 'Rural Settlement in Europe, 500–1500', in *An Historical Geography of Europe*, ed. Robin A. Butlin and Robert A. Dodgshon (Oxford, 1998), pp. 73–100
Roche, M., 'The Land We Have, We Must Hold: Soil Erosion and Soil Conservation in Late Nineteenth Century and Early Twentieth Century New Zealand', *Journal of Historical Geography*, XXIII (1997), pp. 442–58
Rollins, W. H., 'Whose Landscape? Technology, Fascism and Environmentalism on the National Socialist Autobahn', *Annals of the Association of American Geographers*, LXXXV (1995), pp. 494–520
Rose, Gillian, *Feminism and Geography* (Cambridge, 1993)
—, 'Place and Identity: A Sense of Place', in *A Place in the World?*, ed. Doreen Massey and P. Jess (London, 1995), pp. 87–132
Rosenthal, Michael, Payne, Christiana, and Wilcox, Scott, eds, *Prospects for the Nation: Recent Essays in British Landscape, 1750–1880* (New Haven, 1997)
Royal Commission on the Ancient and Historical Monuments of Scotland, *North-East Perthshire: An Archaeological Landscape* (Edinburgh, 1990)
Royal Commission on the Ancient and Historical Monuments of Scotland, *Strath of Kildonan: An Archaeological Survey* (Edinburgh, 1993)
Royal Commission on the Ancient and Historical Monuments of Scotland, *East Dumfriesshire: An Archaeological Landscape* (Edinburgh, 1997)
Ryan, J. R., 'Imperial Landscapes: Photography, Geography and British Overseas Exploration, 1858–1872', in *Geography and Imperialism, 1820–1940*, ed. M. Bell, Robin A. Butlin and Michael Heffernan

(Manchester, 1995), pp. 53–79
Saarinen, T. E., *Perception of the Drought Hazard on the Great Plains* (Chicago, 1966)
Said, E., *Orientalism* (London, 1978)
Schama, Simon, *Landscape and Memory* (London, 1995)
Schwartz, J. M., '"The Geography Lesson": Photographs and the Construction of Imaginative Geographies', *Journal of Historical Geography*, XXII (1996), pp. 16–45
Searle, C. E., 'Customary Tenants and the Economy of the Cumbrian Commons', *Northern History*, XXIX (1993), pp. 126–53
Seymour, S., 'Landed Estates, the "Spirit of Planting" and Woodland Management in Later Georgian Britain: A Case Study from the Dukeries, Nottinghamshire', in *European Woods and Forests: Studies in Cultural History*, ed. Charles Watkins (London, 1998), pp. 115–34
—, 'Historical Geographies of Landscape', in *Modern Historical Geographies*, ed. Brian Graham and C. Nash (London, 2000)
Shoard, Marion, *The Theft of the Countryside* (London, 1980)
—, 'The Lure of the Moors', in *Valued Environments*, ed. J. R. Gold and J. Burgess (London, 1982), pp. 59–73
Short, J. R., *Imagined Country: Environment, Culture and Society* (London, 1991)
Shortridge, J. R., 'The Vernacular Middle West', *Annals of the Association of American Geographers*, LXXV (1985), pp. 48–57
Simmons, Ian G., *An Environmental History of Great Britain* (Edinburgh, 2001)
Simpson, I. A., Parsisson, D., Hancey, N., and Bullock, C. U., 'Envisioning Future Landscapes in the Environmentally Sensitive Areas of Scotland', *Transactions of the Institute of British Geographers*, n.s., XXII (1997), pp. 307–20
Slicher van Bath, B. H., *The Agrarian History of Western Europe, AD 500–1850* (London, 1963)
Smith, Susan J., 'Soundscape', *Area*, XXVI (1994), pp. 232–40
Smout, T. Christopher, *A History of the Scottish People, 1560–1830* (London, 1972)
—, *Scottish Woodland History* (Edinburgh, 1997)
—, *Nature Contested: Environmental History in Scotland and Northern England since 1600* (Edinburgh, 2000)
Spufford, F., *I May Be Some Time* (London, 1996)
Stone, Jeffrey C., 'Timothy Pont and the First Topographical Survey of Scotland c. 1583–1596', *Scottish Geographical Magazine*, XCIX (1983), pp. 161–8
—, 'The Cartography of Colonialism and Decolonisation: The Case of

Swaziland', in *Geography and Imperialism*, ed. M. Bell, Robin A. Butlin and Michael Heffernan (Manchester, 1995), pp. 298–324

Taylor, Christopher, 'The Plus Fours in the Wardrobe: A Personal View of Landscape History', in *Landscape: The Richest Historical Record*, ed. Della Hooke, Society for Landscape Studies Monograph (Birmingham, 2001), pp. 157–62

Thirsk, Joan, *England's Agricultural Regions and Agrarian History, 1500–1750* (London, 1987)

Thomas, J., 'The Politics of Vision and the Archaeology of Landscape', in *Landscape: Politics and Perspective*, ed. B. Bender (Oxford, 1993), pp. 19–45

Thompson, Ian B., *The Paris Basin* (Oxford, 1973)

—, *The Lower Rhône and Marseilles* (Oxford, 1975)

Trinder, Barry, *The Making of the Industrial Landscape* (London, 1982)

Trueman, A. E., *Geology and Scenery in England and Wales* (London, 1949)

Tsouvalis-Gerber, J., 'Making the Invisible Visible: Ancient Woodlands, British Forest Policy and the Social Construction of Reality', in *European Woods and Forests: Studies in Cultural History*, ed. Charles Watkins (London, 1998), pp. 215–29

Tucker, R. P., 'The Depletion of India's Forests under British Imperialism: Planters, Foresters and Peasants in Assam and Kerala', in *The Ends of The Earth: Perspectives on Modern Environmental History*, ed. Donald Worster (Cambridge, 1988), pp. 118–40

Turner, Michael, *English Parliamentary Enclosure* (Folkestone, 1980)

Turnock, David, *Patterns of Highland Development* (London, 1970)

Tuan, Yi-Fu, *Landscapes of Fear* (Minnesota, 1979)

Tyacke, S., ed., *English Map-Making, 1590–1650* (London, 1983)

Ucko, P., and Layton, R., eds, *The Archaeology of Landscape* (London, 1999)

Vernon, J., 'Border Crossing: Cornwall and the English (Imagi)Nation', in *Imagining Nations*, ed. G. Cubitt (Manchester, 1998), pp. 153–72

Viazzo, P., *Upland Communities: Environment, Population and Social Changes in the Alps since the Sixteenth Century* (Cambridge, 1989)

Wallerstein, Immanuel, *The Modern World System: Capitalist Agriculture and the Origins of the European World Economy in the Sixteenth Century* (London, 1974)

Watkins, Charles, 'Themes in the History of European Woods and Forests', in *European Woods and Forests: Studies in Cultural History*, ed. Charles Watkins (London, 1998), pp. 1–10

Watson, James Wreford, 'Geography: A Discipline in Distance', *Scottish Geographical Magazine*, LXXI (1955), pp. 1–13

Watson, James W., and O'Riordan, Tim, eds, *The American Environment: Perceptions and Policies* (London, 1976)

Weber, Eugene, *Peasants into Frenchmen: The Modernization of Rural France, 1870–1914* (London, 1977)
Whatley, Christopher, 'How Tame Were the Scottish Lowlanders during the Eighteenth Century?', in *Conflict and Stability in Scottish Society, 1700–1850*, ed. T. M. Devine (Edinburgh, 1990), pp. 1–30
Whittington, Graeme, 'The Regionalisation of Lewis Grassic Gibbon', *Scottish Geographical Magazine*, xc (1974), pp. 74–85
—, 'Agriculture and Society in Lowland Scotland, 1750–1870', in *An Historical Geography of Scotland*, ed. Graeme Whittington and Ian D. Whyte (London, 1983), pp. 141–64
—, and Gibson, Alexander, 'The Military Survey of Scotland 1747–1755: A Critique', *Institute of British Geographers Historical Geography Research Series*, XVIII (1986)
—, and Jarvis, J., 'Kilconquhar Loch, Fife: An Historical and Palynological Investigation', *Proceedings of the Society of Antiquaries of Scotland*, cxvi (1986), pp. 413–28
Whyte, Ian D., *Agriculture and Society in Seventeenth-Century Scotland* (Edinburgh, 1979)
—, 'Rural Europe since 1500: Areas of Retardation and Tradition' in *An Historical Geography of Europe*, ed. Robin A. Butlin and Robert A. Dodgshon (Oxford, 1998), pp. 243–58
—, 'William Wordsworth's Guide To The Lakes and the Geographical Tradition', *Area*, xxxii (2000), pp. 101–6
—, and Whyte, Kathleen A., *The Changing Scottish Landscape, 1500–1800* (London, 1991)
Widgren, M., 'Is Landscape History Possible? or, How Can We Study the Desertion of Farms', in *The Archaeology of Landscape*, ed. P. Ucko and R. Layton (London, 1999), pp. 96–103
Williams, Michael, *The Making of the South Australian Landscape* (London, 1974)
—, *Americans and their Forests: A Historical Geography* (Cambridge, 1989)
—, 'Dark Ages and Dark Areas: Global Deforestation in the Deep Past', *Journal of Historical Geography*, xxvi (2000), pp. 28–46
Williams, Raymond, *The Country and the City* (London, 1973)
Williamson, Tom. 'Exploring Regional Landscapes: Woodland and Champion in Southern and Eastern England', *Landscape History*, x (1988), pp. 5–13
—, *The Norfolk Broads: A Landscape History* (Manchester, 1997)
—, *Polite Landscapes: Gardens and Society in Eighteenth-Century England* (Stroud, 1998)

—, 'The Archaeology of the Landscape Park', *British Archaeological Reports*, British Series, CCLXVIII (Oxford, 1999)
—, 'The Rural Landscape, 1500–1900: The Neglected Centuries', in *Landscape: The Richest Historical Record*, ed. Della Hooke, Society for Landscape Studies Monograph (Birmingham, 2001), pp. 109–17
Winchester, Angus J. L., *The Harvest of the Hills: Rural Life in Northern England and the Scottish Borders, 1400–1700* (Edinburgh, 2000)
Withers, Charles W. J., 'Place, Meaning, Monument: Memoralising The Past in Contemporary Highland Scotland', *Ecumene*, III (1996), pp. 325–444
—, 'Authorizing Landscape: 'Authority', Naming and The Ordnance Survey's Mapping of the Scottish Highlands in the Nineteenth Century', *Journal of Historical Geography*, XXVI (2000), pp. 532–54
Womack, Peter, *Improvement and Romance: Constructing the Myths of the Highlands* (London, 1989)
Wordie, J. R., 'The Chronology of English Enclosure, 1500–1914', *Economic History Review*, XXXVI (1983), pp. 483–505
Worster, Donald, 'The Vulnerable Earth', in *The Ends of the Earth: Perspectives on Modern Environmental History*, ed. Donald Worster (Cambridge, 1988), pp. 3–20
—, ed., *The Ends of the Earth: Perspectives on Modern Environmental History* (Cambridge, 1988)
Wynn, G., 'Re-Mapping Tutira: Contours in the Environmental History of New Zealand', *Journal of Historical Geography*, XXIII (1997), pp. 418–46
Yelling, James, 'Agriculture, 1500–1730', in *An Historical Geography of England and Wales*, ed. Robert A. Dodgshon and Robin A. Butlin (London, 1978), pp. 151–73
Youngson, A. J., *After the Forty-Five* (Edinburgh, 1973)

摄影致谢

The author and publishers wish to express their thanks to the below sources of illustrative material and/or permission to reproduce it:

Photos by the author: pp. 32, 47, 53, 81, 89, 107, 112, 124, 127, 128, 174, 179, 185, 189, 211; photos G. Chapman: pp. 149, 165; photo British Library London (Map Library): p. 92; Hamburger Kunsthalle: p. 117; photos © National Gallery, London: pp. 59, 74, 125, 178; Royal Holloway Collection, University of London: p. 152; Tate Britain, London: p. 119; Elke Walford: p. 117.

译后记

当前，全球景观变化的规模与速度日趋加快、景观同质化风潮愈演愈烈，如何看待全球化背景下的景观变化，如何保护地方景观特征以应对全球化的冲击，是景观设计领域的重要议题。本书从景观历史学的视角，阐述了 16 世纪年以来世界景观，特别是英国乡村景观的演变过程、景观与历史发展的相互作用及其产生的深刻影响。本书为更好地理解全球景观变化的历史进程，准确定位当前中国景观建设的发展现状与存在问题，以及在全球化背景下保护和创造具有中国特色的城乡景观，提供了重要启示。

本书共分为五章，第一章主要回顾了“景观”的内涵和景观历史的研究方法。其他章节按照时间顺序，通过丰富的实例、插图和文献，分别探讨了封建时期、启蒙时期、工业革命和帝国主义时期，以及现代社会的景观变迁。本书以景观与历史的关系为主线，从跨学科的视角，阐释了景观与文化、人口、政治、经济、环境变化之间的关联，在景观变化的驱动因素方面提出了一些独到见解。同时，作者引用了大量诗歌、小说、绘画和地图，展现了不同历史时期景观认知和表达的特点。总之，作者对景观变迁的阐释与分析，对于专业人士和普通读者全面地了解世界近现代景观演变历程、掌握景观历史学的研究方法颇有益处。

翻译是一项需要广博专业知识、扎实文字功底和极大耐心与细心的工作。本书内容如此丰富、时空跨度和覆盖学科如此之广，对译者提出了更高的要求。尽管译者在翻译过程中不断修改、反复锤炼，但由于能力的局限，对书中所涉及的诸多领域难免有把握不准之处，望广大读者批评指正，以臻完善。

感谢中国建筑工业出版社在本书出版工作中的大力支持。也感谢王少华、武若冰、桑桂玉、贾濛、武克良、郭曼妮、车迪、贾潇、武若砷和戚洪彬等在本书翻译和校对工作中付出的劳动与提供的协助。

最后，衷心希望本书能带您进入景观的广阔天地，充分享受这穿越历史、跨越国界的世界景观之旅！

王思思于北京展春园

2011 年 5 月 16 日